设计师的材料清单

DESIGNERS' MATERIAL LIST

建筑篇

ARCHITECTURE

刘华江 朱小斌 编著

出品

国内首个设计师材料互联网新媒体

图书在版编目（CIP）数据

设计师的材料清单．建筑篇 / 刘华江，朱小斌编著．
——上海：同济大学出版社，2017.9 （2018.9重印）
ISBN 978-7-5608-7344-2

Ⅰ．①设… Ⅱ．①刘… ②朱… Ⅲ．①建筑材料—介绍 Ⅳ．① TU5

中国版本图书馆 CIP 数据核字 (2017) 第 208327 号

设计师的材料清单：建筑篇

刘华江 朱小斌 编著

出 品 人：华春荣
责任编辑：吕 炜 胡 毅
责任校对：徐春莲
装帧设计：完 颖

出版发行：同济大学出版社 www.tongjipress.com.cn
（上海市四平路 1239 号 邮编：200092 电话：021-65985622）
经　　销：全国各地新华书店、建筑书店、网络书店
印　　刷：上海丽佳制版印刷有限公司
开　　本：889mm×1 194 mm 1/16
印　　张：17.75
字　　数：568 000
版　　次：2017 年 9 月第 1 版 2018 年 9月第 4 次印刷
书　　号：ISBN 978-7-5608-7344-2
定　　价：158.00 元

读者寄语 | Readers Expectation

我是一名建筑工程师，却一直对设计情有独钟，“材料在线”给了我践行理想的动力。材料是联系设计与施工的纽带，也是联通我理想与现实的桥梁。

——NEXT

只有把握好材料的性格才能更好地赋予作品独特的个性，一本设计师必备的材料工具书。

——周炫焯

我的语录：“我是一名设计师，做设计我们是认真的。”

——汗

看到材料在线出书，毫不犹豫就定了两套！

——Char

作为初入建筑行业的新手，在参与过一系列 DDF 之后，深深感受到学习材料对于实际方案的重要性，希望此书能助各位新老设计师们更进一步 。

——糖糖喵

如果书是路，那一本好书就是一条捷径。希望这本书能让学生走得更远。

——Exptord

20 年后有人翻起这本书看到我这句话，感叹原来当年大师也买了啊！

——骆梦杰

首先感谢本书给予我参加内评团的机会，通过在团内的积极讨论和学习，使我深深感到自己在材料知识上的不足，体会到材料在设计工作中的重要性，希望自己在今后的设计之路上坚持学习！不忘初心！

——湖南省岳阳市 室内设计师 琪威

方案就是为了能让材质的灵性在空间不断地释放和碰撞！材料在线能让设计师的灵感迸发火光。

——陆辉

如果占有它们，请不要冷落它们。让它们触动你的设计灵魂，而非只是记忆中的初见。

——我想干嘛

我是一名建筑方案设计师，对于材料一直缺乏足够的认知，也缺少一个优质的了解材料的途经，直到我遇到了材料在线。感谢材料在线的辛勤努力和付出，希望材料在线越做越好。

——李松

欲把材料比化妆，淡抹浓妆总相宜！

——吴翔子

虽然在室内装饰领域工作有一段时间了，但对材料系统性的认知还不足，一直想有什么好的途径去熟悉五花八门的材料。幸而关注了材料在线这个平台，希望这本材料工具书不负期待，越来越专业。

——朱金

买了室内和室外两本材料书，希望这两本材料书可以帮助更多的人，买书我是认真的。

——谢炜宁

这是一本参考书，就像软件之于设计师一样必要。但是重要的是这些质感能够满足你的空间。

——S- 泽基

材料在线是所有业内专业公众号中最独特的一个。材料知识是国内建筑师需补充专业知识中最重要的一环！

——玉树临风

材料知识的掌握对每一位建筑行业的从业人员都非常重要，掌握相关的材料知识才能更好地支撑你的工作。

——陌枫陌语

室内设计有别于其他纯艺术作品的之处在于：实现性和可操作性。本书将引领你实现你的设计梦想。

——应剑明

材料工艺是第一设计力！

——子桥

设计师通过材料与工艺实现其设计思维与理念。又随着社会与科技的进步，新的材料、新的工艺和新的技术推动艺术设计走向新的高潮。一直关注着材料在线，等同于一直关注着材料领域新趋势，相信在不断学习与掌握的过程中，设计也因此开创出更多的可能性。

——程倩虹

只谈情怀，不谈造价；只谈形式，不谈实现；只谈效果，不谈材料。这是国内建筑设计行业普遍的现状。我相信这本书能改变一些行业的陋习，也能让这个行业走得更远更健康。

——朱博

建筑由若干个材料单元组成、许多时候却在考验一个设计师对于材料的了解以及运用。本书凝聚了多位奋斗在一线的设计师同仁的建议，最终必将回到实际工作运用的起点！

——李牧

材料在线是设计师的淘宝和京东，效果直观，选择方便，使用有底！

——沈阳都市设计 顾全衡

吃透材料应用之事就是设计力出神入化自由发挥之时！

——张新路

建筑不止是二次元内的天马行空，还有三次元内的步步为营。希望《设计师的材料清单》能够带领设计人进入更广阔的天地！一书在手，天下我有！

——曾波

期待这样一本书，它能启蒙入行者对材料的系统认识，也能让经验丰富的设计师们方便快捷地材料检索。

——优隅空间 潘泽光

晚来没关系，值得等待，从此有你一路相伴！

——夏可艺术设计 毛郡晨

材料是设计的基础，材料也是功能的承载体，形式是各种材料间相互组合的表达。感谢这本书能让广大设计同仁对当前材料有一个系统的了解和学习。

——云设建筑 刘遐杰

"工艺至上，材料为王"，对建筑材料的认知是深化设计、实施落地、物联智联的基础。学习的路途很远很长，一路走来又是一片天空。

——立羽

通过一篇文章结识了材料在线，通过材料在线学习了很多建筑材料方面的知识，已经越来越离不开她了。现在材料在线要出书了，这对广大建筑同行来说无疑又增添了一把利器。希望她能成为建筑同行们的案头书，常翻常新，在缺乏灵感的时候提供助力；同时也预祝此书取得好的销量。

——尼塔景观 刘杨

《设计师的材料清单》之于设计师，就像《新华字典》之于中小学生，是我们设计师在材料方面查漏补缺最好的工具。

——Gao

一个优秀的设计师一手拿笔，一手拿材料，本书的出现完全解决了设计师对材料应用的困惑，是一本值得放在桌边常常拿出来研究研究的读物。

——裴刚

优秀的设计依托于高明的设计手法和巧妙的材料运用，希望《设计师的材料清单》能成为设计师手里的神兵利器，所向披靡。

——路北平

材料通过其自身特质，汇成空间独特的语言形式，从而唤醒人们内心深处最美好的感官意识。

——苏州宏观致造设计工作室 周磊

原先我只做木结构设计，用的材料也就固定的几种，感谢材料在线的分享学习，让我认识到不被材料局限的自由，勇于在自己的设计中尝试小创新。

——王艳

建筑师抑或设计师都承担着一份责任，改变生活常态，创造更好的生活品质和质感，对于材料，当有自己敏锐的洞察力，对于材料之间的运用和搭配，当然得了如指掌。新书发行，如是行业的一盏指明灯，悄然引领着一行人昂然向前，但愿这条路没有终点，能促使人越走越远，去迎来每个人心中的灿烂的前程！

——室内深海

材料之于建筑，正如食材之于佳肴，是所有美味的前提与基础。希望自己能熟识更多的材料，创作出更多的建筑佳肴。

——彭麒麟

只有了解材料的个性，设计才能赋予其生命。只有作品有了灵魂，我们才能不辱使命。

——回凌凯

作为一名设计师，学习一直没停止过，材料及工艺的合理性、可靠性一直都是最值得关注的问题，很高兴终于等到了这套书籍，等了好久不负所望！

——吴昌书

（以上内容来自材料在线《设计师的材料清单》内评团成员寄语，对于大家的支持和期待在此表示衷心感谢！）

编者寄语 | Editor's Words

材料是什么？材料是人类赖以生存和发展的物质基础。没有材料一切都是在空谈。没有材料知识的支撑，一切设计都是空想，无法落地。本次参与此书收获颇多，也希望各位设计师在今后的路上可以更多地了解材料，运用好材料，体现材料之美。

——林之昊

搜集、整理、编辑材料文章的过程让我看到了材料之美，同种材料通过设计、搭配可以呈现出丰富多彩的变化，了解材料能更好地运用材料，创造建筑之美，细节之美。

——猫比

很欣慰能参与这次材料整理活动中，收获颇丰，深深体会到材料是建筑工程实体的物质基础，很多设计师都不缺乏创意天分，真正缺乏的是对材料的理解和应用，运用好材料，做想不到的设计。用材不在多，也不在新，重在适当，尤其在建筑方面，用普通的材料设计出经典的作品，才叫真功夫。

——无痕

如果说材料是建筑的外衣，那么《设计师的材料清单》便是材料的外衣。希望设计师们能看穿层层外衣，选择适合自己建筑的材料并细心为它穿上。一个设计师这么做，两个设计师这么做，三个……慢慢地，建筑便不再只是钢筋混凝土森林了。

——孙晓艳

在这次建筑材料的整理过程中，材料中的图片素材也是很重要的一部分，一张好的图片胜过一大堆文字，所以在挑选的时候用哪一张图都斟酌了许久。其实材质本身并无高低，需要的是设计师们用巧妙的构思进行区别选择，而我们做的就是把材料在设计中最真实的一面呈现给小伙伴们。

——郭歌

有幸参与此次材料的编辑工作，感恩材料在线让我检验了三年的工作积累与成效，过程中屡次删减修改校订，望能形成简洁精准的材料定位供大家迅速获取材料的知识，不足之处也请反馈，共同追求设计之巅峰！

——王晓茹

刚刚进入装饰行业的我第一次接触编辑材料整理，初衷当然是为了稿费，别说我俗气，第一次不断地出现错误有粗心也有自己的松懈，后面渐渐地觉得这是一件很有意义的事，自己能学习还能分享给他人，所以后面小编我是真的用心地修改整理一遍又一遍，只求读者阅读的时候能默默地点个赞，而不是留言小编傻 X，嘿嘿 ...... 最后希望小编的努力让小伙伴们更加地了解材料。

——王鑫

都说建筑是“凝固的艺术”，在编写不同材料、寻找案例的过程中，我更感觉到建筑是“材料运用的美学”。世界上材料丰富多彩，不同的材料以不同的方式赋予了建筑不同的美感和强大的生命力。

——杨夏

初入职场，因不懂材料被嘲讽不如包工头？装点新家，因不懂材料被装修公司坑？尝遍人生百味不如踏实前行，在这里，我们不再是外行。

——小涌

机缘巧合有幸遇到了材料在线和优秀的小编们，能接触编辑、接触各种材料、接触更多的品牌厂家以及优秀的案例，让我能更认真地学习，努力地找资料，一步步充实自己。感谢这份独特经历给了我工作、设计、交流更多的底气，期待今后材料在线和我们各位共同成长，比心。

——约莫姑娘

有幸参与了这次材料整理活动，通过此次活动受益良多，也很感谢材料在线平台。在这里学到了两件事：一是扩充了对材料的眼界，二是从其他人身上学到了他们做事认真的态度。文章中每一篇材料从收集到成文凝聚了不少的心思，每次反复的删减修改都是为了更贴近使用。文章中也有不完善的地方，希望小伙伴们能踊跃提出，一起去完善它，让它变成最适合我们的材料宝典 。

——温宇辰

近一年时间，与材料在线的相识，亲历了从一个想法到成书落地的过程。打第一眼我就觉得这事差不多能成，而第一次与其合伙人深夜寒暄时的躁动依旧历历在目。是网络上开阔的思维让我们敢于尝试，也敢于犯错，也是这样好的环境让我们值得更深入地去探索特色而多元的价值。希望材料在线作为一个样本，激发起更多有创意的设计师们新的思维，新的开始。

——袁溜溜

（以上内容来自材料在线《设计师的材料清单》编辑组成员寄语，对大家在本书中承担的大量初稿内容资料收集整理工作表示衷心感谢！）

材料在线“小材宝”是材料在线考虑设计师实际需求而开发的随书小程序，本书电子版及最新内容更新均会在此同步收录。小程序同时收录众多国内外优秀材料品牌及案例，方便设计师查阅咨询。小程序目前处于起步阶段，欢迎设计师朋友提出宝贵意见，帮助我们持续改进！

前言 | Foreword

首先要感谢那些对我们如此期待的读者和粉丝朋友们，没有他们，就没有我们出书的起因和动力。还要感谢为这本书辛苦付出的团队小伙伴们，虽然大家分隔在不同的网络一端，不同的城市，甚至是国外，但通过我们的共同努力，却完成了一件看似不可能却意义非凡的事情。最后，还要感谢我们身后最坚实的支撑力量，我们最专业的材料朋友们，没有你们的技术支持，就没有这本书的专业性。

此书的编撰集合了材料在线数十名编辑心血 ，近百家国内外优秀品牌鼎力相助，同时得到数位业内资深专家人士倾情斧正 ，可谓动用材料在线所能企及的所有资源，也基本涵盖建筑行业所有国内外材料顶级品牌。同时它也是少有的依托网络组织“众编”，同时高度结合市场，具有行业自下而上意义的一本行业书。在过去短短的一年多时间，通过“材料在线”的平台汇聚到数以几万计的设计师朋友，以及国内外数以几百计的顶尖材料品牌。在出书想法发布的第一时间，我们就得到了众多设计师和材料品牌的高度支持和热心参与 ,我们表示衷心的感谢！这么多人能够聚到一起，一方面反映出当下行业中大家对于材料认知的不足和渴求，另一方面也反映出大家对追求更好质量建筑作品的追求，这其中也包括我们优秀的材料朋友们！

材料在线是一个年轻的网络新媒体，启始于 2016 年 1 月。我们和众多的新媒体一样，以当下最流行的公众号形式发声。在这个遍地公众号的年代，我们的不同之处在于，我们专注于关注设计领域的装饰材料问题。这是一个极其细分但同时具有一定专业门槛的细小领域。因为建筑领域内大多的媒体均致力于报道优秀的设计师、优秀的设计作品以及各种优秀的设计理念。而我们认为，在这个信息过载的年代，资讯已经不再是设计师的必需品，过多甚至会成为一种负担。我们忙于应接各种新奇的形式，忙于追逐各种设计背后的花边，却无暇理解作品背后的意义和探寻如何完成的各种秘密。所以，我们决定——我们不传播信息，我们传播知识！这是我们作为媒体属性的当时第一想法。

其次，材料是一个具有一定专业门槛的问题。材料本身就是一门内容极其庞杂的科学，建筑材料作为设计师的重要复杂工具，归根结底都落实为物质搭建的基本问题。而遗憾的是，我们大部分设计师对此知之甚少。这一方面与我们的教育本身有关。大学教育或多或少会有对材料的关注，但是大多偏于基础工程材料和理论的教授，而对于工程实践中面对的大量装饰性材料，我们的教育大多没有触及，这导致了理论和实践的脱节，工程与市场的脱节。我们众多走上工作岗位的年轻设计师不得不依靠自我寻找和逐渐积累的方式慢慢加深对各种材料的了解。而这又是一个极其漫长而不可复制的过程，只有少数执着又幸运的设计师可以完成。纵观我们的媒体、学术团体，都对材料的关注少之又少。媒体的项目介绍对材料部分大多一语带过或者不痛不痒，国内众多的建筑网站也没有一个是以介绍材料为主。设计师不管是了解学习材料还是工作中寻找材料都没有一个相对充分的渠道。究其背后的深层原因，一方面是因为缺乏关注，另一方面是因为材料核心知识不掌握在设计师手里 ,而是真正掌握在材料企业的手里。这正是我们想说的第三个问题，我们应该向谁学习？

纵观国内外建筑大师和优秀设计师，每一位都是材料运用的大师。或许他们并不以材料运用闻名，但绝对不要轻视他们对材料的深刻认知。他们都不止一次地提到材料的重要性，以及与材料企业配合的重要性，因为很多时候，他们的创意和解决方案均来自材料企业的启发和帮助。但遗憾的是，只有少数设计师能意识到这点。传统的材料商作为建筑产业链里众多的环节之一，长期处于中下游的位置，这并不是由材料企业的实力强弱所决定，而是由行业的生态链顺序所决定。从一定程度上说材料推动行业的发展并不为过。材料领域也存在着众多的千亿元级的伟大企业，他们创造了各种广泛的物质基础，掌握了最顶尖的研发技术，但他们不得不奔波于各大设计院，无偿服务于众多的设计师朋友，因为他们必须把产品教授推广给设计师，他们才是最天然最专业的材料老师。试想我们有多少人能比材料企业的人员更加熟悉自己的产品，所以我们理应向他们学习，向不同领域学习，向不同环节学习，所以我们的平台立足于各行各业不同的最优秀的材料专业品牌。但遗憾的是，我们并没有意识到这里边的知识价值。除了设计师认知上的不足，也可能因为这些材料的教授缺乏系统，缺乏生动性，缺乏共鸣。我们的材料朋友大多难以理解设计师的思维，不同思维下的表达导致传授结果并不令人满意 ,而这是天然的专业背景产生的鸿沟。所以材料在线迎来了另外一个重要的理念，帮助设计师学习，帮助材料朋友表达。我们归纳起来叫做——帮设计师看，帮材料商说！

所以，我们需要澄清，我们不是知识的生产者，我们是知识的传递者，我们都站在前人的积累之上而来。有人问：你们的内容很多转译于网络，这有什么意义？没错 ,但是我们的转译经历了大量的比对和筛选以及考证，最终提炼出更有价值的内容。也许一篇文章的意义不大，但是当放大囊括到各种材料的时候，它就能够帮助设计师节约大量的时间和精力，这在这个信息年代是尤为宝贵的。所以，结合我们说到的设计师的实际情况，我们有了做这本书的想法：能不能创造一本简洁易懂，同时结合市场，相对系统的设计师材料书，能帮助设计师或者初学者迅速地建立起一个对当今建筑市场各种常用装饰材料的认识框架，同时能够便捷地解决工作中的实际需求。本书应运而生，我们把它命名为《设计师的材料清单》。

一方面因为我们是一个基于网络，信赖网络力量的团体，我们相信网络提升效率和改变传统格局的能力，所以我们引用了当下一个比较流行的“清单”说法。另一方面，我们这本书内容采用了清单的模式，因为这更具条理和更加清晰。每种材料采用标准的格式成为一个子项，方便设计师最迅速地查阅。这种标准方式可以保证内容的清晰和有条理，避免单本著作写作带来的不确定性，也方便未来新旧材料的更替。最后，我们之所以称之为“清单”，是因为我们希望提供给设计师一个自我学习成长的目录。因为每个子项内容若单独拆离来看 ,都可以成为一个庞大的材料分支领域。更深入的研究和学习，还需要设计师朋友的自我探索，此处只是为大家提供一个学习的目录清单。

所以，首要的难题是列出这个相对系统的庞大清单。经过反复研究，结合国内外相关经验，确定出以材料成分为第一依据的分类标准，首先设置了包括：涂料、水泥、陶瓷、石材、玻璃、金属、木材、塑料 8 个基本大类。同时考虑行业习惯和最新趋势，增添了 3 个非成分命名的地材、屋瓦和生态 3 个大类，共计 11 个大类，室内部分同理共设置 12 个大类。即使是这样，因为材料的成分和使用情况极其复杂，现代建筑装饰材料多为复合材料，一种材料可能包含多种主要材料成分，同时一种材料的使用也千差万别，不同的产品可能被应用到各种不同情况，所以要找到一个放之四海而皆准的标准是极其困难的，你可能会发现一种材料可以被归到不同类别的情况。因此我们又确立了一个以“符合常规，便于理解”的辅助原则，作为指导补充。同时，因为设计本身就鼓励大家创造性地使用材料，所以各位读者朋友不必过于纠结于某种材料属于哪个类别，关注材料本身是我们的第一目的。

确立好大类之后，我们进一步工作就是确立具体材料子项。这个阶段我们主要结合设计师的工作情况，确立以材料产品形式和不同工艺为分类标准，因为对于设计师而言产品形式是直接的选择对象。同时为了设置相对全面的材料子项，我们咨询了众多不同领域的材料厂商和资深人士，同时多方考察了市场上不同材料的主流产品，在相对全面的前提下，挑选了目前相对常用、装饰效果较强以及设计师较为关注的部分新材料，总共设置近 60 余材料子项。其中对于部分虽然属于某大类，但因为设计师特别关心，我们也单独成立了子项。针对部分虽然形式不同但原理类似或者效果接近的产品我们做了合并子项设置，以节省篇幅。对于部分新材料我们有意做了比例控制，因为在不是特别成熟的情况下，避免误导过于求新求异。同时需要补充的是，书中的材料名称均为材料行业名称，并非单个商家的品牌名称。而每个子项材料实际包含多个材料细分门类，所以我们的内容实际涵盖的材料远远超过 60 种。全书涵盖了市场上 80% ~ 90% 主流产品，应当能够满足设计师的日常工作需求。

再次则具体到每个材料子项内容的编写。所有的子项编写均由我们独立完成。我们曾经有过邀请不同材料厂商独立编写、我们汇总的想法，但出于公正性、客观性及统一性的要求，最终决定必须由我们独立完成。要在有限的四个版面之下表述清楚一种材料是极其困难的，所以我们只能挑选对于设计师来说最为重要和关心的内容方式来表述。结合设计师的工作习惯，我们将单个子项设置为 9 个标准内容板块，分别是材料简介、材料性能及特征、产品工艺及分类、常用参数、施工及安装要点、价格区间、设计注意事项、经典案例和厂商推荐。“材料简介”树立简单的材料概念和讨论范畴；材料“性能及特征”以列表形式做到清晰明了；“产品工艺和分类”帮助设计师了解材料的加工过程以及市场上的同类衍生产品；“常用参数”提供给设计师重要数据；“施工安装要点”以图为主配合文字的方式，方便设计师能更加直观理解；“价格区间”描述主流产品市场价格区间，方便设计师对造价做到心中有数便于比选；" 设计注意事项 " 则提示该材料运用中设计师应该注意的问题；" 经典案例 " 则是精心挑选国内外体现该材料运用特色的优秀案例，帮助设计师了解材料的可能性，我们尽力做到两个国外案例以开拓视野，两个国内案例则注重该材料在国内运用的落地性，也更具参考价值。但限于篇幅，我们无法罗列更多优秀案例，所以厂家索引部分用案例加图片的方式，目的是给设计师更多优秀案例参考。我们结合设计师关心的核心问题，推荐国内外该材料的优秀品牌 2 ~ 3 家，以方便设计师在实际需要时可以全面咨询。对厂家的选择我们也经过严格甄选，他们大多是国内外最顶级的材料供应商，在业界都有着极高的声誉和口碑，值得设计师信赖，也应作为设计常识加以了解。但值得大家注意的是，大型的材料品牌通常一般拥有多种材料，甚至是不同领域的不同材料，所以我们在品牌推荐的时候，挑选其相对最有特色的材料子项作为对应，请设计师注意区分。希望这一系列的措施能够切实解决设计师在工作中的实际需求。

工作小组成员们参与完成了大量子项稿件内容的初期资料收集与整理工作，然后交由编审人员针对每篇逐一审核修正，同时进行不同子项间的关系梳理与调整。在这个过程中，我们大量参考了来自市场不同厂家的资料，也做了大量的专业咨询工作，最终得以初步完成各个子项内容。在此基础上，我们最后将所有完成稿件逐一邀请业内优秀厂家再次审核，大部分子项均得到过 2 个及以上不同厂家的斧正，其中更是得到很多业内资深人士的大力支持和宝贵意见。所以，这是一个看似简单但实际循环推敲不断完善的过程，团队成员尽最大努力去做得更好一些更准确一些。但是由于时间有限和水平所限，书中一定存在着某些纰漏和不足，也请读者包涵，并希望专业人士再次指正。整个过程初稿的修正经历了超过 6 个月的时间，初稿的起草大约 1 年时间，但就我个人来说，有意识地关注各种材料产品以及了解市场上各种不同品牌已超过 3 年的时间。

回到 3 年前，机缘巧合我们准备做一个和材料相关的案例网站，在经历了大量的技术开发之后，我们发现帮助设计师解决材料问题并不是一个单纯的工具问题。这类似于在一个没有互联网基础的世界里要开展网络交易一般，设计师所面临的问题是对材料的重视和认知的基础性问题，所以我们意识到知识对设计师更加迫切。

时间再往前推 3 年，我在经历了各种效果图和图纸的洗礼之后，已经强烈地不满足于停留在图纸上的设计。我蒙眬地意识到跨过材料这道坎是一个设计师走向成熟的重要一步，逐渐开始试图建立材料和图纸之间的联系。我愈发发现国内设计师面临的普遍问题，并不是方案和概念水平上与国外设计的差距（这种所谓的概念差异更多的是文化和思考问题方式的差异），真正的差距是将不同概念落地实现成为一个高质量建筑作品的差距。我们经常归咎于施工技术的落后、材料造价的限制、产品缺乏精致质感的问题，但恰是出于对材料性能和市场等各种因素情况不够了解而出现的托词，因为成熟的设计理应预判并解决好这些问题。而造成这些问题的根源则在于我们缺乏相关的教育背景，缺乏向不同环节学习的心态，更缺乏追求高质量作品的的信念，这些都是行业问题，不是一个设计师的问题。

如果说抛开这本书的专业问题，它还能有什么不同寻常的意义，那就是如果书中正确的内容能够解决某个设计师在某一天遇到的某个困惑，或者激发起更多设计师对材料的兴趣和关注，直至某一天做出更高质量的作品，而这是一个由非权威，非官方，非个人完成的一个“自下而上”的非常规作品所引起，这也许就是我们对行业的一点点贡献，或者最意义非凡的所在！如果要一定问我们的初衷，那就是材料在线和众多有理想的设计师一样，希望做出更高质量的作品！

—2017.08.

目录 | Contents

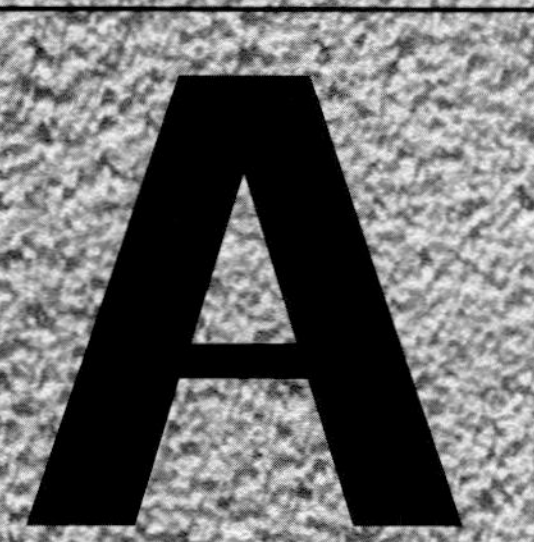

A 涂料 PAINT

涂料，作为一类现代多功能性的工程材料，是化学工业的一种重要产品。无论是传统的以天然物质为原料，还是现代发展中以合成化工产品为原料的，都属于有机化工高分子材料，所形成的涂膜属于高分子化合物类型。按照现代通行的化工产品的分类，涂料属于精细化工产品，其用途十分广泛。

从终端用户行业来看，建筑涂料业务仍在涂料整体市场占主导地位，其次是保护性海洋涂料和一般的工业涂料。建筑涂料占行业收入的40%左右，产品抛光涂料（用于汽车、家具等）占25%，工业涂料占20%。北美、欧洲和日本是全球涂料行业的领先地区。目前，全球涂料前十大企业均为该3个地区的企业。而中国现今已成为全球最大的涂料增长源头，2009年的产量已超过美国，跃居全球第一，并占据着大约1/3的市场份额。

我国是涂料大国，自2007年以来，涂料产量及产值一直保持较为快速的增长，年均增速在17%以上，远高于同期GDP增速，即

使在金融危机、原材料成本上涨等不利环境影响下，仍实现逆势增长。２０１１年，中国涂料生产总量继续增长，首次突破千万吨。多年来，广东省产量位居第一，广东顺德更是中国涂料之都，上海、江苏、山东、浙江紧随其后。２０１３年全年，广东省涂料总产量为３０１．６７万ｔ，同比增长为１３．２１％；上海市产量为１５１．８３万ｔ，同比增长为４．２５％；江苏省产量为１２２．０４万ｔ，同比增长７．８１％；山东省产量为９８．５４万ｔ，同比下降５．０９％。从２０１４年全国上半年每月涂料产量的统计数据看，广东、江苏、上海、湖南和山东居全国前五位。

我国涂料生产企业众多，２０１２年规模以上涂料企业１０３４家，涂料产量占据世界涂料产量１／３左右。但我国涂料市场约有３０％的份额被外资占领，８０％高端市场被外资垄断，位于低端市场的国内涂料企业同质化严重，多数细分领域的国内龙头企业年销售收入不足亿元。据２０１２年国内涂料销售额排行，前５名企业有３家企业属于外资企业。

但总的来说，涂料行业已进入微利时代，国内涂料企业两极分化严重。遍观整个中国涂料行业，很大一部分市场被外资品牌把持，本土品牌由于种种原因尚无法与外资品牌匹敌，只能退守二三线市场。此外，国内涂料企业除了较大的几个涂料品牌具有一定的自主研发能力外，很多涂料企业都处在一种“跟风”状态。作为全球第一涂料生产和消费大国，如何走出一条自主自强的品牌之路是摆在中国涂料企业面前的重要问题！

弹性 / 质感涂料 | Elastic Coating / Texture Paint

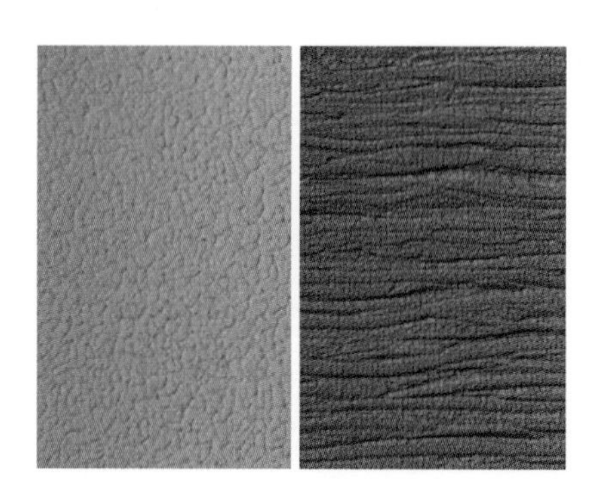

材料简介 | INTRODUCTION

建筑弹性涂料是以合成树脂乳液为基料，与颜料、填料及助剂配制而成，施涂一定厚度（干膜厚度≥ 150μm）后，具有弥盖因基材伸缩（运动）产生细小裂纹功能的有弹性的涂料。

质感涂料，通俗地讲就是涂抹在墙上的具有很强的材质肌理的一种涂料，由填料、黏剂以及其他助剂组成。质感涂料的纹路朴实厚重，立体化纹理变幻无穷，可表现独特的空间肌理，适合在一定个性化的设计中来展现整体装饰风格。

材料性能及特征 | PERFORMANCE & CHARACTER

弹性涂料是主要针对有外墙保温的情况下，墙面容易出现拉裂变形等问题，而产生的特定性能产品。它具有以下特点：

（1）具有良好的柔韧性，立体感强，附着力强。

（2）耐酸碱，耐水擦洗，不起皮，不开裂，不褪色，维修重涂比较容易。

（3）天然环保，无毒无味；防毒防霉，可防止墙面霉菌滋生，安全卫生。

质感涂料因其独特的表面效果而被广泛应用于别墅、酒店，尤其是乡村风格的高尚住宅区，还被人们广泛用于田园风格的室内装修等。它具有以下特点：

（1）防水性能较好，从而具有良好的透气性；天然环保，无毒无味。

（2）装饰质感强烈，立体饰纹制作随意，而且有极强的耐老化性。

（3）抗碱防腐，耐水擦洗，不起皮，不开裂，不褪色，其优异品质确保使用 10 年以上。

（4）防毒防霉，防止墙面霉菌滋生，安全卫生。

产品工艺及分类 | TECHNIC & CATEGORY

弹性涂料根据成分不同，可分为：溶剂型弹性涂料、乳液型弹性涂料、无机高分子弹性涂料。

（1）溶剂型弹性涂料是以高分子合成树脂为主要成膜物质，有机溶剂为稀释剂，加入一定量的颜料、填料及助剂，经混合、搅拌溶解、研磨而配制成的一种挥发性涂料。

（2）乳液型弹性涂料，主要是以高分子合成树脂乳液为主要成膜物质的外墙涂料。

（3）无机高分子弹性涂料是新近发展起来的一大类新型建筑涂料。建筑上广泛应用的有碱金属硅酸盐和硅溶胶两类。

质感涂料具有变化无穷的立体化纹理、多选择的个性搭配，主要有弹性质感、干粉质感、湿浆质感等不同系列，达到的效果也不一样。

质感涂料是运用特殊的工具在墙上塑造出不同的造型和图案，根据质感造型以及施工工艺不同，主要有以下几种：喷涂压花型、颗粒型、刮砂型和浮雕型。

市场上众多的弹性质感涂料则是结合两者涂料的优点，由精细级的填料、弹性丙烯酸黏合剂及其他助剂组成内外墙厚浆型涂料，解决外墙开裂的同时兼具多种自然装饰效果，具有极佳的柔韧性、抗冲击性、防水透气性，以及很好的吸音效果。

乳液型弹性涂料

无机高分子弹性涂料

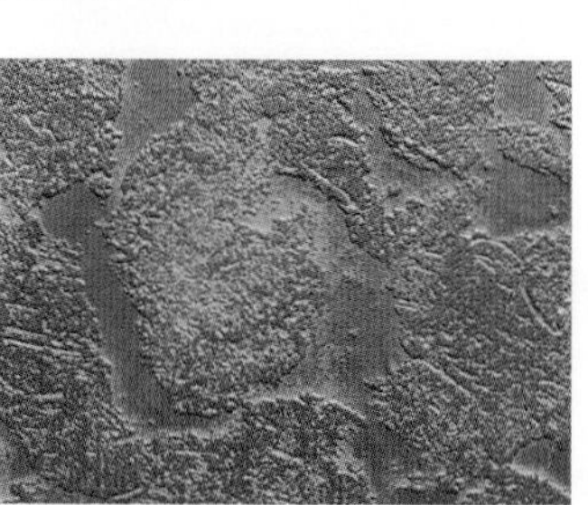

喷涂压花系列质感涂料

滚浆颗粒系列质感涂料

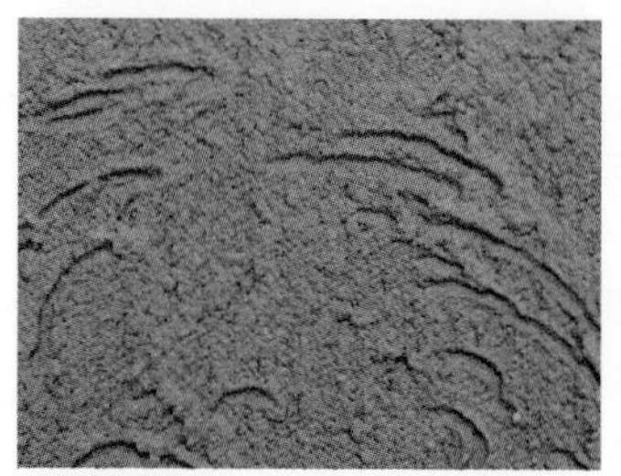

刮砂型质感涂料

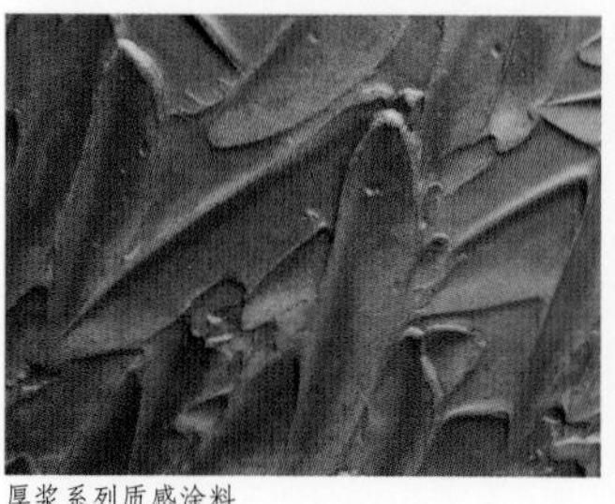

厚浆系列质感涂料

常用参数 | COMMON PARAMETERS

弹性涂料每平方米用量：底漆，0.075 ~ 0.15kg；面漆，普通颜色 0.25 ~ 0.35kg（两遍情况下，不同厂家不同产品，涂布率略有偏差），鲜艳颜色要根据实际情况确定，在不牺牲耐久、耐候情况下，涂布率会非常高，在 0.6kg 左右，需要多次涂刷（6 次左右）。根据滚涂与拉毛情况的不同，一般是 1kg 能涂布 5 ~ 7 ㎡。

质感涂料与弹性涂料类似，但根据施工厚度和效果以及喷涂次数不同，单位面积用量有所变化。

（以上数据为市场部分厂家产品参数，不同厂家各有差别，仅供参考）

价格区间 | PRICE RANGE

50 ~ 150 元 /m²

不同品牌、质感造型的弹性涂料和质感涂料价格会有所不同。目前市场上中等质量品牌的，加上人工费用，折合价格为 50 ~ 80 元 / ㎡，质感涂料根据效果及人工施工难度，价格有浮动，折合价格为 80 ~ 150/ 元㎡。

（以上价格仅为市场普通中端产品价格，材料价格会因不同项目、不同品牌以及订制等多方原因有较大浮动，仅供参考）

设计注意事项 | DESIGN KEY POINTS

弹性涂料具有一定的延展性，可以起到遮盖细小裂纹等效果，主要是针对建筑的外墙结构变化，及存在保温层等不确定情况。其价格比普通涂料贵。能做出一定的肌理效果，但不如质感涂料丰富。

质感涂料属于厚层涂料，具有很强的艺术装饰性，广泛用于建筑室内和室外装饰，是高档楼盘，商业会所，尤其是地中海等风格项目的最佳选择，具有浓郁的地方特色，效果较好。

（施工及安装要点内容仅代表部分厂家做法，供示意参考，不作为通用施工标准及节点做法）

品牌推荐 | BRAND RECOMMENDATION

品牌详细信息，请参见附录品牌索引：A01 、A02、A03、A07、A09。（以上推荐仅为市场少数优秀品牌，供设计师参考学习。同一品牌实际可能涉及多种产品，更多详细内容可登录随书小程序）

施工及安装要点 | CONSTRUCTION INTRO

1. 弹性涂料施工工艺

弹性涂料施工方式较多，如：批刮、喷涂、刮砂、拉毛等。其中喷涂、拉毛较为常见。以拉毛为例，弹性涂料施工工序为：基层处理→刷封底漆→专用毛滚进行拉毛→刷弹性漆两道→刷面漆一道→检查修补。

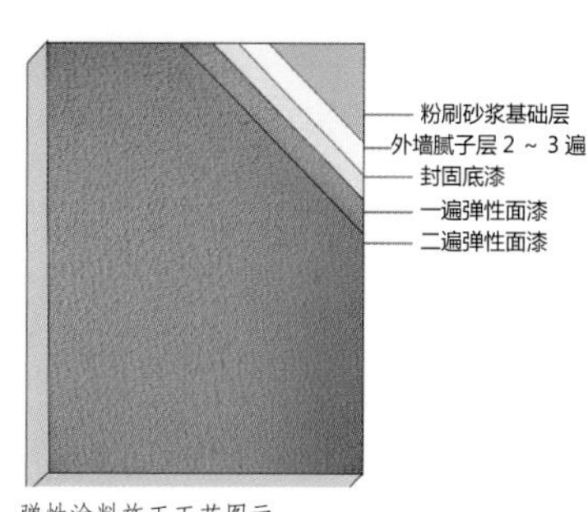

弹性涂料施工工艺图示

表面拉毛处理

2. 质感涂料施工工艺

质感涂料施工简单，随心所欲，通过不同的施工手法能营造出质感强烈、风格迥异的装饰效果。工艺流程如下： 墙面基层处理；刮（抹）涂柔性耐水腻子 2 ~ 3 遍；滚涂专用抗碱底漆；弹线、分格、贴胶带；批刮和喷涂质感涂料；喷涂水性罩光漆。

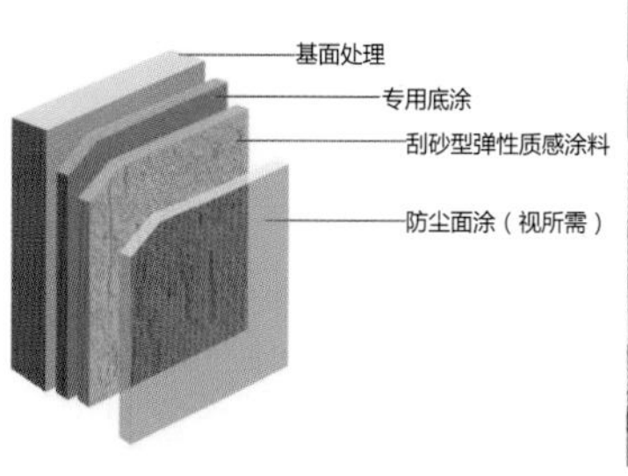

质感涂料施工工艺图示

基层处理

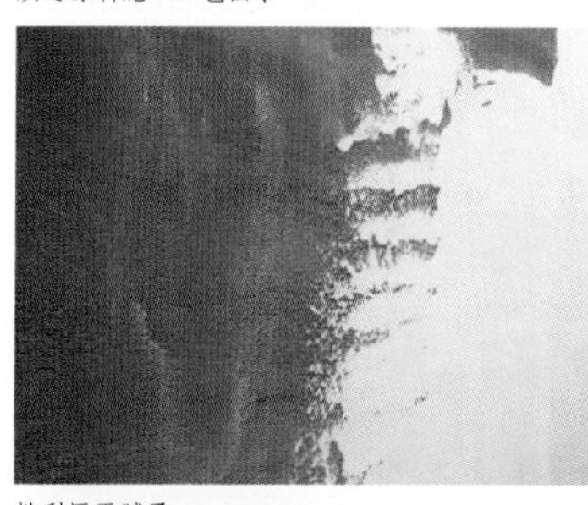
批刮压平腻子

喷涂质感涂料

质感涂料应用于地中海风格室内

经典案例 | APPLICATION PROJECTS

香港城市大学邵逸夫创意媒体中心

设计：Daniel Libeskind

材料概况：白色外墙是突出建筑体量的最好方式。

绩溪博物馆

设计：李兴钢

材料概况：质感涂料独特的肌理为建筑增加了丰富细腻的质感。

经典案例 | APPLICATION PROJECTS

北京 161 中学回龙观学校

设计：石华

材料概况：灰白色弹性涂料配合明亮色彩，突出了校园建筑的特色。

喜鼎·饺子中式餐厅空间设计

设计：睿集设计

材料概况：质感涂料应用于室内，为空间增加了丰富的细节。

灰泥 | Plaster Rendering

材料简介 | INTRODUCTION

灰泥，又称灰泥基质，或者叫做熟石膏，是碳酸盐岩的结构组分之一，是一种由泥状碳酸钙细屑或晶体组成的沉积物。人类将灰泥作为一种建筑材料的应用始于旧石器时代，经过近代工业化的迅速发展，传统意义上的“灰泥”材料已经发生了翻天覆地的变化。其中灰泥也作为一种新颖的涂料，被应用于建筑装饰。灰泥能表现出多种多样的质感效果，可以归类于质感涂料的范畴。

材料性能及特征 | PERFORMANCE & CHARACTER

灰泥广泛地应用于地中海如西班牙风格建筑项目中，因为它的效果可以模拟欧洲乡村泥沙抹面的土墙，装饰效果好，是一种给人原始、朴素、自然、温馨感受的建筑材料。灰泥在建筑中有许多不同的效果，通过不同施工工具和工法，可以匠造出肌理丰富的饰面效果。这种亲和的涂料，有以下几个独特的优点：

（1）装饰性好：灰泥采用进口无机色粉，色彩丰富且保色性优良，能持久保持装饰性能，达 10 年以上。

（2）耐候性好：涂层暴露于大气中，要经受风吹、日晒、盐雾腐蚀、雨淋与冷热变化，有机材料涂层易发生开裂、粉化、剥落、变色等现象，使涂层失去原有的装饰及保护功能，而灰泥属于无机材料，主要采用无机高强胶凝材料，饰面面层透气且憎水，有较好的抗裂性能，能在根本上解决开裂、粉化、剥离等问题。

（3）耐沾污性好：我国部分地区环境条件差，会使易沾污涂层失去原有的装饰效果，从而影响建筑物外貌。灰泥具有较好的耐沾污性，高温不回黏，使涂层不易被污染或被污染后容易清洗。

（4）耐霉变性好：有机外墙饰面在潮湿环境中易发霉，而灰泥属于无机体系材料，不带静电，饰面层憎水，从而使霉菌失去生存的环境。灰泥饰面层透气憎水，可使墙体内的水分通过孔隙挥发从而保持墙体干燥，减少墙体霉变的可能。

产品工艺及分类 | TECHNIC & CATEGORY

从工艺成分来看，灰泥的配料大致可分为黏结剂、骨料、填料、改性添加剂、颜料等五种。黏结剂是灰泥最主要的成分，也是对灰泥性能和效果起决定性作用的物质。填料在灰泥组分中主要起填充作用，一些填料会影响灰泥的耐火、耐磨、呼吸、调湿及着色等性能。骨料在灰泥组分中主要起骨架的作用，灰泥的成膜强度、抗压、耐磨以及成膜厚度、肌理质感等都与骨料的种类、大小及其本身特质有直接关系。灰泥组分当中添加剂的主要作用是起拉结和联成作用，提高灰泥的抗拉强度，增强弹性和抗伸缩性，使灰泥饰面层不易开裂。颜料在灰泥组分当中的作用是调色，各种常见的建筑表皮颜色，通常能够通过颜料调配出来。

从黏结剂的成分来分，灰泥可分为石灰基灰泥、水泥基灰泥、动植物胶类灰泥、有机改性黏结剂灰泥等。从形态上可分为浆状灰泥和干粉状灰泥。样式上更是丰富多样，不仅有质地光滑细腻的灰泥，更有可制作饰面花纹的大颗粒灰泥，色彩更是花样繁多，这都取决于原料的配用。以不同配料制作的灰泥，在功能方面各有所长，还能获得不同的质感，比如：磨砂质感、洞石质感、拉丝质感、陶纹质感、砂岩质感，以及深受设计师欢迎的清水混凝土质感等。

起源于地中海区域的灰泥

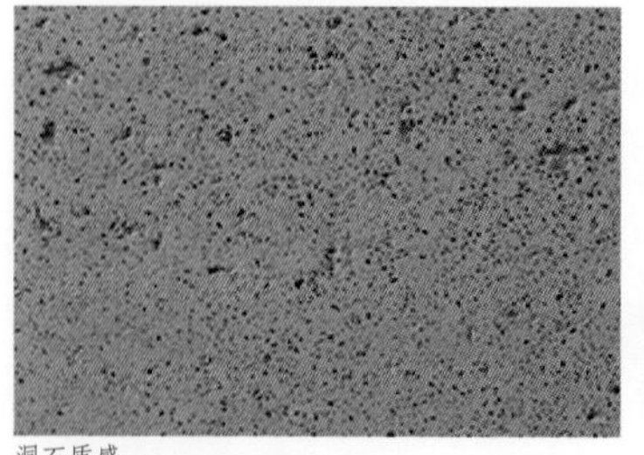

洞石质感

清水混凝土质感

灰泥在现代地中海风格楼盘典型应用

常用参数 | COMMON PARAMETERS

灰泥达到建材防火等级的 A（A1）级，在 1 300℃的温度下不会燃烧，无有害气体产生，安全无忧。

（以上数据为市场部分厂家产品参数，不同厂家各有差别，仅供参考）

价格区间 | PRICE RANGE

100 ~ 200 元 /m²

不同品牌、质感造型的灰泥价格会有所不同。因各地区人工费有所差异，灰泥综合包工包料价格在 100 ~ 200 元 / ㎡。

（以上价格仅为市场普通中端产品价格，材料价格会因不同项目、不同品牌以及订制等多方原因有较大浮动，仅供参考）

设计注意事项 | DESIGN KEY POINTS

灰泥作为一种新型的饰面材料，贴合国家节能、减排、低碳、环保发展的大趋势。市场上通常说的马来漆属于灰泥的一种，是石灰质细滑度较高的一种灰泥产品。

（施工及安装要点内容仅代表部分厂家做法，供示意参考，不作为通用施工标准及节点做法）

品牌推荐 | BRAND RECOMMENDATION

品牌详细信息，请参见附录品牌索引：A12 。

（以上推荐仅为市场少数优秀品牌，供设计师参考学习。同一品牌实际可能涉及多种产品，更多详细内容可登录随书小程序）

施工及安装要点 | CONSTRUCTION INTRO

传统的乳胶漆建筑漆面要求凿平、批腻子、底漆和面漆 4 道工序，而来自欧美的双组分灰泥（欧洲在灰泥的种类及品质上领先于美国），可以实现在石材、塑料材和水泥面等基础上直接涂装，创造出各种强烈的装饰效果，并能节约 3/4 的人力和时间成本。因为其弹性材料的特质，具有自洁功能和防裂功能，可让建筑的外立面数十年保持光鲜。

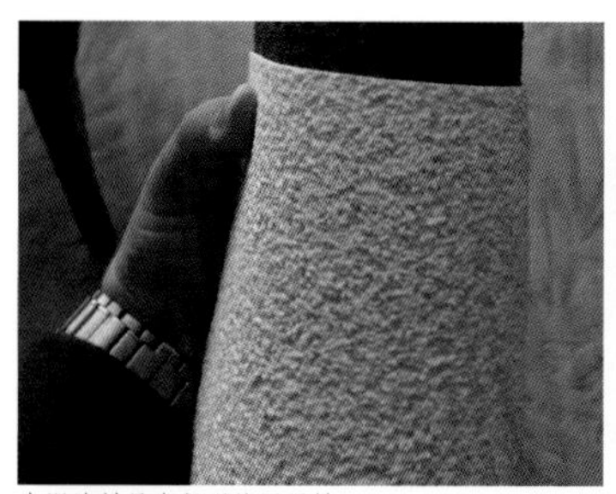

灰泥涂料具有很强的延展性

灰泥产品仿清水效果运用于建筑室内

灰泥刷涂一般需 2 ~ 3 遍，以下为注意事项：

（1）具有吸水性的底材需要用封闭底漆打底。

（2）当涂刷于粉刷层、混凝土和石材上时，视需求效果第一层或第二层需涂刷不同颗粒大小的灰泥涂料。

（3）当涂刷于干式墙面或修补过的墙面时，建议以粗颗粒灰泥涂料作为第一层涂装，来覆盖墙板接缝处或墙体破损的痕迹，第二层可自由选择细致颗粒或粗制颗粒的涂料。

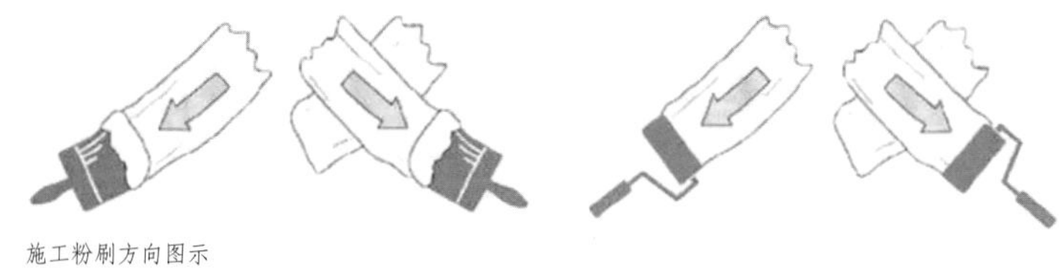

施工粉刷方向图示

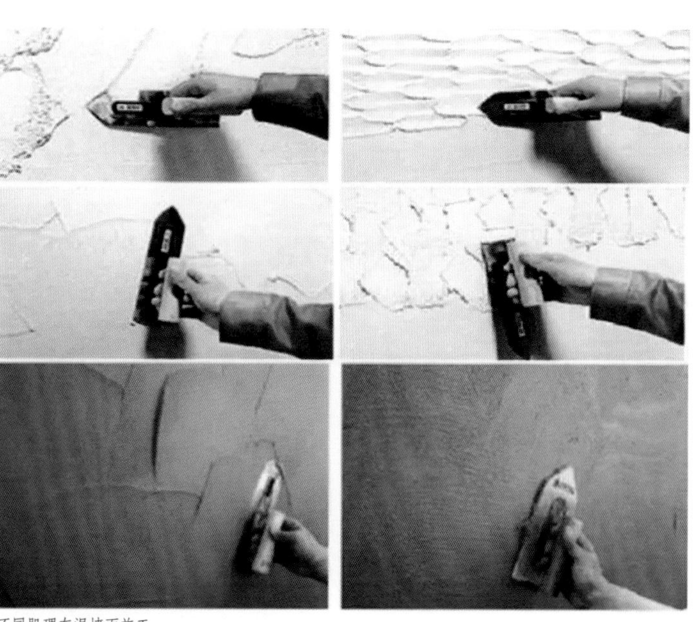

不同肌理灰泥墙面施工

德国维特拉展厅 VitraHaus

设计： Herzog & de Meuron

材料概况：深色带有肌理的灰泥很好地突显了建筑的体量感。

秦皇岛阿那亚海边教堂

设计：董功

材料概况：灰泥粗犷的质感和极强的耐候性非常适用于沿海建筑，能很好地发挥材料的优势。

福建省连江县船长之家改造

设计：董功

材料概况：土黄色的灰泥与混凝土搭配，与周边建筑和环境完美融合。

上海哥伦比亚圈老宅改造设计

设计：旭可建筑

材料概况：灰泥运用于老建筑室内外改造，独特的质感和肌理很好地延续了历史建筑风貌。

真石漆 / 多彩漆 | Stone-Like Coating / Multicolor Finish

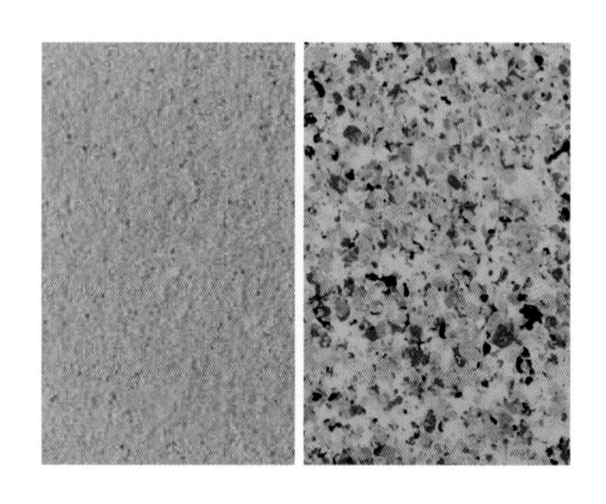

材料简介 | INTRODUCTION

近些年随着房地产业的蓬勃发展，可获得仿石材效果的涂料产品成为市场上发展最快的涂料产品，而其中最具代表性的当属真石漆和多彩漆。

真石漆是一种装饰效果酷似大理石、花岗石的涂料，主要采用各种颜色的天然石粉、高温染色骨料、高温煅烧骨料与乳液等助剂配制而成。用真石漆装饰后的建筑物，具有天然真实的自然色泽，给人以高雅、和谐、庄重之美感，适合于各类建筑物的室内外装修。

多彩漆，又名液态石，采用彩色颗粒包覆成粒技术，涂料中同时融入不相溶的多姿多彩的高分子胶体共聚物颗粒，通过一次喷涂，就可创造出几乎和原石一样的纹理效果，仿真石程度非常高，材质感和立体感比普通真石漆更加逼真。

材料性能及特征 | PERFORMANCE & CHARACTER

真石漆具有防火、防水、耐酸碱、耐污染、无毒、无味、黏结力强，永不褪色等特点，能有效地阻止外界恶劣环境对建筑物的侵蚀，延长建筑物的寿命。由于真石漆具备良好的附着力和耐冻融性能，因此适合在寒冷地区使用。

（1）装饰性强：是能够仿天然石材、大理石、花岗石的厚浆型涂料。色泽自然，具有天然石材的质感，能提供各种立体形状的花纹结构，是外墙干挂石材的最佳替代品。

（2）适用面广：可用于水泥砖墙、泡沫、石膏、铝板、玻璃等多种基面，且可以随建筑物的造型任意涂装。

（3）水性环保：真石漆采用水性乳液，无毒环保，符合人们对环保的要求。真石漆用料仅为石材重量的 1/30, 附着力强，安全可靠。

（4）耐污性好：90% 污物难以附着，雨水冲刷过后，亮丽如新，人工清洁更容易。

（5）经济实惠，无安全隐患，使用寿命长：高品质的真石漆使用寿命可长达 15 年，价格优势明显。

多彩漆仿真效果优于真石漆；多彩涂料的多种颜色均可以靠工业化生产的颜料制备的色浆来实现，而真石漆的骨料颜色相对单一；多彩漆仿石效果更强，相对真石漆而言更容易达到设计效果，可创造出几乎和原石一样的肌理，仿真度可达到 95%。

产品工艺及分类 | TECHNIC & CATEGORY

按饰面效果划分，真石漆可以分为单色真石漆、多色真石漆、岩片真石漆和仿面砖真石漆四类。

（1）单色真石漆：采用一种彩砂，颜色单一，仿石效果不及多色和岩片真石漆，但由于价格相对较低，市场需求很大。

（2）多色真石漆：采用两种或两种以上的天然彩砂配合乳液和助剂调制而成，色彩丰富，仿石效果更为逼真，属于高档类真石漆。

（3）岩片真石漆：是由天然彩砂添加树脂岩片调制而成，仿花岗石的产品，仿真度高，富有质感，属于高档类真石漆。

（4）仿砖真石漆：是传统瓷砖的替代品，在色彩和形态上比传统瓷砖更丰富，更有品质感，装饰性更强。

多彩漆一般可分为水包油型和水包水型。

（1）水包油型：是一种将各种颜色进行混合的磁漆，比较适用于家庭装饰，连续相为水相，分散相为油相。具有油漆的高光性、防水性、耐碱性、耐洗擦性、强力的附着性、透气性等多重优良性能。

（2）水包水型：连续相与分散相均为水相，在运用时，将水性乳胶漆加入可凝胶化的水溶性涂料进行分散。该种水包水型涂料在室温下通过挥发促进成膜。

单色真石漆

岩片真石漆

仿砖真石漆

多彩漆 1

多彩漆 2

常用参数 | COMMON PARAMETERS

1. 真石漆

表干时间 2h（25℃）；实干时间 24h（25℃）；重涂时间 ：24h（25℃）；耗 漆 量 3 ~ 5kg/ ㎡（干膜厚度 2mm）； 耐沾污性：罩面处理后 5 次循环≤ 1 级 ；耐 水 性：浸泡 30d 涂膜无异常 ；耐 碱 性 ：15d 涂膜无异常 ； 耐久年限：15 年以上 。

2. 多彩漆

附着力达 100%；耐洗刷达 2 000 次以上；耐水性达 96h 以上；耐候性达 1 000 小时以上。

（以上数据为市场部分厂家产品参数，不同厂家各有差别，仅供参考）

价格区间 | PRICE RANGE

50 ~ 120 元 /m²

真石漆价格根据不同类型和品质、加工工艺，价格（含施工）略有差别。真石漆用量：用量为 3.5 ~ 6kg/ ㎡，腻子用量为 2kg/ ㎡，两遍以上一般为 4 ~ 4.5kg/ ㎡。底漆用量：0.125 ~ 0.15kg/ ㎡，40 元 /kg。真石漆综合材料单价 30 ~ 60 元 / ㎡。多彩漆整体类似，价格更高达 60 ~ 100 元 / ㎡。

（以上价格仅为市场普通中端产品价格，材料价格会因不同项目、不同品牌以及订制等多方原因有较大浮动，仅供参考）

设计注意事项 | DESIGN KEY POINTS

市场上的仿石涂料发展主要经历了彩砂涂料、真石漆、岩片真石漆到水性多彩漆的几个不同阶段，其仿石的逼真度从也从 40%、60%、80% 到 90% 的程度，对设计师来说提供了充分的石材替代选择。

市场上目前的水包水型多彩漆基本都是软粒子，需要专门的压送式喷枪施工，对施工人员施工水平要求较高，否则会出现发花、颜色花纹不一样、存在色差等现象，长期贮存稳定性也需要继续提高。

（施工及安装要点内容仅代表部分厂家做法，供示意参考，不作为通用施工标准及节点做法）

品牌推荐 | BRAND RECOMMENDATION

品牌详细信息，请参见附录品牌索引：A04、A05、A06、A08、A10。

（以上推荐仅为市场少数优秀品牌，供设计师参考学习。同一品牌实际可能涉及多种产品，更多详细内容可登录随书小程序）

施工及安装要点 | CONSTRUCTION INTRO

1. 真石漆施工工艺及流程

真石漆主材（石材颗粒层）采用喷涂的方法施工，工具为气泵和喷枪。底漆和面漆可以喷涂，也可以用滚筒滚涂。

（1）清理基面：处理基层的凹凸、不平、棱角等部位，清理浮灰。

（2）刮腻子：根据基面平整度状况，刮 1 ~ 2 遍专用防水腻子。平整度控制在误差值 4mm 以内。

（3）涂刷底漆：采用滚筒或者喷枪均匀涂刷底漆 1 遍，目的是防水封碱、格缝上色。

（4）贴格缝纸：按照设计要求的分格方式，测量、划线、贴纸，将格缝的部位用美纹纸贴上。

（5）用喷枪喷涂真石漆主材，依据设计要求的花纹大小、起伏感强弱调整喷枪出气量。喷涂次数根据颜色调整，喷涂 1 ~ 3 遍。

（6）除去美纹纸。

（7）涂刷透明面漆：滚涂或喷涂透明保护面漆 1 ~ 2 遍，提高真石漆的自洁性能。

（8）清理，完成。

注：底漆即为格缝的颜色，具有耐候性。每道工序施工时需要在前一道工序彻底干燥后进行。每个品牌的产品干燥时间略有差异。

1、涂底涂

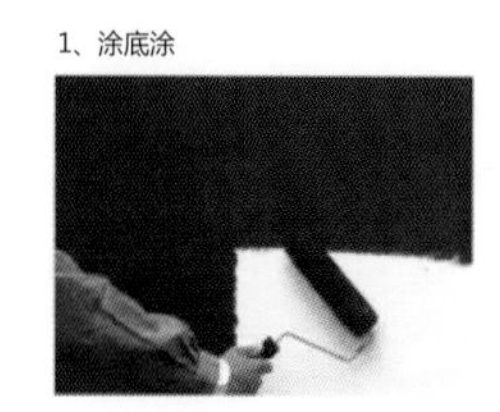

2、贴打格棒

3、喷涂中涂

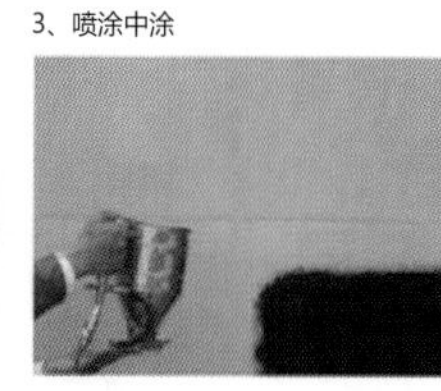

4、喷涂主材

5、取打格棒

6、涂面涂

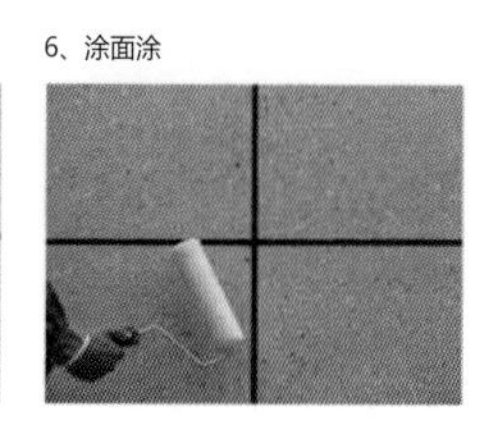

外墙真石漆施工图示

2. 多彩漆施工材料构成及功能

（1）基层处理：修补基层，清除基面污物、灰尘等附着物，使基面达到一致干燥平滑。

（2）底漆：填充空隙，封闭墙面碱性，改善层间结合，增加对基面的附着。

（3）水性多彩中涂：仿石主色层，同时具有弹性，防止墙体开裂。

（4）水性多彩主材：仿石造型层，可创造出几乎和原石一样的纹理效果。

（5）专用罩面：保护内涂层，具有持久性和抗紫外线功能。

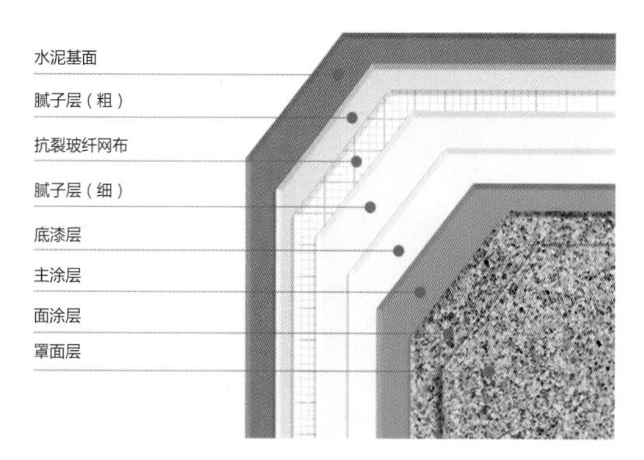

多彩漆构造图示

经典案例 | APPLICATION PROJECTS

重庆寰宇天下

设计：水石国际

材料概况：高层部分使用单彩真石漆，有效地降低成本，效果佳。

上海南翔中央公园

设计：天华建筑

材料概况：大面积使用多彩花岗石真石漆，效果逼真，厚重大方。

经典案例 | APPLICATION PROJECTS

上海华润新江湾九里

设计：柏涛建筑

材料概况：水性多彩漆表现出法式建筑的高贵典雅。

上海华润外滩九里

设计：G.D.G. 葛乔治设计

材料概况：水性多彩漆可以达到极高的石材仿真度。

金属漆 | Metallic Paint

材料简介 | INTRODUCTION

建筑金属漆，又叫金属涂料，是指在漆基中加有细微金属粒子的一种双分子常温固化涂料。其由氟树脂、优质颜色填料、助剂、固化剂等组成，适用于建筑的内外包装及幕墙、GRC 板、门窗、无机成型板、混凝土及水泥等基层上。金属漆是通过涂料达到金属观感的特殊装饰性涂料。

材料性能及特征 | PERFORMANCE & CHARACTER

金属漆通过在漆基中加入细微的金属粉末（如铝粉、铜粉等），光线射到金属粉末上后，透过气膜被反射出来，达到看上去好像金属在闪闪发光一样的效果。这种金属闪光漆，给人们一种愉悦、轻快、新颖的感觉。改变金属粉末的形状和大小，可以控制金属闪光漆膜的闪光度；同时，在金属漆的外面，通常还加有一层清漆予以保护。金属漆的特点如下：

（1）色泽丰富饱满，能够塑造各种金属质感。

（2）耐腐蚀性能佳，具有突出的耐盐碱能力，可以在沿海等具有盐雾腐蚀的地方使用。同时具有优异的耐化学腐蚀性，是最佳墙体防腐蚀装饰涂料之一。

（3）具有极强耐水、防霉功能，即使在阴暗环境中也能长期抵御霉菌繁殖滋养，墙面不产生霉斑，不粉化不脱落，能令墙面历久弥新。

（4）抗紫外线辐射，保光、保能好。特别添加紫外线隔离因子，漆膜具有卓越的抗紫外线性能和优异的保色、保光性能，能有效保护墙体，延缓老化。

（5）优异的附着力，漆膜经久不脱落，拥有出色的墙面装饰性和保护性。

（6） 优异超强耐候功能，可抵抗多种恶劣气候侵蚀，久经日晒雨淋不变色不发花，其优异品质确保使用 20 年以上。

产品工艺及分类 | TECHNIC & CATEGORY

金属漆一般有溶剂型金属漆和水性金属漆两种。

1. 溶剂型金属漆

溶剂型金属漆包括丙烯酸金属漆和氟碳金属漆。其优点是涂料易于干燥固化，化学亲和度强，透明度较高，而缺点则是黏度过高时会影响流平性，黏度过低时易产生“流挂”缺陷。同时，溶剂型金属漆还可以以树脂的种类和结构不同而进行分类，主要有单组分 . 丙烯酸金属漆、双组分 . 丙烯酸聚氨酯金属漆、单组分 . 氟碳金属漆和双组分 . 氟碳金属漆等不同的类型。单组分金属漆施工后干燥快，漆膜较软；双组分 . 丙烯酸聚氨酯金属漆的漆膜硬度高而且有一定的韧性。双组分 . 氟碳金属漆施工后干燥慢，漆膜的耐久性和耐候性最好，硬度介于上述两者之间。

2. 水性金属漆

水性金属漆包括水性烘烤金属漆和水性自干金属漆 ，其特点是硬度高、耐划伤、附着力强，现今社会普遍应用的主要原因是其具有无毒、无味、无污染、无三废的特点，以水为稀释剂，成本低，该产品利用率达 100%。

外墙氟碳金属漆是常用的建筑漆，其原料包括氟碳树脂、耐光耐候金属惰性颜料及多种助剂，常温固化后会形成具备保光保色性能的墙面涂层，耐用年限可达 20 年之久，可充分弥补建筑墙体基层存在的各种缺陷，为达到致密、光滑、平整的墙面效果提供了坚实、牢固的基层。

氟碳漆和金属漆是不同的分类方法对油漆种类的划分。氟碳漆可以做出金属漆和非金属漆，而金属漆包含氟碳金属漆和非氟碳漆金属漆。

外墙氟碳金属漆

哑光拼图金属漆饰面

弹性拉毛金属漆效果 1

弹性拉毛金属漆效果 2

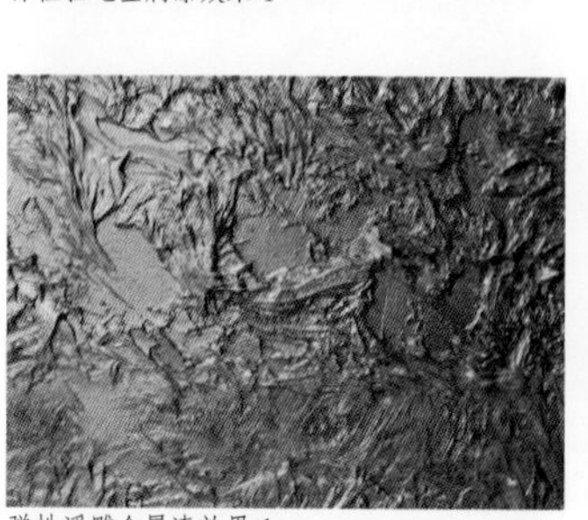

弹性浮雕金属漆效果 1

弹性浮雕金属漆效果 2

常用参数 | COMMON PARAMETERS

漆膜硬度≥ 3h; 附着力（划圈法）1 级；
耐冲击强度 :50cm；柔韧性 1mm；
涂膜耐冻融性 :20 次不起泡、不脱落、无裂纹；
耐水性（常温）:200h，漆膜不起泡、不脱落；
使用温度：-40 ~ 140° C 可正常使用；
耐人工老化性：5 000h 无粉化、无脱落、无龟裂。

（以上数据为市场部分厂家产品参数，不同厂家各有差别，仅供参考）

价格区间 | PRICE RANGE

50 ~ 150 元 /m²

金属漆价格主要跟类型有关，水性金属漆价格一般为 50 ~ 100 元 / ㎡，溶剂型金属漆价格为 100 ~ 150 元 / ㎡。

（以上价格仅为市场普通中端产品价格，材料价格会因不同项目、不同品牌以及订制等多方原因有较大浮动，仅供参考）

设计注意事项 | DESIGN KEY POINTS

金属漆价格不贵，早先广泛应用于建筑室内来追求富丽堂皇的装饰效果，随着人们的审美观念发生改变，应用有所减少。但设计师如果运用得当，往往可以让空间达到意想不到的惊人效果。

（施工及安装要点内容仅代表部分厂家做法，供示意参考，不作为通用施工标准及节点做法）

品牌推荐 | BRAND RECOMMENDATION

品牌详细信息，请参见附录品牌索引：A04、A03、A11。
（以上推荐仅为市场少数优秀品牌，供设计师参考学习。同一品牌实际可能涉及多种产品，更多详细内容可登录随书小程序）

施工及安装要点 | CONSTRUCTION INTRO

1. 金属漆施工概况
（1）金属漆可采用滚涂、喷、刷等工艺，按配比混合后搅拌均匀，喷涂施工时视情况用金属漆专用稀释剂进行稀释。
（2）适用于各类水泥砂浆抹灰面、混凝土面、石膏板、木板、纤维板等。
（3）基面必须牢固、干燥、清洁和无浮灰，pH<10。
2. 金属底漆施工工序
（1）基底封闭：用配套的专用封闭底漆对基层进行全面封闭，以加强漆膜与墙体之间的层间附着力。
（2）中间漆：根据不同的配套方案选用合适的中间漆，施涂 1 道。
（3）金属漆：使用前将漆品充分搅拌均匀，用 F901 稀释剂调节黏度至适合施工，用专业喷枪连续喷涂。
（4）罩光清漆：待金属漆干燥后，施罩光清漆。使用前将漆品充分搅拌均匀，用专业喷枪施工。
（5）特殊饰面：可将基层处理成为橘皮状、浮雕状、波纹状等，以增强饰面的立体质感效果。

金属漆室内应用效果

金属漆外墙应用效果 1

金属漆外墙效果 2

经典案例 | APPLICATION PROJECTS

法国“动感折纸”公寓楼

设计：Brenac + Gonzalez et Associés

材料概况：银灰色金属涂料让建筑熠熠生辉。

北京望京 SOHO

设计：Zaha Hadid Architects

材料概况：金属质感让动感的流动的空间充满科技感。

广州歌剧院室内

设计：Zaha Hadid Architects

材料概况：金属漆让音乐大厅显得金碧辉煌。

广州天境花园销售中心

设计：彭征

材料概况：金属质感让室内空间显得高档华丽。

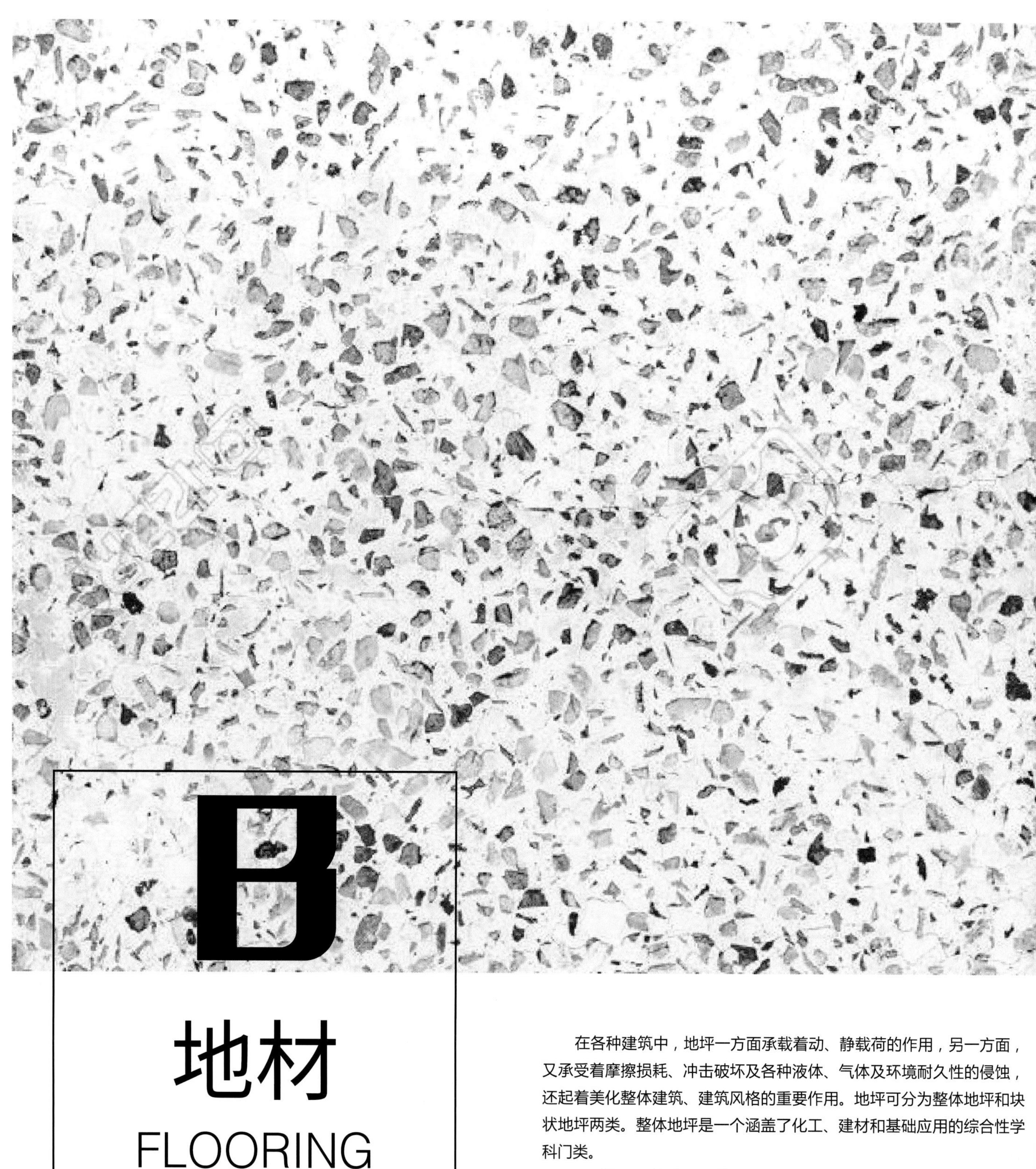

B 地材 FLOORING

在各种建筑中，地坪一方面承载着动、静载荷的作用，另一方面，又承受着摩擦损耗、冲击破坏及各种液体、气体及环境耐久性的侵蚀，还起着美化整体建筑、建筑风格的重要作用。地坪可分为整体地坪和块状地坪两类。整体地坪是一个涵盖了化工、建材和基础应用的综合性学科门类。

20 世纪 50 年代，受第三次工业革命的影响，在一些主要的材料生产企业中逐渐开始出现混凝土地坪用配合水泥基耐磨材料类型的产品问世，无机地坪材料产品在工业厂房建设中广泛应用。到 20 世纪 70 年代，由于日本的劳动力紧张和费用高，水泥基自流平材料最先发展起来，在 1982 年开始出现水泥基自流平地坪材料，并因其用途广、用量大、质量稳定，在市场上得到了迅速发展和广泛的认同。

有机类地坪材料目前种类大致分为环氧树脂类、聚氨酯类、丙烯酸（交联）类、聚脲地坪类材料。20 世纪中期随着乳胶漆材料的出现，涂料行业也有了一定的发展，只是早先涂料还主要用于内外墙和顶棚的装饰。到 20 世纪中后期开始欧美出现了许多洁净车间地坪，它采用整体聚合物面层，称为“环氧地坪漆”(epoxyflooring)，主要成分为环氧树脂和固

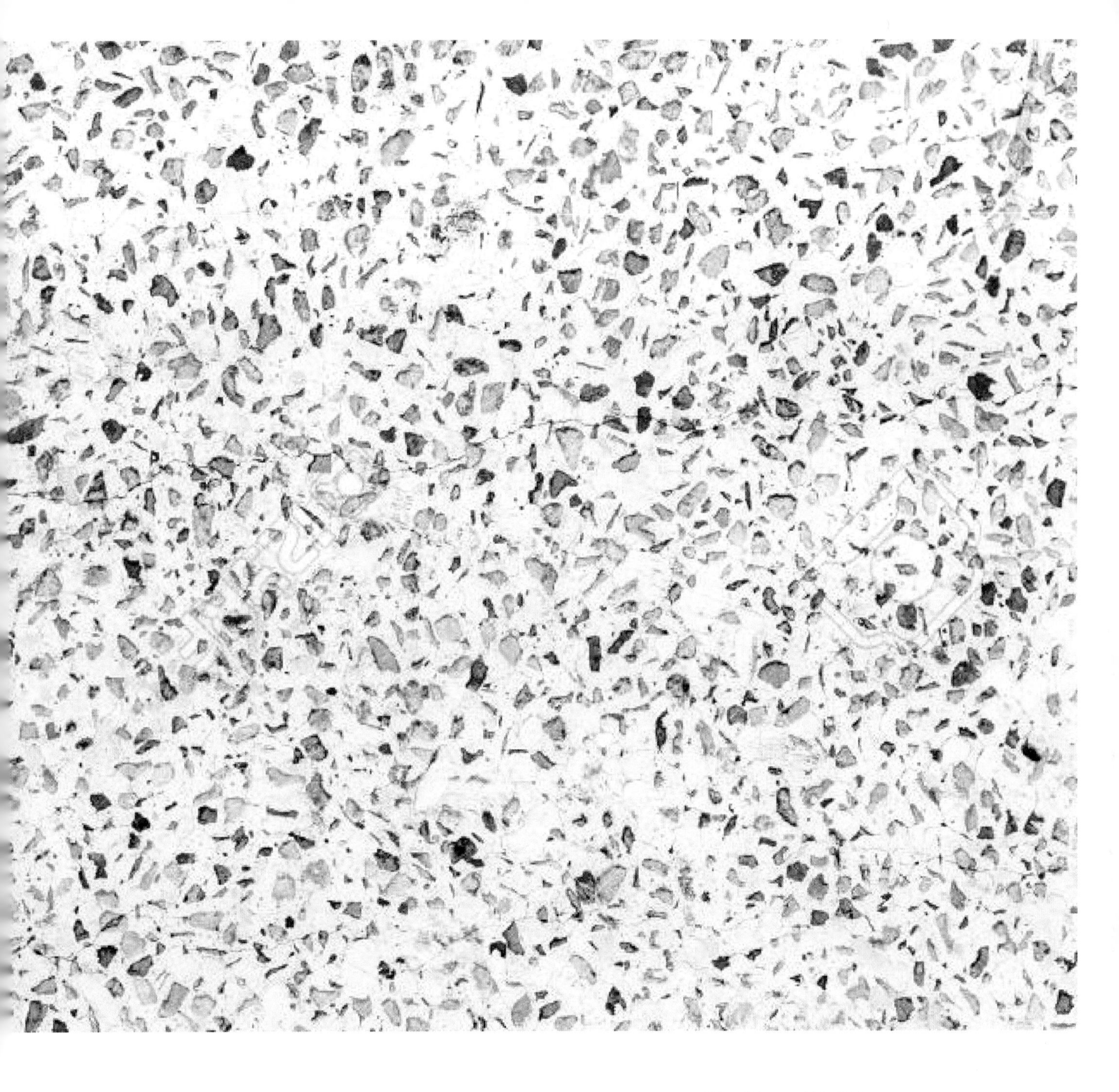

化剂，并且以环氧树脂为主要成膜物质制成的有机类地坪材料开始被研制出来。

相比国外工业发达国家，我国地坪行业起步较晚，大约在 20 世纪 80 年代末 90 年代初，我国一些科研院所才开始对无机自流平材料进行研究、开发，但因当时的许多有机材料未能得到普及，价格高，导致大面积使用水泥基自流平时成本较高，产品性能不稳定，仅停留在试验阶段，未得到推广使用。但随着改革开放，国外地坪产品大量地进入我国，由于其材料与施工性能俱佳，一度受到建筑界的青睐。我国地坪材料的生产与应用技术在经济发展较快的长江三角洲、珠江三角洲首先发展起来，而后集中在以上海、江苏、浙江为代表的华东地区，在中国北方地区推广较晚。

在我国的地坪行业中，专门从事地坪材料生产及施工的企业为数很少，更多的企业都本着多元化发展的思路，在经营策略上不分伯仲，对于一些小企业来说，面对激烈的行业竞争及自身实力的限制，其结果是可想而知的。地坪行业已经度过了幼年期，成为新的细分行业。整个地坪行业的产业组织结构不仅影响到行业内企业规模经济优势的发挥和竞争的活力，还会影响到整个地坪行业整体的发展。

由此可见，我国地坪行业虽然在近 10 多年里有了较快的发展，但是市场占有率还很低。鉴于地坪材料不可替代的优点及随着公众认知度的提高，我国地坪行业还具有相当大的发展空间，地坪市场的容量相当大。特别是随着北京奥运工程及大型公共建筑中各种新型地坪材料的广泛应用，全国地坪市场呈现出一片繁荣景象，一批专门从事地坪材料生产与施工的企业孕育而生并迅速崛起。目前，在中国建厂的国外大中型企业及国内民营企业大部分集中在华东、华南一带及北京周边地区，整体来说，我国地坪企业分布呈不均衡状态。市场上以地坪产品为主导产品的企业目前并不多，行业领跑者也多为外资企业，但总体来说我国地坪行业已经逐渐成为建筑领域中的一个新兴行业。

密封固化 / 抛光混凝土地坪 | Hardened / Polished Concrete Floor

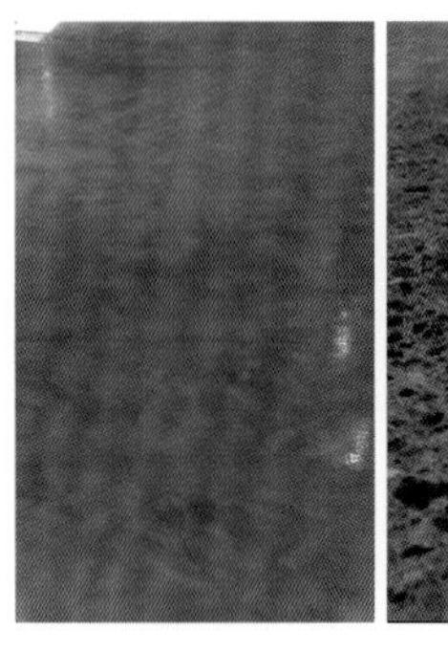

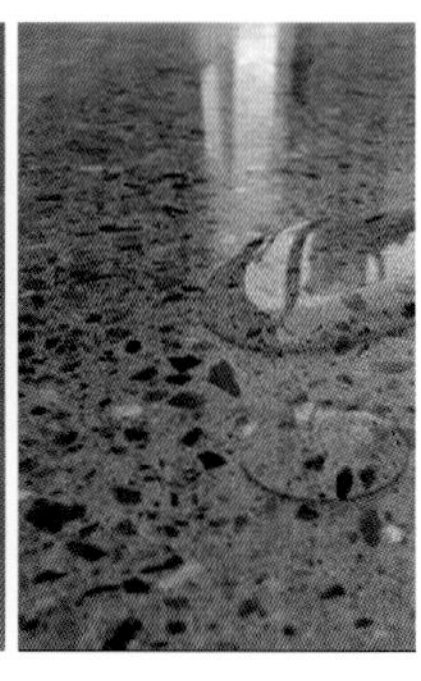

材料简介 | INTRODUCTION

密封固化剂又名致密剂，是一种通过渗透入混凝土内部，与其中的化学物质发生化学反应，收缩混凝土毛孔，使混凝土成为一个致密整体的新产品。密封固化工艺可大幅提高混凝土的抗渗、耐磨、冻融循环、表面硬度等各种性能指标。

抛光混凝土地坪，是指混凝土通过研磨工具逐步打磨并经与化学硬化剂共同作用后所形成的混凝土地坪。施工者使用硬化剂渗透自然浇筑的混凝土，使其表面强度和致密度得到强化，并通过机械打磨和抛光提高其平整度和反光度，从而使混凝土地坪兼备使用性能和特殊的装饰效果。

材料性能及特征 | PERFORMANCE & CHARACTER

密封固化地坪具有 9 级耐磨硬度，超强抗重压，经得起拖车、叉车长期辗压，30 年不起尘砂，防潮、防霉、抗老化，是工业场合地坪的首选。

抛光混凝土地坪除具有易清洁、维护成本低、使用寿命长等特点外，它还具有相对较高的耐磨系数，同时自然本色的混凝土光泽质感使其非常适用于高人流量及装饰要求较高的公共场合。混凝土抛光还能够减少过敏源，抑制霉菌的生长。

密封固化地坪和抛光混凝土地坪具有以下的共同特点：

（1）成本较低、日常维护简单，只需常规清洁，1.5 ~ 2 年定期用专业清洗剂清洗，上保护剂即可。

（2）可改变水泥地坪的起沙、起尘、起灰、裂缝等弊病。

（3）硬度、耐磨度提高，增加了使用寿命。

（4）具有大理石般的光泽度，有较高的装饰效果。

（5）施工方便，新旧（质量较高的）水泥地坪均可施工，节约资源。

产品工艺及分类 | TECHNIC & CATEGORY

密封固化地坪施工前必须彻底清理掉混凝土表面污物，待地坪八成干后施工混凝土密封固化剂。以约 0.3 kg / m²的用量将产品均匀喷涂在地坪上，让固化剂尽可能渗透到混凝土内部。如果采用研磨工艺，则需要采用专门为研磨抛光发明的致密剂。

抛光混凝土地坪按照原有地坪的种类可分为新浇筑地坪和旧翻新地坪两类。工艺前期包括研磨（粗磨）、修补、固化、抛光（精磨）四个步骤，一般还需要根据实际情况进一步调整使用的工具和步骤，以达到最终的设计效果。

对于新浇筑混凝土，可采用预混色水泥或特定的石材骨料（如卵石、花岗石、黑色玄武岩或矿石、废石等）混合出的混凝土。经过超精细抛光处理，能呈现出更多的花色效果。在面层浇筑完成阶段，可将装饰性骨料如贝壳、海螺、玻璃碎片甚至金属汽车零部件等嵌置其中，抛光后的效果极具艺术特质，有助于实现设计师的各种创意。

按照抛光地坪的光泽度，抛光混凝土地坪可以分为：轻微光泽、中等光泽、镜子般的光泽三个等级。

（1）轻微的光泽一般适用于工业地坪。

（2）中等光泽一般运用于办公空间、学校、医院等室内地坪。

（3）镜子般的光泽一般运用于商场、超市等室内地坪。

值得注意的是，不管是新浇筑还是利用原混凝土基层，基层质量对表面完成效果尤为重要。基层的开裂会导致地坪装饰面层的开裂，良好的浇筑质量和精心的养护可有效避面混凝土基层起尘脱落、开裂龟纹等情况，提高混凝土表面质量。之后再使用密封固化剂并进行抛光保护可取得较好效果。

混凝土密封固化地坪

抛光混凝土本色地坪

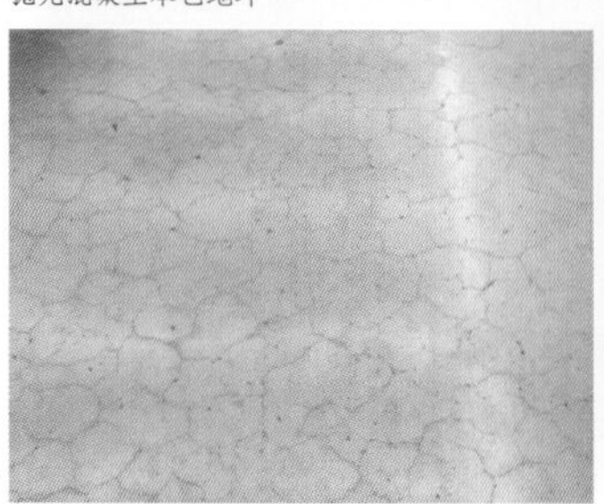

基层龟裂的密封固化地坪效果

浇筑质量较好的抛光混凝土面层效果

常用参数 | COMMON PARAMETERS

耐磨程度比普通混凝土增强 32.5%，达到德国金刚硬化地坪标准；
防渗水、渗油、止滑，减少 93% 水分流失；
硬度：硬化 7d 后可增强 40%，抗撞击程度增加 13.3%；
黏结力：对环氧树脂可增加 17%；
防滑：防滑系数 86（干），69（湿）；
渗透：渗透力达 0.022cc/h（1.83m 水压实验）。

（以上数据为市场部分厂家产品参数，不同厂家各有差别，仅供参考）

价格区间 | PRICE RANGE

100 ~ 400 元 /m²

抛光混凝土地坪施工价格，因地区不同，价格会有差异，主要看工人工价和原材料价格。原有地坪进行抛光处理，价格一般在 50 ~ 100 元 / ㎡。现制磨石浇筑加打磨，市场整体价格在 150 ~ 400 元 / ㎡。

（以上价格仅为市场普通中端产品价格，材料价格会因不同项目、不同品牌以及订制等多方原因有较大浮动，仅供参考）

设计注意事项 | DESIGN KEY POINTS

世界 LEED 组织在 2009 年介绍了抛光混凝土的优势，明确采用混凝土抛光地坪能够为建筑获得 LEED 认证加分。对既有的混凝土楼地坪进行修复并打磨处理，是一种环保、可持续的地坪解决方案。同时设计师可以根据需要，控制研磨次数和选择骨料和露出深度。市场上的金刚砂地坪是国内对工业耐磨硬化地坪的俗称，也称作“地坪硬化剂”，是将矿物合金骨料（金刚砂）地坪硬化剂直接施工在初凝阶段的混凝土或水泥砂浆表面，经抹平后形成一层坚硬耐磨、无尘美观的硬化地坪。

（施工及安装要点内容仅代表部分厂家做法，供示意参考，不作为通用施工标准及节点做法）

品牌推荐 | BRAND RECOMMENDATION

品牌详细信息，请参见附录品牌索引：B01、B02、B03。
（以上推荐仅为市场少数优秀品牌，供设计师参考学习。同一品牌实际可能涉及多种产品，更多详细内容可登录随书小程序）

施工及安装要点 | CONSTRUCTION INTRO

密封固化地坪施工较为简单，此处重点介绍抛光混凝土地坪施工，其主要步骤如下：

（1）研磨（粗磨），即使用金属金刚石工具（研磨机）进行混凝土基层打磨，清除地坪上的细微麻点、瑕疵、着色剂或其他薄涂层（如环氧涂层、自流平水泥、PVC 塑胶地坪等），为后续的抛光工序做准备。根据不同的混凝土地坪状况，研磨工序通常可分 3 ~ 4 个步骤进行。

（2）混凝土表面施工固化剂，通过化学反应硬化混凝土面层，使混凝土表层面层达到致密、无尘、硬化的效果。

（3）抛光（精磨），即施工人员使用树脂磨片（一种树脂金刚石工具）对地面进行打磨，直到地坪呈现出预期的光泽度为止，可分为 3 ~ 5 个步骤。根据地坪情况及光泽度要求，最高可使用 3 000 目的树脂磨片。

混凝土抛光研磨设备

混凝土抛光研磨施工

可以采用湿磨或干磨的方法进行研磨，一般情况下低目数研磨会采用湿磨的方式，高目数抛光时会采用干磨的方式，效率会更高。

抛光混凝土地坪在商业项目中的应用

抛光混凝土地坪在地下车库的应用

按照原有地坪的种类，混凝土抛光地坪可分为：新浇筑地坪和旧翻新地坪两大类。

（1）新浇筑地坪：又称混凝土直磨技术，是在养护完成后的混凝土地坪上施以混凝土密封固化剂，使之反应生成永久性凝胶，再通过机器直磨得到一个防尘、致密的整体。施工时应控制骨料的种类、粒径、级配和平整度，且浇筑时要避免踩踏，以免形成骨料的不均匀下沉，从而保证高质量面层的完成，使混凝土抛光地坪达到最佳的效果。

（2）旧翻新地坪：在原有的地坪上通过使用混凝土抛光工艺及钢化剂的处理进行改造。原有混凝土中的沙砾和天然骨料经打磨抛光后会逐渐呈现，进而焕发出温润的光泽。

抛光混凝土地坪在高端办公场所的应用

经典案例 | APPLICATION PROJECTS

法国南特银行总部

设计：AIA Associés

材料概况：白色抛光混凝土地坪精致而优雅。

英国萨福克教堂山谷仓改造住宅

设计：David Nossiter Architects

材料概况：素色抛光混凝土地坪很好地保留了老仓库的历史感。

上海鞋钉厂改建

设计：章明

材料概况：不同研磨程度露骨料的抛光混凝土对应不同特质的功能空间。

北京四中房山校区

设计：OPEN 建筑事务所

材料概况：混凝土密封钢化抛光地坪让建筑独具特色。

磨石 | Terrazzo Floor

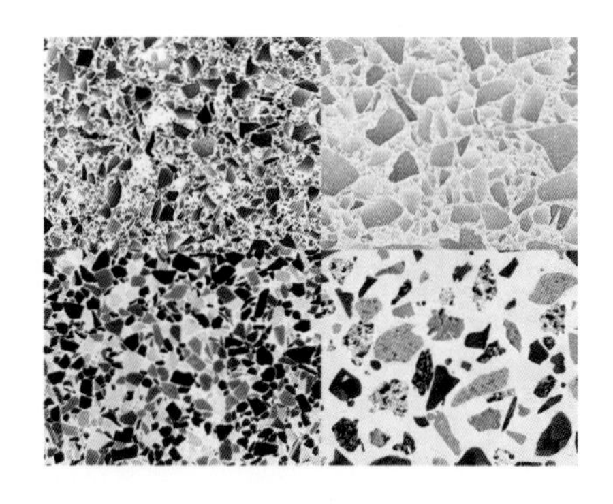

材料简介 | INTRODUCTION

磨石（也称水磨石）是将碎石、玻璃、石英石等骨料拌入水泥黏结料制成混凝制品后经表面研磨 、抛光的制品。传统水磨石是在我国较早期间普遍流行的一种地坪做法。但因施工过程污染、风化等缺点，同时因为更多地坪产品的出现使之有所没落。但是近年来，随着技术的进步，市场上出现了现代化的磨石整体地坪产品，施工更为灵活，图案艺术化效果更强，重新掀起了一股磨石风潮，深受设计师喜爱。

材料性能及特征 | PERFORMANCE & CHARACTER

地坪可以起到丰富空间的重要作用。现代的磨石系统地坪拥有多样化的色彩搭配选择，并拥有创造各种线条或图案的能力，可以充分实现设计师的艺术理念并实现大面积无分割无拼接，达到天然石材、人造石，或者是瓷砖都无法实现的整体视觉完整性。现代化的磨石地坪具有以下特征：

（1）具有大理石材质特性，并且通过现场大面积的现浇铺设，可以实现整体的无缝施工，避免大理石铺设时无法避免的拼接缝隙，无切割、无拼接、整体性强。

（2）自重轻，符合高层建筑物要求。其弹性强度是普通混凝土的 10 倍，抗拉强度是普通混凝土的 10 倍，抗压强度是普通混凝土的 3 倍，耐磨性是普通混凝土的 4 倍。

（3）可以表现出绚丽多彩的颜色和纷繁复杂的图案，平整亮洁无色差，从而可完美地表达出设计意象。

（4）树脂罩面，表面密闭性好，可以达到洁净、无尘、耐脏污、抗菌等高标准的卫生使用要求；易清洁、维护和保养，经久耐用，光亮耐磨。

（5）具有很强的防滑功能，脚感舒适，静音效果好。

产品工艺及分类 | TECHNIC & CATEGORY

现代磨石按照原料分类，可以分为以水泥黏结料制成的无机磨石，以及用环氧黏结料等制成的环氧磨石或有机磨石。同时磨石按施工制作工艺又分现场浇筑磨石和预制板材磨石。

水泥基磨石采用普通水泥配合无机低温聚合技术，在不经高温熔化的条件下，选用坚硬岩石，加工小颗粒、细小颗粒与水泥、外加剂拌合料，经分割线分格、硬化打磨与抛光，使水泥基磨石具有极高的强度、耐磨度，优越的抗污性能、自然色度和整体装饰效果，可达到或超越天然石材。水泥基磨石一般表面需要做封闭处理，可用打蜡或混凝土密封技术形成表面致密的封闭面，可以有效防止起灰等问题。

环氧磨石以环氧树脂为黏结剂制作而成，拥有环氧树脂的部分优越性能。其通过底涂和面涂的处理可以做到色彩绚丽缤纷，颜色图案任意组合，同时表面光滑、细腻、 强力耐压、抗冲击，经久耐用。

环氧有机水磨石地坪

预制水磨石水槽

预制水磨石手机壳

水泥基无机水磨石地坪

常用参数 | COMMON PARAMETERS

现代环氧磨石施工厚度为 5 ~ 10mm。

抗冲击性：以 3kg 铁球从 1.5m 高自由落下方法检验，抗冲击性能比 65mm 厚耐酸瓷砖高 5 倍，比 20mm 厚耐酸瓷砖高 9 倍。

抗压强度 56.1MPa，抗拉强度 10.9MPa。

（以上数据为市场部分厂家产品参数，不同厂家各有差别，仅供参考）

价格区间 | PRICE RANGE

300 ~ 800 元 /m²

磨石地坪施工价格因地区不同会有所差异，主要受工人工价与原材料价格，以及艺术图案复杂程度影响。水泥基磨石价格在 300 元 / ㎡，环氧磨石价格相对较高，价格在 800 元 / ㎡，高档的可达上千元。预制磨石板材一般规格为 600mmx600mm，价格在 100 ~ 150 元 / 块。

（以上价格仅为市场普通中端产品价格，材料价格会因不同项目、不同品牌以及订制等多方原因有较大浮动，仅供参考）

设计注意事项 | DESIGN KEY POINTS

现代磨石地坪适用于城市公共基础设施如学校、医院、机场、博物馆、体育馆等；商业贸易中心如商场、展厅、高档餐厅等，以及其他一些需要美观耐磨地坪的场所，尤其适合对洁净、美观、无尘以及无菌要求较高的行业。水泥基水磨石地坪施工时无色无味，而环氧磨石地坪施工时有一定气味。水泥基磨石地坪可以做到 A1 级防火，而环氧磨石地坪做不到防火。磨石效果也可应用于建筑墙面，一般多为预制磨石板材干挂，但也可以采用特定的墙面固定方式，配合特殊的墙面研磨机器施工，但此方法设备费用昂贵，国内应用情况较少。

（施工及安装要点内容仅代表部分厂家做法，供示意参考，不作为通用施工标准及节点做法）

品牌推荐 | BRAND RECOMMENDATION

品牌详细信息，请参见附录品牌索引：B04、B05、B06 。

（以上推荐仅为市场少数优秀品牌，供设计师参考学习。同一品牌实际可能涉及多种产品，更多详细内容可登录随书小程序）

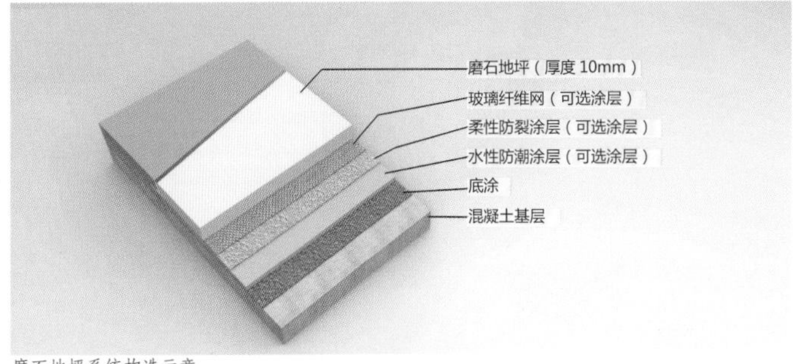

磨石地坪系统构造示意

施工及安装要点 | CONSTRUCTION INTRO

现代环氧磨石主要工艺流程：

基层处理→铣刨、打磨、清洁→铺设环氧防潮底涂及玻纤层；制作图案层，干燥→大面环氧磨石层制作→干燥养护（24h）→用打磨机全盘粗磨（粗磨片）打磨至少 2 遍→环氧补浆→干燥养护（24h）→用打磨机全盘中磨（中磨片）打磨至少 2 遍→用打磨机全盘精细水磨、抛光（细磨片、抛光片），至少 2 遍→干燥养护（24h）→施工透明聚氨酯密封涂层→干燥养护 72h。

材料摊铺

研磨施工

局部细磨

表面抛光

现代磨石地坪广泛应用于苹果标准店

现代磨石地坪广泛用应用于机场航站楼空间

纽约华伦天奴旗舰店

设计：David Chipperfield

材料概况：墙面地坪整体采用预制水磨石，单一材料创造了纯粹的惊人效果。

南非 Cape 小教堂

设计：Steyn Studio

材料概况：深灰色水磨石地坪更加突出了建筑主体材质的轻盈。

上海凌空 SOHO 大厅

设计：Zaha Hadid Architects

材料概况：整体无缝地坪结合流线形动感线条将设计师的创意展现到极致。

深圳当代艺术馆和规划展览馆

设计：Coop Himmelblau

材料概况：无机磨石地坪系统与金属质感的空间形成强烈对比冲击。

自流平地坪 | Self Leveling Floor Coating

材料简介 | INTRODUCTION

自流平地坪是加工好的特殊材料加水调和成具有一定流动性的液态物质，依靠重力自由扩散形成水平面，并自然凝结成型的地坪施工做法。根据原材料的不同，主要分为水泥（无机）自流平和环氧（有机）自流平两种。通常水泥自流平具有水泥基材质的冷静素雅感觉，深受设计师喜欢。环氧自流平通常色彩亮丽，耐磨度和洁净度较高，广泛应用于医药、汽车、电子、食品、电力、化工等工业地坪装饰中。

材料性能及特征 | PERFORMANCE & CHARACTER

自流平地坪可应用于很多地板基层找平工程中，具有一定耐磨性的自流平广泛应用于工厂、仓库、地下车库、运动场地等地坪。高档的自流平地坪也广泛应用于商业、办公室、展厅及老旧建筑改造等地坪装饰，其材料特点如下：

（1）施工简便快速，直接加水搅拌即可，手工操作和机械施工均可以。具有良好的黏结性。

（2）具有良好的流动性，自流平，不需振捣、抹压，施工速度快，4 ~ 5h 后可上人行走， 24h 后可进行面层施工。机械送泵，日施工面积大，硬化速度快，省时省力。

（3）硬化强度高，具有高抗压强度和耐磨性能。

（4）极低收缩率，不易龟裂和产生脱层空鼓现象。

（5）易于清洁，材料施工成型后结合其他产品良好的抗化学腐蚀性能，做适当表面处理，即具有防水、防油污渗入性能，经过简单清洁即可光洁如新，省去定期保养的麻烦。

（6）艺术多彩，可根据用户需求选择合适的颜色及成型效果。

产品工艺及分类 | TECHNIC & CATEGORY

自流平根据材料的不同主要分为水泥基自流平和环氧自流平。

水泥基自流平是主要由特种水泥、超塑化组分、天然高强骨料及有机改性组分复合而成的干拌砂浆。使用时与水混合后形成流动性极佳的流体浆料，在人工辅助摊铺下，能快速展开、自动找平。它只在一定的时间内（视施工温度，有大约 3 ~ 5min 的施工时间）存在一定的流动度（大约 130mm）和流动方向（它只能从高处向低处流动），超过一定时间，就会停止流动，开始凝固。

水泥基自流平根据使用情况可分为垫层自流平和面层自流平。垫层自流平主要用于包括环氧树脂、PU 等的垫层找平材料和 PVC、瓷砖、地毯、木板等的基础找平材料。 水泥基自流平垫层厚度约为 3 ~ 5mm, 只是用于找平，硬度也相对较小。面层自流平主要用于耐磨面层材料，面层自流平可根据设计师喜爱调制成各种彩色自流平砂浆，装饰性效果多样。值得一提的是，部分自流平干拌砂浆可通过控制干湿度，通过人工施工于建筑墙面，取得类似地坪的装饰效果。

环氧自流平主要采用环氧树脂为主材，由固化剂、稀释剂、溶剂、分散剂、消泡剂及某些填料等混合加工而成。环氧自流平包括混凝土基层和环氧自流平地坪涂层两部分。混凝土基层采用强度等级不小于 C25 的混凝土一次浇筑成型。地坪有耐压、耐冲击要求时，混凝土基层可采用双向钢筋网处理。环氧自流平地坪涂层包括底涂层、中涂层、腻子层和面涂层。

素色水泥基自流平地坪

环氧自流平运用于地下车库

常用参数 | COMMON PARAMETERS

流动度：≥ 140mm；　　　抗压强度 :20 ~ 30MPa ；
抗折强度：4 ~ 6MPa； 黏结强度：≥ 1.0 MPa；
28d 尺寸变化率≤ 0.1%；　　建议厚度：6 ~ 10mm；
防火：无机材料，防火等级达到 A 级。

（以上数据为市场部分厂家产品参数，不同厂家各有差别，仅供参考）

价格区间 | PRICE RANGE

50 ~ 300 元 /m²

自流平价格与施工厚度和表面效果有关。整体上环氧自流平价格高于水泥自流平。环氧自流平价格在 70 ~ 150 元 / ㎡区间。水泥自流平价格根据使用情况不同，通常垫层自流平每平方米在几十元不等，而面层水泥自流平则根据表面效果及产品性能在每平方米百元到几百元不等。市场上的高端品牌价格在 600 ~ 1 000 元 / ㎡。

（以上价格仅为市场普通中端产品价格，材料价格会因不同项目、不同品牌以及订制等多方原因有较大浮动，仅供参考）

设计注意事项 | DESIGN KEY POINTS

水泥基自流平和环氧自流平性能通常有如下差别：环氧自流平地坪耐磨性能要比水泥基自流平耐磨性好，但在防滑性上水泥基自流平比环氧自流平要好。环氧材料由于结构致密，气密性很高，特别容易由于基层含水率过高而起鼓。在使用年限上，水泥基自流平地坪至少可达 10 年以上，而环氧自流平地坪通常在 3 年左右。水泥基自流平属于绿色环保、安全健康材料，而环氧材料含有酚醛树脂等化学成分。设计师需根据不同情况甄别选用。有时，两者也可以划为涂料类范畴。

（施工及安装要点内容仅代表部分厂家做法，供示意参考，不作为通用施工标准及节点做法）

品牌推荐 | BRAND RECOMMENDATION

品牌详细信息，请参见附录品牌索引：B07、B08。
（以上推荐仅为市场少数优秀品牌，供设计师参考学习。同一品牌实际可能涉及多种产品，更多详细内容可登录随书小程序）

彩色自流平干粉砂浆应用于墙面

施工及安装要点 | CONSTRUCTION INTRO

1. 水泥自流平地坪一次施工成型，厚度≥ 5mm，施工步骤如下：
（1）基层处理施工前清除基层的浮灰、油污及疏松物。若基层严重不平可先用水泥砂浆补平。
（2）界面处理，为了加强找平层与基层的黏结性能，需要在清理好的基层上涂刷一层界面处理剂。
（3）砂浆的配置和浇筑。在强力搅拌机搅拌的情况下，连续将粉料倒入盛有清水的搅拌桶中，待粉料全部加入后再强力搅拌 3 ~ 5min。搅拌好的浆料连续不断地浇筑到地基表面，以免在接茬处出现不平现象。
（4）在自流平地坪施工结束 24h 后，可以用切割机在基层混凝土结构的伸缩缝处切出 3mm 的伸缩缝，将切割好的伸缩缝清理干净，用弹性密封胶密封填充。
（5）浇筑后 6h 左右即可硬化，养护可从每 2 天 (24h) 开始。可采取浇水、喷少量水或草袋覆盖等养护措施，养护 1 周以上。
另外水泥基自流平干粉砂浆还可以采用批刮的方式应用于墙面装饰施工。

水泥基砂浆

水泥基砂浆摊铺

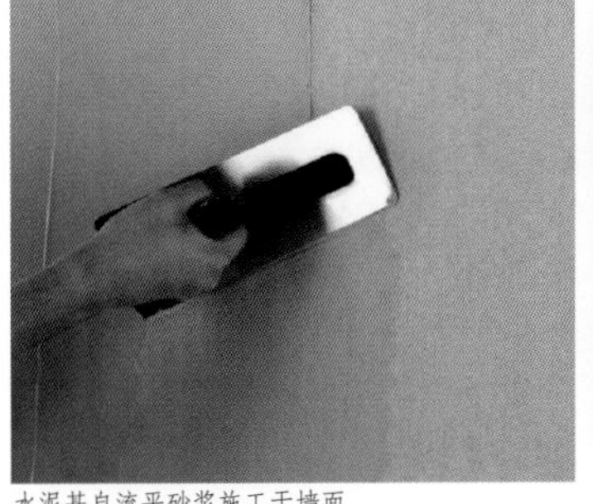

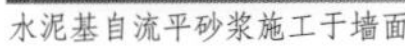

水泥基自流平砂浆施工于墙面

水泥基自流平砂浆施工于墙面效果

2. 环氧自流平施工
与水泥自流平类似，但需要多次刮涂，最终厚度为 3 ~ 5mm。主要工艺流程如下：原有基础清理，打磨处理；环氧树脂底漆涂刷；环氧中涂批刮；中涂打磨，清理；环氧中涂批补；彩色面漆批刮；彩色环氧树脂面漆涂饰。

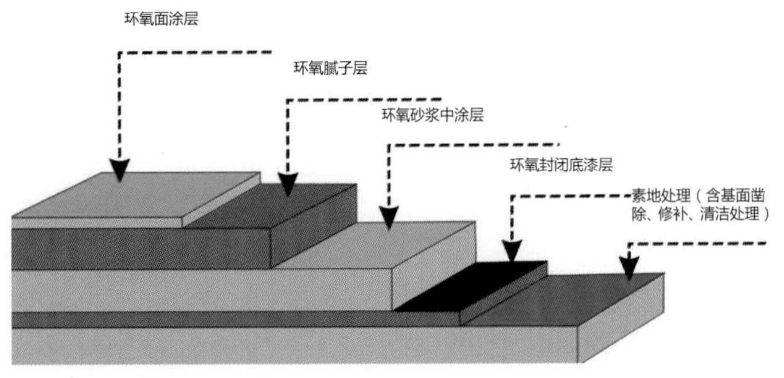

环氧自流平构造示意

经典案例 | APPLICATION PROJECTS

北京鸿坤美术馆

设计：孙大勇 & Chris Precht

材料概况：深灰色水泥基自流平地坪与空间白色界面形成很好对比，整体干净素雅。

上海乔丽尔医疗美容会所

设计：潘悦

材料概况：彩色自流平干粉砂浆应用于建筑墙面，极具特色。

上海西岸龙美术馆

设计：大舍事务所

材料概况：深灰色自流平地坪以最朴素的方式成为空间背景。

北京朝阳区“凹空间”文化创意产业集成孵化中心

设计：丬智室内设计

材料概况：水泥自流平地坪延续了原建筑的历史痕迹。

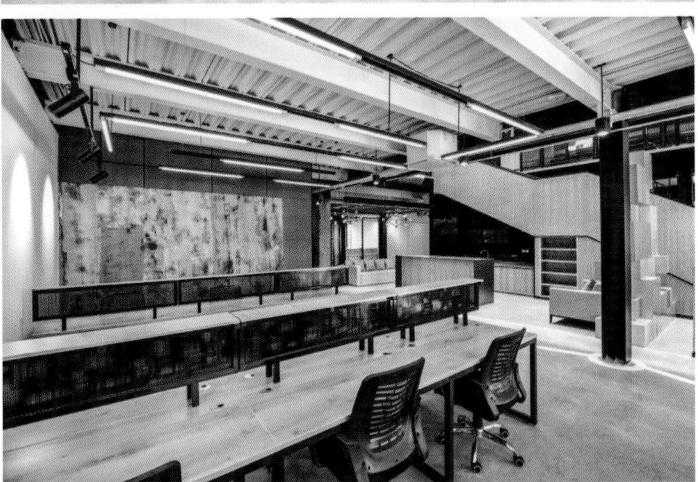

压印 / 透水混凝土地坪 | Stamped / Pervious Concrete Pavement

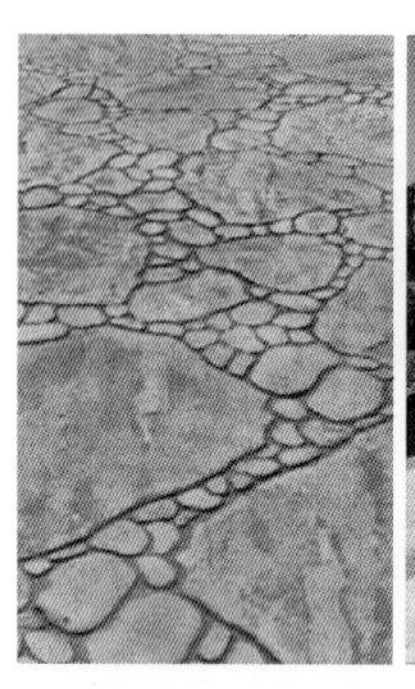

材料简介 | INTRODUCTION

压印混凝土和透水混凝土地坪通常为彩色装饰地坪，所以又统称为彩色混凝土地坪，主要应用于建筑室外及景观路面。压印彩色混凝土是在未干的水泥地坪上加上一层彩色混凝土，然后用专用的模具在水泥地坪上压制而成，适用于装饰室外、室内水泥基等多种材质的地坪。

彩色混凝土透水地坪又称为排水混凝土和生态透水混凝土地坪，是由小石子、水泥、掺和透水外加剂、水、彩色强化剂以及稳定剂等经一定比例调配拌制而成的一种多孔轻质的新型环保地坪铺装材料，是常用的景观路面做法。

材料性能及特征 | PERFORMANCE & CHARACTER

压印彩色混凝土地坪能使水泥地坪永久地呈现各种色泽、图案、质感，逼真地模拟砖、石、木等的材质和纹理，随心所欲地勾划各类图案。其特点为：

（1）可快速容易地施工、封路时间短，不需要改变道路结构，方便铺设于混凝土路面上，易于旧路面翻新。

（2）路面构造深度大，可增大地坪的耐磨性，从而增加防滑性能，降低噪声，降低乃至消除溅水和水雾，增加雨天行车安全性。

（3）粗糙表面虽容易吸附灰尘，但水洗即可清洗干净，色彩如新。地坪的抗滑值比普通路面高，可减少汽车及行人的制动距离。

透水混凝土地坪能让雨水流入地下，有效补充地下水；色彩缤纷，与景观融合较好。其具有以下特征：

（1）拥有15% ~ 25%的孔隙，能够使透水速度达到31 ~ 52L/(m·h)，远远高于最有效的降雨在最优秀的排水配置下的排出速率。

（2）经国家检测机关鉴定，透水地坪的承载力完全能够达到C20-C25混凝土的承载标准，高于一般透水砖的承载力，易于维护。

（3）拥有色彩优化配比方案，能够配合设计师的独特创意，实现不同环境所要求的装饰风格，这是一般透水砖很难实现的。

（4）比一般混凝土路面拥有更强的抗冻融能力，不会受冻融影响出现断裂。因为它的结构本身有较大的孔隙，同时具备更好的散热性。

产品工艺及分类 | TECHNIC & CATEGORY

压印混凝土地坪是在铺设现浇混凝土的同时，采用彩色强化剂、脱模粉、保护剂来装饰混凝土表面，以混凝土表面的色彩和凹凸质感表现天然石材、砖甚至木材的视觉效果。表面图案可以通过纸模和特殊压模工艺方式来实现。纸膜方式较为简单：先选好纸模模板式样，然后排列在新灌的水泥面上，喷撒彩色强化剂到铺好模板的区域，铲平，干燥成形后，拉掉模板，清洗表面，然后上保护剂，便可日久弥新。

透水混凝土地坪是用粗骨料表面包裹一层薄浆料相互黏结成蜂窝状的材料地坪，其能让雨水流入地下，有效补充地下水；且色彩缤纷，能与景观融合，使城市环境建设更加和谐，保护自然、维护生态平衡，缓解城市热岛效应。

压印混凝土染色地坪

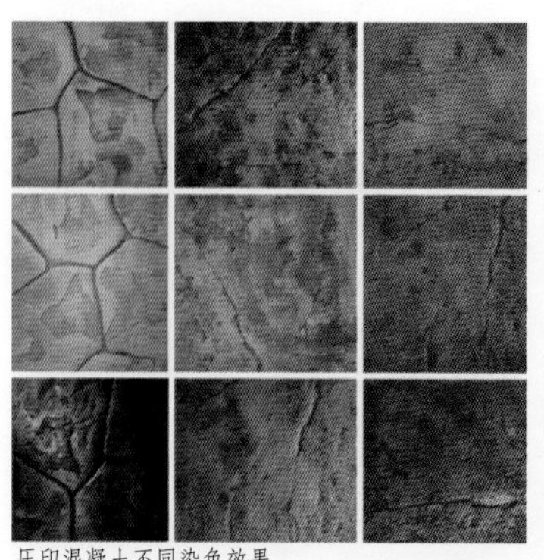

压印混凝土不同染色效果

透水混凝土彩色骨料

彩色透水混凝土地坪

常用参数 | COMMON PARAMETERS

透水混凝土的技术指标分为拌合物指标和硬化混凝土指标。

(1) 拌合物： 坍落度 5~50mm ；凝结时间初凝不少于 2h ；浆体包裹均匀，手攥成团，有金属光泽。

(2) 硬化混凝土：强度 C15 ~ C30 ；透水性不小于 1mm/s ；孔隙率 10% ~ 20%；

(3) 抗冻融循环：一般不低于 D100。

（以上数据为市场部分厂家产品参数，不同厂家各有差别，仅供参考）

价格区间 | PRICE RANGE

30 ~ 150 元 /m²

彩色压印混凝土地坪价格较为便宜，通常在 30 ~ 60 元 / ㎡不等。彩色混凝土透水地坪价格稍贵，通常在 80 ~ 150 元 / ㎡。

（以上价格仅为市场普通中端产品价格，材料价格会因不同项目、不同品牌以及订制等多方原因有较大浮动，仅供参考）

设计注意事项 | DESIGN KEY POINTS

透水混凝土属于干性混凝土料，其初凝快，摊铺必须及时。捣实不宜采用高频振动器。平板振动器振动时间不能过长，防止过于密实，否则会出现离析现象。

透水混凝土是保护自然、维护水文健康循环、缓解城市热岛效应的优良地坪材料，符合现代海绵城市透水路面的要求，值得推广。

（施工及安装要点内容仅代表部分厂家做法，供示意参考，不作为通用施工标准及节点做法）

品牌推荐 | BRAND RECOMMENDATION

品牌详细信息，请参见附录品牌索引：B09。

（以上推荐仅为市场少数优秀品牌，供设计师参考学习。同一品牌实际可能涉及多种产品，更多详细内容可登录随书小程序）

彩色混凝土透水地坪施工

施工及安装要点 | CONSTRUCTION INTRO

1. 彩色压印混凝土地坪施工

摊铺好的混凝土表面待析水消失后，用干撒彩色强化剂（石料式干粉）的方法对混凝土表面上色和强化，并用专业工具将彩色强化剂抹入混凝土表层使其融为一体（人工收光两次），待表面水分光泽完全消失时，在表面均匀施撒彩色脱模养护剂（干粉），并立即用事先选用好的模具在混凝土表面进行压印，实现各种设计款式、纹理、色彩。

在混凝土经过适当清理和养护后，对其表面进行冲洗，待表面流水消失后立即施涂密封剂（液体），使艺术地坪表面防污染、防滑、增加亮度，并再次强化。完成后的艺术地坪除了美观外，其物理性能也非常强大和稳定。

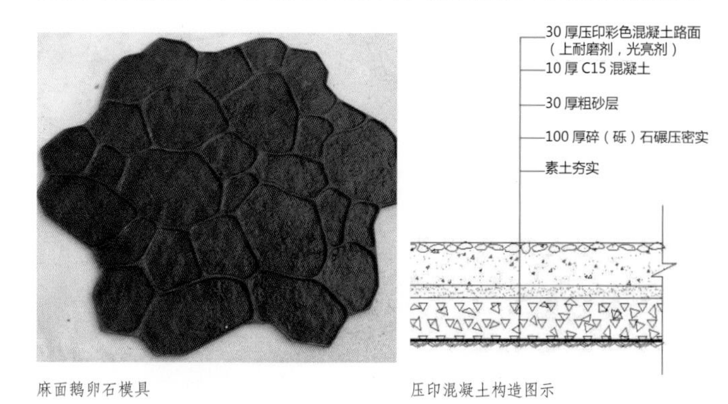

麻面鹅卵石模具　　压印混凝土构造图示

彩色压印混凝土地坪施工流程

1. 浇筑混凝土　2. 撒第一遍强化粉
3. 钢刀收光　4. 撒第二遍强化粉
5. 全面钢刀收光　6. 撒脱模粉
7. 压模　8.（养护后）冲洗
9. 上保护剂　10. 完成面效果

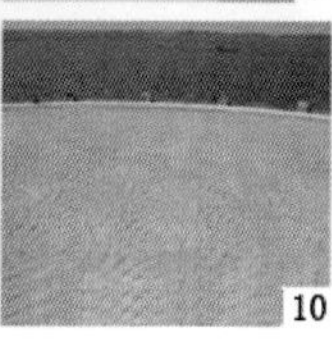

彩色压模施工

2. 彩色透水混凝土地坪施工

（1）搅拌：透水地坪拌合物中水泥浆的稠度较大，宜采用强制式搅拌机，搅拌时间为 5min 以上。

（2）浇筑：在浇筑之前，路基必须先用水湿润，否则透水地坪快速失水会减弱骨料间的黏结强度。将拌合好的透水地坪材料铺在路基上铺平即可。

（3）振捣：在浇筑过程中不宜强烈振捣或夯实，否则会使混凝土过于密实而减少孔隙率，影响透水效果。

（4）辊压：振捣以后，应进一步采用实心钢管或轻型压路机压实压平透水混凝土拌合料，需要多次辊压。

（5）养护：透水地坪由于存在大量的孔洞，易失水，干燥很快，所以养护非常重要。尤其是早期养护，透水地坪的浇水养护时间应不少于 7d。

国外某住宅庭院地坪

材料概况：彩色压印混凝土地坪结合订制图案显得异常雅致。

国外某住宅别墅地坪

材料概况：彩色混凝土压印地坪可以很好地模仿室外石材地坪，价格更低，耐久性更好。

某公园健身步道

材料概况：彩色透水混凝土是室外景观步道的很好选择，具有颜色靓丽，触感宜人的特征。

某滨江公园景观

材料概况：彩色透水混凝土地坪布置大面积的图案，既生态又美观。

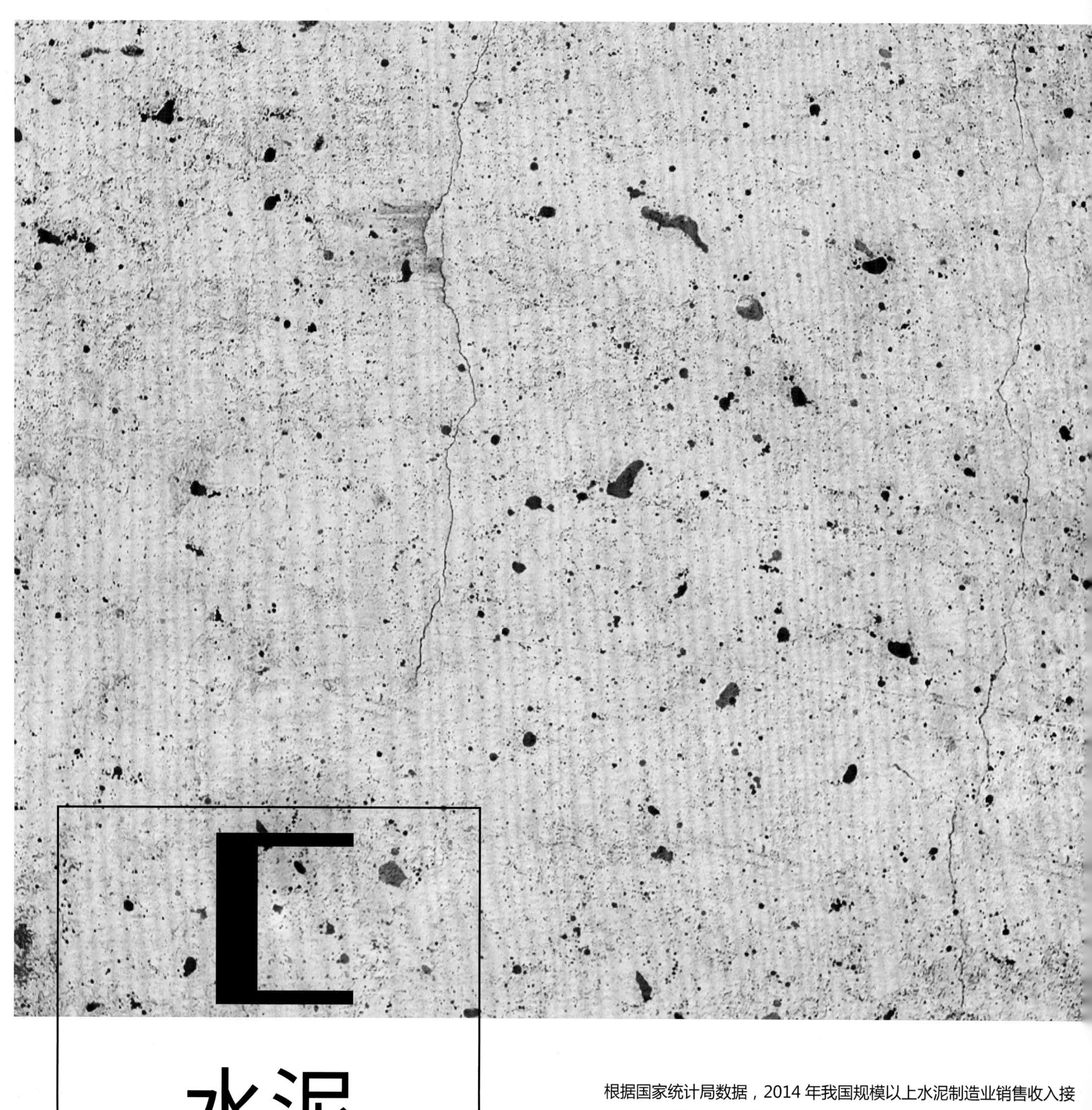

水泥
CEMENT

根据国家统计局数据，2014 年我国规模以上水泥制造业销售收入接近 1 万亿元，规模以上混凝土与水泥制品业销售收入超过 1 万亿元，混凝土与水泥制品业销售额超过规模以上水泥制造业，成为建材工业最大产业。2014 年混凝土与水泥制品业销售额超过水泥制造业，标志着建材工业延伸传统工业产业链，发展低能耗加工制品业，新型工业化进程进入新阶段。

发展以水泥为基本材料的混凝土与水泥制品、新型墙体材料，既能拓展水泥产品使用功能，增加水泥产品附加值，推进建筑业现代化进程，推进建筑业施工装配和工厂化房屋生产，减少水泥使用过程中的粉尘排放，更重要的是能摊薄整个建材工业、工业部门和国内生产总值能耗及污染物排放强度，降低建材工业、工业部门、国民经济单位产品能耗和污染物排放强度，对建材工业乃至整个工业部门、国民经济产业转型升级都有深远影响。

近 10 年来，混凝土与水泥制品业的迅猛发展，本质上伴随着的是建筑业的现代化和建筑部件工厂化生产的产业工业化进程。混凝土与水泥制品业销售规模超越水泥制造业，还只是混凝土与水泥制品产业新型工

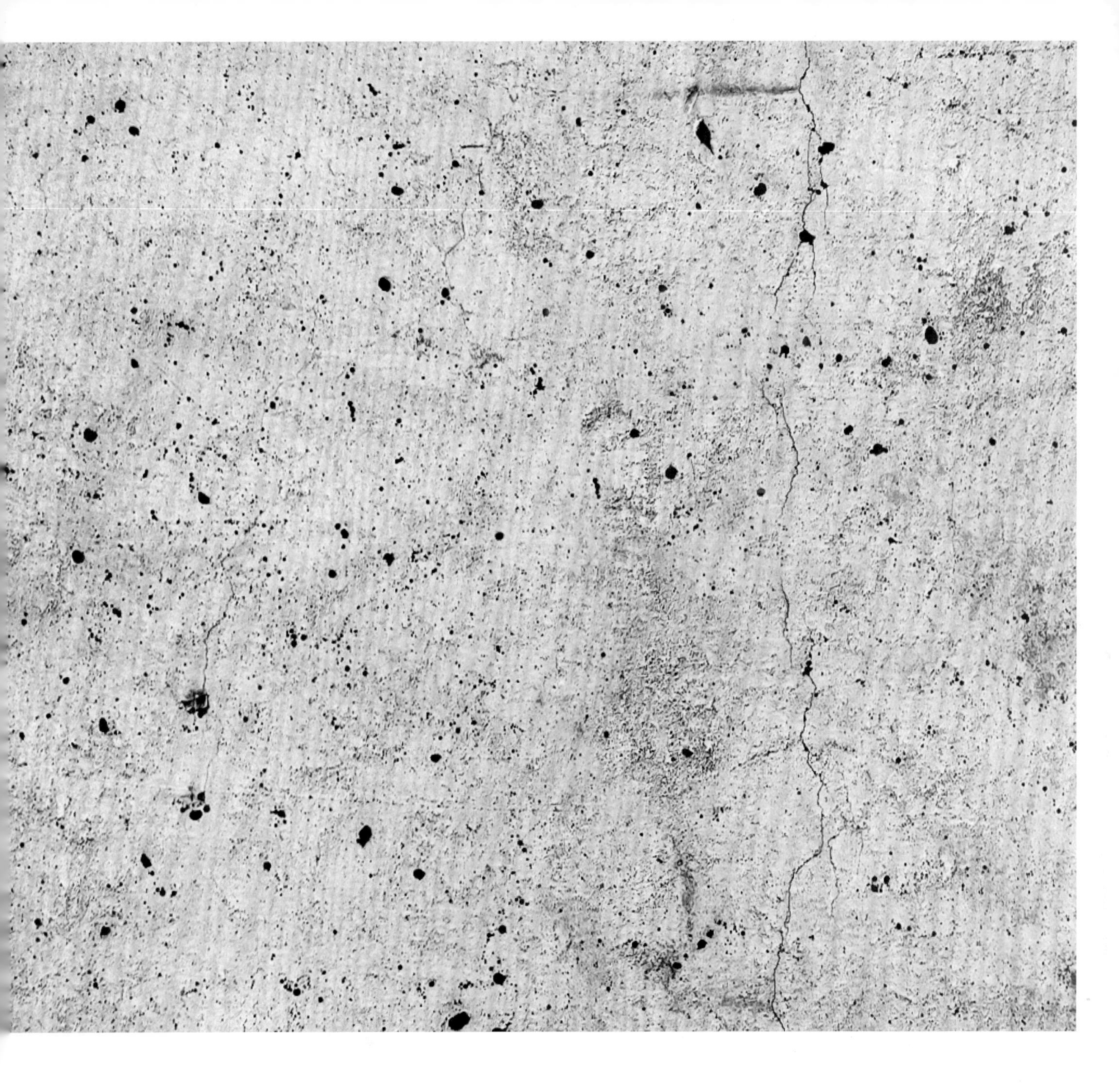

业化进程中的阶段性标志。从商品混凝土产量和水泥产量的比例来看，预拌混凝土商业化和工厂化生产程度还远远不够。从商品混凝土、水泥制品与水泥产品价格比例来看，混凝土与水泥制品业的销售额应该达到水泥制造业的 2 ~ 3 倍，即混凝土与水泥制品业的销售额应该在 2 万亿元或 3 万亿元，建筑业才能基本实现建筑部件工厂化生产，混凝土与水泥制品业才能基本实现工业化。

目前混凝土与水泥制品行业和企业在外延扩张的“铺摊子”过程中，技术装备水平不是提高而是在下降。2000 年，在混凝土与水泥制品业固定资产投资中，设备工器具购置比重曾经达到 49.6%，而最近 3 年，混凝土与水泥制品业固定资产投资设备工器具购置比重只有 42%左右。过半数的混凝土与水泥制品项目投资都花在“铺摊子”中必不可少的土建和设备安装费用上。行业内外普遍认为，混凝土与水泥制品行业投资、技术门槛低，然而实际上混凝土与水泥制品并不是低投资、低技术产品的代名词。综观当今发达国家，混凝土与水泥制品的投资和技术水平、产品质量标准要求，都远远高于它的前端产品——水泥。即使在我国，在十几年前，当时混凝土与水泥制品业固定资产投资主要集中在大型国有企业，投资主要是水泥桥梁构件、轨枕和电杆生产项目，产品质量标准高，技术装备水平高，固定资产投资中设备工器具购置比重高于同时期水泥制造业。2003 年以后，混凝土与水泥制品业固定资产投资主要集中在商品混凝土和低端一般化水泥制品项目上，投资中技术装备含量降低；2005 年以后，投资中设备工器具购置比重大数年份低于同时期的水泥制造业。混凝土与水泥制品行业固定资产投资目前这种不正常现象亟待扭转改变。

一般说来，产业链后端产品，产品产出率和利润率低于前端基础产品。但在后工业化阶段，新产品往往出现在产业链后端。技术领先企业，往往可以在新产品进入市场初期，凭借技术垄断维持垄断价格，获取超额利润。混凝土与水泥制品业即将完成传统意义上的工业化，传统的混凝土和水泥制品发展也将饱和。任何新技术、新产品开发，都有一个技术积累的过程，企业先行投入和研发，就能在未来的市场竞争中占据先机，保证混凝土与水泥制品行业持续健康发展。混凝土与水泥制品业的发展，必须走新型工业化道路，在规模扩张的同时，注重发展质量，提升行业生产技术水平和创新能力。

清水混凝土 | Fair-faced Concrete

材料简介 | INTRODUCTION

清水混凝土又称素混凝土，因其极具装饰效果而得名。它属于一次浇筑成型，不做任何外装饰，直接采用现浇混凝土的自然表面效果作为饰面，因此不同于普通混凝土，表面平整、色泽自然、棱角分明、无碰损和污染，只是在表面涂 1 ~ 2 层透明的保护剂，显得十分天然、庄重。

材料性能及特征 | PERFORMANCE & CHARACTER

清水混凝土是混凝土材料中最高级的表达形式，它显示的是一种本质的美感，体现的是“素面朝天”的品位。材料本身所拥有的柔软感、刚硬感、温暖感、冷漠感不仅能对人的感官及精神产生影响，也可以表达出建筑情感。

（1）清水混凝土是名副其实的绿色环保混凝土：清水混凝土结构一次成型，没有多余的外装饰，舍弃了涂料、瓷砖、玻璃等化工产品的使用，减少了二次污染及大量的建筑垃圾的产生，十分有利于环保。

（2）需要高标准的工程管理质量：清水混凝土的施工，注重工艺流程的严格执行，注重材料使用的高性能和高标准要求，注重精密工具的应用，注重现场施工的科学管理，促进工程建设的质量管控得到全面提升。

（3）降低工程全生命周期的综合费用：清水混凝土施工，前期需要投入大量的人力、物力，但因后期不需要其他外装饰，同时还节约了使用期间的维护成本，最终降低的是工程全生命周期的综合费用。

（4）清水混凝土一次成型，既满足结构受力，又自备装饰效果。施工前必须深化设计与精准定位，因此深受建筑师们青睐。这是一种高贵的朴素，看似简单，其实比金碧辉煌更具有意义。

产品工艺及分类 | TECHNIC & CATEGORY

随着技术的进步和发展，国内清水混凝土的类型也在发生变化。清水混凝土可分为普通清水混凝土和饰面清水混凝土，其中饰面清水混凝土又可细分为彩色清水混凝土和带肌理的清水混凝土。

彩色清水混凝土是通过添加天然带颜色的混凝土骨料或者在混凝土骨料中添加氧化铁等化工原料，实现清水混凝土自带色彩。

带肌理的清水混凝土是通过使用不同肌理的模板来实现的。目前最流行的有木纹、竹纹等肌理。

相对来说，国外更多地使用彩色清水混凝土，主要又有白色清水混凝土和彩色清水混凝土。白色清水混凝土主要采用高质量的白色水泥，获得相对素色清水更加洁白的效果。如著名建筑师西扎就特别钟爱白色清水混凝土，又如 Ibere Camargo 基金会博物馆就是较早的白色清水混凝土项目。

就彩色清水混凝土效果而言，例如大卫·奇普菲尔德早期完成的柏林新博物馆改造中，新的楼梯和展厅新建部分即采用白水泥掺撒克逊大理石骨料的混凝土做法，形成接近粉色石材的效果。同时彩色混凝土另外一种情况主要是依靠白色水泥添加专业颜料的方式使其带有设计师需要的色彩。如著名建筑师拉斐尔莫尼欧的洛杉矶圣母大教堂和日本建筑师平田晃久的赤羽西山住宅都是添加特殊颜料而成的彩色混凝土代表项目。彩色混凝土与清水混凝土相同之处在于都是表面不加处理，一次浇筑完成，其内通体颜色，与表面涂刷彩色涂料的效果截然不同。

安藤忠雄的素混凝土墙面

木心美术馆木纹饰面清水混凝土

柏林新博物馆改造采用彩色石材骨料

洛杉矶圣母大教堂添加粉色颜料模仿石材

西扎 Ibere Camargo 基金会博物馆白色混凝土

平田晃久赤羽西山住宅深色颜料染色混凝土

常用参数 | COMMON PARAMETERS

安藤忠雄通常采用 900mm×1 800mm 模板尺寸。螺栓孔的分布比例为横向 1 : 2 : 1，即 225mm、450mm、225mm；纵向 1 : 2 : 2 : 1，即 300mm、600mm、600mm、300mm。

（以上数据为市场部分厂家产品参数，不同厂家各有差别，仅供参考）

价格区间 | PRICE RANGE

500 ~ 2 000 元 /m²

清水混凝土的施工价格主要包含：材料、人工、模板及后期保护剂等，其中人工和材料是最重要的影响因素。市场上通常按照模板展开面积计算价格。不同项目视施工难度及面积、工期要求各有差别，比如曲线比直线、异形比常规价格更高。同时工期更短，模板的周转率降低，投入量更大，会导致整体价格上升。

（以上价格为市场普通中端产品价格，材料价格会因不同项目、不同品牌以及订制等多方原因有较大浮动，仅供参考）

设计注意事项 | DESIGN KEY POINTS

清水混凝土的施工要求较高，国内很多项目都通过后期混凝土表面涂装来实现清水效果。但经过多年的探索和实践，国内部分施工单位已经较为成熟地掌握了清水混凝土施工技术，涌现出不少优秀作品。设计师应特别注意混凝土模板的排布及划分，严谨合理的明缝与禅缝布置对墙面效果影响较大，对管线排布等考虑要充分准确，这些对施工单位的施工都具有重要指导意义。清水混凝土的保温主要有内保温及夹层保温。因夹层保温施工难度非常大，国内多采用内保温方式。

（施工及安装要点内容仅代表部分厂家做法，供示意参考，不作为通用施工标准及节点做法）

品牌推荐 | BRAND RECOMMENDATION

品牌详细信息，请参见附录品牌索引：C01、C02、C03。

（以上推荐仅为市场少数优秀品牌，供设计师参考学习。同一品牌实际可能涉及多种产品，更多详细内容可登录随书小程序）

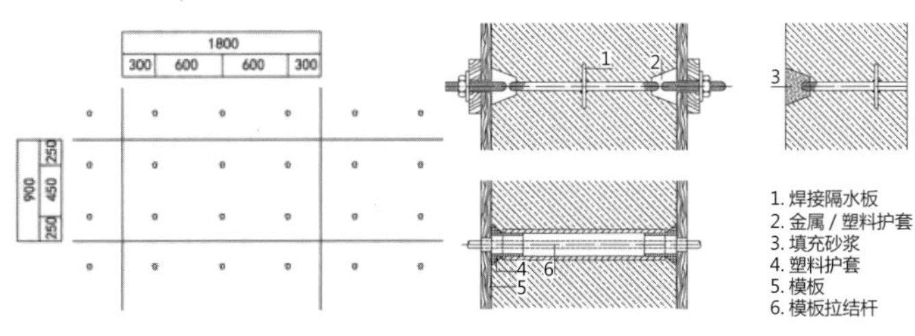

安藤忠雄常用模板螺栓孔布置图

模板对拉螺栓示意图

施工及安装要点 | CONSTRUCTION INTRO

清水混凝土对施工工艺要求很高，因此与普通混凝土的施工有很大的不同，具体表现在：其骨料及水泥等原材料须严格筛选，每次打水泥必须先打样块，对比前次色彩，通过仪器检测后才可继续打。同时必须震捣均匀，施工温度要求十分严格。清水混凝土的施工主要取决于模板体系质量。对模板的材料也有很高的要求，其表面须平整光洁、强度高、耐腐蚀，并具有一定的吸水性；固定模板的螺栓等，必须要求接缝严密，加密封条防止跑浆；模板可采用进口专用或国内桦木模板，常用尺寸为 1 220mmX2 440mm 及 900mmX1 800mm 等，内部须提前涂刷脱模剂，减小拆模对混凝土表面的影响。模板体系必须具有足够的刚度，在混凝土侧压力作用下不允许有变形，以保证结构物的几何尺寸均匀、断面的一致及防止浆体流失；同时内部须按照设计提前布置对拉螺栓位置。拆模后的螺栓可不再取出，对螺孔根据效果需要进行处理或保留。

清水混凝土表面施工完毕后都会再做一层透明保护剂，以增加清水混凝土的使用寿命。同时对于施工不是很理想的地方，工程一般会做局部修补处理，专业涂料修补可以达到更好的整体清水效果。清水混凝土表面的保护涂装是国内清水混凝土施工的重要环节。

清水混凝土施工模板

清水混凝土单面模板内部钢筋绑扎

清水混凝土对拉螺栓及内部钢筋

清水混凝土模板支撑体系

安藤忠雄的特制木模板（柱子）

安藤忠雄的特制木模板（墙面）

经典案例 | APPLICATION PROJECTS

台湾亚洲现代美术馆

设计：安藤忠雄

材料概况：清水混凝土是安藤忠雄必不可少的材料语言。

首尔 RW 混凝土教堂

设计：NAMELESS Architecture

材料概况：清水混凝土本身作为墙体结构更能突显混凝土的性能与艺术价值。

江苏淮安实联化工水上办公大楼

设计： Alvaro Siza

材料概况：目前国内罕见的应用白色清水混凝土的项目，采用白水泥是关键。

内蒙古元上都遗址博物馆

设计：李兴钢

材料概况：通过加入氧化铁使清水混凝土产生出彩色混凝土的效果。

预制混凝土挂板 | Precast Concrete Block

材料简介 | INTRODUCTION

预制混凝土挂板是以混凝土为主要材料，采用工厂预制的方式生产，同时经过标准养护处理，并且表面经过模具压制或预涂装处理达到饰面效果的外墙装饰挂板。可通过模具实现多种造型肌理效果，尤其可实现逼真的清水混凝土肌理，同时兼具混凝土本身的厚重质感和耐久性。

材料性能及特征 | PERFORMANCE & CHARACTER

通过工厂预制的方式可根据设计师和业主的偏好以及环境的整体需求，提供不同的肌理、光泽、颜色、尺寸、图案及功能选择，一旦选型，便可在工厂完成生产、加工及表面处理，质量控制可以得到有效保证。其主要特征如下：

（1）从原料上来讲，其主要包含清水混凝土成分，可以通过与无机颜料混合达到多种颜色的装饰效果。

（2）可根据设计和客户的具体需求，通过模具的更改及不同的表面处理方式实现与混凝土相同或迥异的质感。

（3）可在生产过程中预埋钢筋，达到与钢筋混凝土相似的超高强度，根据工程设计要求一般采用普通或者轻骨料混凝土制作外墙挂板，混凝土强度等级不低于 C30，有些国外厂家的优质产品最高可达 C80。

（4）通过标准化设计和工厂化生产，可实现清水混凝土挂板的量产，提高清水混凝土建筑工程质量并缩短工期。

（5）多采用干挂作业方式进行安装，可搭配轻钢龙骨作为装配式幕墙的外装饰 / 结构体系。

（6）预埋钢筋的加强设置使得预制混凝土挂板可以实现较大板幅，视觉上给人以厚重之感，与普通的装饰薄板效果不同。

（7）作为混凝土材质的无机板材，具有堪比正常混凝土结构的优异的耐久性、良好的机械性能和加工性能。

产品工艺及分类 | TECHNIC & CATEGORY

预制混凝土挂板是为解决清水混凝土现浇施工难度大、不确定性多而产生的工厂预制方式。具体生产工艺包括模板准备→钢筋、预埋件加工制作→混凝土制备→混凝土挂板浇筑成型→养护→脱模→表面处理等七个主要步骤，其与现浇混凝土最大的不同是经过高温高压的养护处理后，提高了混凝土强度和耐久性，并最大程度地减少开裂、返碱等混凝土制品常见缺陷；除此之外，也可通过选择模具和抛光、预涂装等不同的处理工艺来实现丰富多样的表面效果。通过早期严格的精心设计，控制面板大小及板面的圆孔位置，可使成型的清水混凝土挂板达到设计师预先的划分要求。

国内外清水混凝土挂板类产品主要有两种趋势。

一种追求素清水挂板效果，其中包括日系清水和欧洲清水两种情况。日系注重明缝、禅缝、螺栓孔及表面肌理和质感，重视修补和遮瑕，偏好有亮膜感的保护涂装。欧洲清水挂板普遍使用白色清水工艺，追求自然清新风格，要求饰面远观颜色协调统一，近观混凝土质感真切，面层追求亚光效果，不接受亮膜等。

另外一种追求装饰效果多样性，保留混凝土性能的同时实现装饰效果最大化。彩色混凝土板表面颜色多样，可通过模具实现仿石材、仿木材等多种不同纹理，也可通过追加表面处理方式，实现露骨料、均匀着色、斑驳着色、订制图案等丰富的艺术形式，能够突显建筑物个性并与周围人文环境相结合；而且装饰形混凝土挂板可实现大面积或订制化开孔，可应用于开启窗、透光板、绿植墙等，给设计师提供多样选择。

预制混凝土板工厂生产 1

预制混凝土板工厂生产 2

素色预制混凝土板运用 1

素色预制混凝土板运用 2

彩色预制混凝土板运用 1

彩色预制混凝土板运用 2

常用参数 | COMMON PARAMETERS

尺寸：最大尺寸可达 3 000mmx2 200mm，并可在此范围内切割加工

厚度：30mm/25mm;　面密度：≤ 75kg/ ㎡；

平衡含水率：≤ 5%;　吸水率：≤ 5%;

抗压强度：≥ 80MPa；抗弯强度：≥ 13.6MPa;

抗冲击强度：10J；　热收缩率：≤ 1%;

防火等级：A1。

（以上数据为市场部分厂家产品参数，不同厂家各有差别，仅供参考）

价格区间 | PRICE RANGE

800 ~ 1 500 元 /m²

预制混凝土挂板的价格主要包含：材料、模板、人工及后期表面处理等，其中材料和模板是最重要的价格影响因素。预制混凝土挂板可按面积也可按张计算价格，不同项目根据面积、损耗率、制作难易程度和工期要求各有差别，比如曲面板比平面板、裁切板比标准板、订制纹理板比常用纹理板价格更高。同时工期更短，模板的周转率降低，投入量更大，会导致整体价格升高。

（以上价格仅为市场普通中端产品价格，材料价格会因不同项目、不同品牌以及订制等多方原因有较大浮动，仅供参考）

设计注意事项 | DESIGN KEY POINTS

预制混凝土挂板选择多样，实现了混凝土的工厂化，可大大节约施工时间。同时板面与一般装饰挂板最大的不同在于坚固稳重，抗冲击性强，适合用在有一定强度要求的室内外场所。预制混凝土挂板立面应结合工程设计要求进行深化和优化设计，满足构件标准化、模数化设计要求，便于制作和施工安装。同时，混凝土挂板相比其他装饰类挂板较重，对龙骨及结构荷载压力大，按照不同的功能定位也需设置不同的安装结构，设计须提前考虑。

（施工及安装要点内容仅代表部分厂家做法，供示意参考，不作为通用施工标准及节点做法）

品牌推荐 | BRAND RECOMMENDATION

品牌详细信息，请参见附录品牌索引：C05、C06 。

（以上推荐仅为市场少数优秀品牌，供设计师参考学习。同一品牌实际可能涉及多种产品，更多详细内容可登录随书小程序）

施工及安装要点 | CONSTRUCTION INTRO

预制混凝土挂板均采用干挂体系，各厂家体系略有不同，但原理基本一致。以下为封闭式与开放式构造图示。

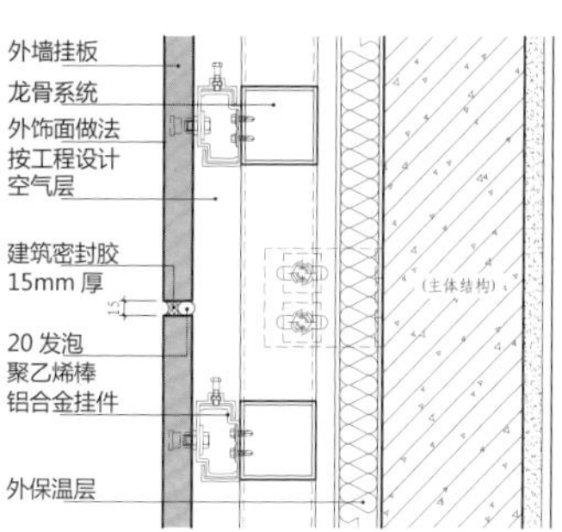

预制混凝土挂板封闭式安装剖面

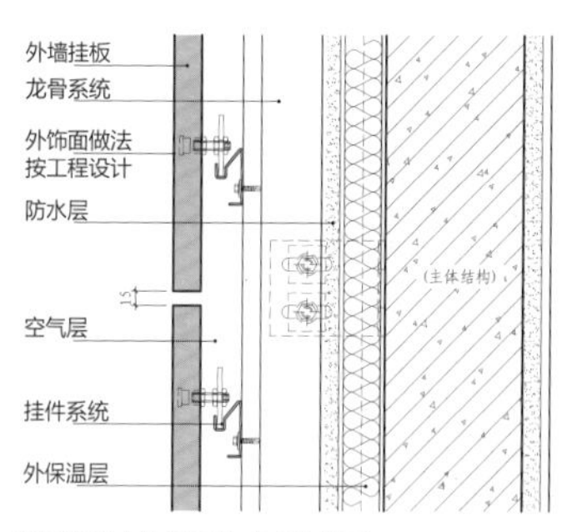

预制混凝土挂板开放式安装剖面

彩色预制混凝土挂板施工安装

素色预制混凝土挂板施工安装

以色列特拉维夫美术馆

设计：Preston Scott Cohen

材料概况：建筑外墙整体采用预制混凝土挂板，尺寸较大，展现出厚重的体量感。

西班牙巴达霍斯美术馆

设计：Estudio Hago

材料概况：预制混凝土板可以实现较高的表面开孔率，装饰性强，且不影响强度。

西藏拉萨火车站

设计：崔愷

材料概况：国内较早采用预制彩色混凝土挂板的项目，材料可以很好地抵御高原极端气候。

南京医科大学医学行政综合楼

设计： BDP

材料概况：采用大规格白色预制混凝土挂板使建筑显得简洁而富于整体感。

装饰混凝土 | Decorative Concrete

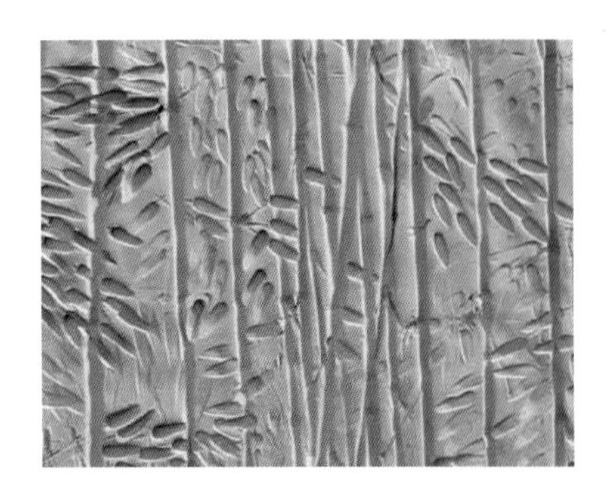

材料简介 | INTRODUCTION

此处的装饰混凝土对应的是我们说的不加修饰的清水混凝土效果而言。广义来看，那些具有装饰艺术表现力的混凝土都可以称之为装饰混凝土。装饰混凝土既可以是被制作成具有装饰效果的各种混凝土构件使用，也可以是在混凝土表面基础上通过增加图案肌理及一些特殊装饰性造型，以达到增加混凝土艺术表现力的方式。

材料性能及特征 | PERFORMANCE & CHARACTER

装饰混凝土广泛应用于建筑室内外墙面装饰及户外景观构筑物等。相比普通混凝土，因其表面特殊装饰性要求，在原材料、水泥、掺合料、外加剂、砂子和石子的色泽等配比方面更加严格，并且硬化后具有更高的强度，从而获得更好的表面图案及装饰造型。其具有以下显著特征：

（1）通过自身的变化和多样的造型可能性，极大地拓展了混凝土作为结构功能之外的装饰用途。

（2）表观效果好，装饰性极强。装饰混凝土可以根据设计师的意图，通过混凝土的塑性实现设计师的各种装饰图案设计意图。

（3）同时装饰混凝土可以模仿各种不同材料的效果，例如仿石、仿木、仿金属等，效果逼真，在一定程度上甚至可以替代部分材料。

（4）耐磨、耐刮划、耐撞击；耐水、防潮、防霉、抗菌，易清洗；耐化学腐蚀；防火、耐热、耐烟灼。

（5）环保无害；稳定性强，不易变形；尺寸规格多样。

产品工艺及分类 | TECHNIC & CATEGORY

装饰混凝土构件较为简单，是利用特殊形状模具浇筑出不同形式的装饰混凝土产品，主要应用于景观构件和建筑局部装饰类构件较多，此处不做重点介绍。

而混凝土表面进行装饰则方法方式较多，但归纳起来按原理主要有两种方式：一种是采用装饰模板，另一种是采用混凝土表面特殊处理。装饰模板主要是利用混凝土的塑性特征（混凝土为非固态流动物质，可以被塑造成任意形状，并在一定程度完成凝固的特性），采用特殊效果模板或带有设计师意图的模板进行浇筑获得不同图案和肌理的表面。这种方法主要依靠造型模板。市场上存在以 PU（聚氨酯）橡胶垫模板为代表的制作方式，利用橡胶工业化订制特殊图案；施工时将带图案的 PU 垫置于普通模板内表面完成浇筑，待完工后拆模，即获得特殊图案造型。PU 橡胶垫可一定程度重复利用，表面图案多样，也可实现特殊订制。

同时我们再介绍一些市场上较少的一些特殊效果产品，比如光影成像混凝土。其是在混凝土表面呈现具体图案的混凝土表现方式。其实质是利用人在不同角度，混凝土板上的凹槽深浅阴影差别实现不同角度动态的成像效果，暂且可以归纳入特殊装饰模板类。

混凝土表面特殊处理方法多种多样，获得的效果也不尽相同。归纳起来主要有两种方法。一种是利用特殊混凝土添加剂来实现混凝土表面的不同效果，在模板上添加特殊化学试剂比如缓凝剂可以促使混凝土表面凝固出现差异，从而实现特殊表面图案效果，此种方法可定义为化学反应法。同时另外一种是直接在混凝土表面做涂装或其他特殊处理，达到模仿不同材质肌理的方法，此种方法较为直接，可以定义为物理方法。

PU 模板制作

PU 模板成型剥离

造型模板装饰混凝土效果

装饰混凝土构件

仿木纹的装饰混凝土板

仿木纹的装饰混凝土板外墙应用

常用参数 | COMMON PARAMETERS

装饰混凝土种类较多，具体参数详见不同产品。

（以上数据为市场部分厂家产品参数，不同厂家各有差别，仅供参考）

价格区间 | PRICE RANGE

个性订制化产品价格不定

装饰混凝土通常属于个性化订制产品，主要取决于模板制作难度以及模板重复使用率。其中 PU 标准成品模板按模板大小按每平方米计算，通常价格在 3 000 ~ 5 000 元不等。但模板可重复利用，次数从 10 次到几百次不等。重复利用次数越多的模板单价越高，但综合使用后模板平均成本价格越低。

（以上价格仅为市场普通中端产品价格，材料价格会因不同项目、不同品牌以及订制等多方原因有较大浮动，仅供参考）

设计注意事项 | DESIGN KEY POINTS

装饰混凝土是个很宽泛的概念，除了以上介绍的几种方法，一定程度上 GRC（玻璃纤维增强混凝土）产品也可以算是装饰混凝土的一种。这些产品最大的特征是可实现个性化订制，可以充分满足设计师的艺术化需求与个性。建议采用预制板现场安装方式以降低施工难度。同时也建议与厂家充分沟通配合，尽量通过通用化的模板创造更多的变化效果，以达到降低成本的目的。

（施工及安装要点内容仅代表部分厂家做法，供示意参考，不作为通用施工标准及节点做法）

品牌推荐 | BRAND RECOMMENDATION

品牌详细信息，请参见附录品牌索引：C07、C13 。
（以上推荐仅为市场少数优秀品牌，供设计师参考学习。同一品牌实际可能涉及多种产品，更多详细内容可登录随书小程序）

施工及安装要点 | CONSTRUCTION INTRO

PU 橡胶垫模板主要在工厂预制加工，可以在工厂完成混凝土板的浇筑再运输到现场拼装，也可以在现场模板内表面固定 PU 橡胶垫模板完成浇筑后拆除。

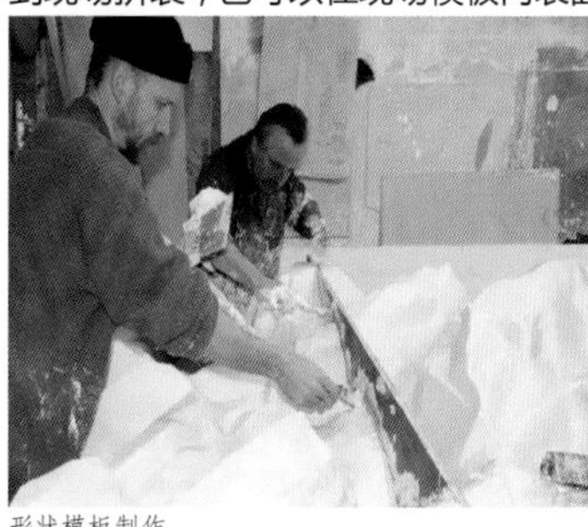
形状模板制作

PU 模板倒模制作

装饰混凝土板成型

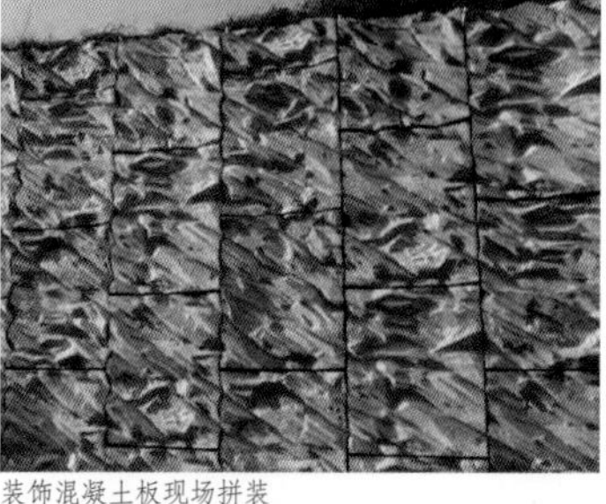
装饰混凝土板现场拼装

光影成像技术同样依赖于模板的制作。它是将图像矢量化的同时利用 CNC 雕刻机制作成深浅不一的凹凸图像模板，最后完成浇筑的技术。

光影成像混凝土立面

光影模板雕刻

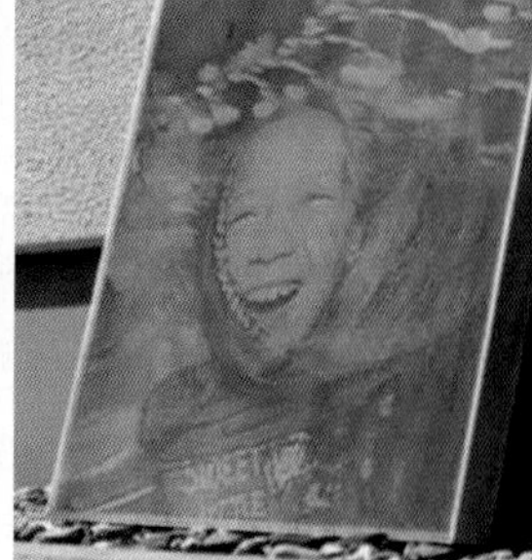
光影成像混凝土样板

柏林建筑图纸博物馆

设计：Sergei Tchoban & Sergey Kuznetsov of SPEECH TCHOBAN

材料概况：特殊 PU 模板将图案精致展现在建筑立面上。

德国埃伯斯沃德技术学院图书馆

设计：Pierrede Meuron

材料概况：用丝网印刷的方式在混凝土表面呈现图像。

邯郸文化艺术中心

设计： 北京市建筑设计研究院

材料概况：混凝土板（GRC）表面仿铜工艺使外墙展现出青铜质感。

北京外国语大学图书馆

设计： 崔愷

材料概况：高度镂空的混凝土板既是对混凝土性能的考验，也是对复杂模板制作的考验。

纤维水泥板 | Cement-based Fiberboard

材料简介 | INTRODUCTION

纤维水泥板又名纤维增强水泥板，是指以水泥为基本材料和胶黏剂，以无机矿物纤维、有机合成纤维或其他纤维为增强材料，经制浆、成型、养护等工序而制成的板材。纤维水泥板以其轻质高强、防火防潮、经久耐用等优异性能被广泛应用于建筑外墙、室内墙面装饰、隔墙、吊顶、楼板等各领域，特别是在外墙装饰方面，其自然朴素的纹理质感得到越来越多设计师的喜爱。

材料性能及特征 | PERFORMANCE & CHARACTER

普通的纤维水泥板价格相对便宜，在室内装修中应用非常广泛。除了用作常用隔墙的的装修基层板之外，也用于室内吊顶材料，可以穿孔作为吸音板使用。建筑幕墙用板广泛用于墙面装修和外墙装饰面层，厚板可作为 LOFT 钢结构楼层板、跃层板等。其主要具有以下性能和特点：

（1）防火绝缘：不燃 A 级，火灾发生时板材不会燃烧，不会产生有毒烟雾；导电系数低，是理想的绝缘材料。

（2）防水防潮：在半露天和高湿度环境仍能保持性能的稳定，不易下陷或变形。

（3）隔热隔音：导热系数低，有良好的隔热保温性能，产品隔音好。

（4）质轻高强：板材经蒸压养护后，重量轻，强度高，性能稳定，不易发生变形、翘曲。

（5）施工简易：干作业方式，龙骨与板材的安装施工简单且快捷。深加工的产品也具有施工简便的特点。

（6）易于加工：板材规格大，可任意裁切，还可以做穿孔、开槽、雕刻等创意加工，极大地满足设计自由度的需求。

（7）经久耐用：板材性能稳定，可在温度和湿度剧烈变化的极端气候环境中使用。板材的强度和硬度会随时间而增强，使用寿命长。

产品工艺及分类 | TECHNIC & CATEGORY

纤维水泥板按照应用情况不同，主要分为室内装修基层用板，外装饰用板和特殊部位及结构功能用板。同时按照其他不同标准，可进行如下分类：

（1）按纤维来分：可分为无石棉板和有石棉板。目前国内优质厂家均采用无石棉的植物纤维。

（2）按密度来分：可分为高、中、低三种。低密度板材切割后边缘较粗糙，高密度板材切割后边缘较整齐。其中低密度 0.9 ~ 1.2g/cm³, 中密度 1.2 ~ 1.5g/cm³, 高密度 1.5 ~ 2.0g/cm³。低密度板一般用于普通建筑吊顶隔墙等部位，中密度板一般用于中档的建筑隔墙吊顶，高度密板一般用于高档建筑的外墙，钢结构楼板等。规格、密度等物理性能不同的纤维水泥板其隔热、隔音性能是不同的。一般说来，密度越高、厚度越厚的板材其隔热隔音性能越好。

（3）按压力来分：可分为无压板和压力板。中低密度的纤维水泥板都是无压板，高密度的是压力板。压力板又称为纤维水泥压力板，需要专门的压力机生产，密度为 1.6g/cm³，可在室内和室外使用，防潮不变质，在高湿度的地方可阻挡水的侵蚀。

（4）按厚度来分：超薄板（2.5 ~ 3.5mm）、常规板（4 ~ 12mm）、厚板（13 ~ 30mm）、超厚板（31 ~ 100mm）。超薄板和超厚板是行业内衡量企业生产能力和技术水平的重要依据。

同时，市场上大量存在以水泥纤维板为基板、不同表面处理的装饰型纤维水泥板。按照处理方式的不同又主要分为通体型板和表面涂装型板。通体型板是在制浆过程中加入了矿物颜料，使得板材颜色表里如一，通体一色。涂装型板是在表面通过涂装和模具压印出不同颜色凹凸及肌理的装饰型板，可以形成仿木、仿石材、仿清水等各种纹理效果的装饰型板。

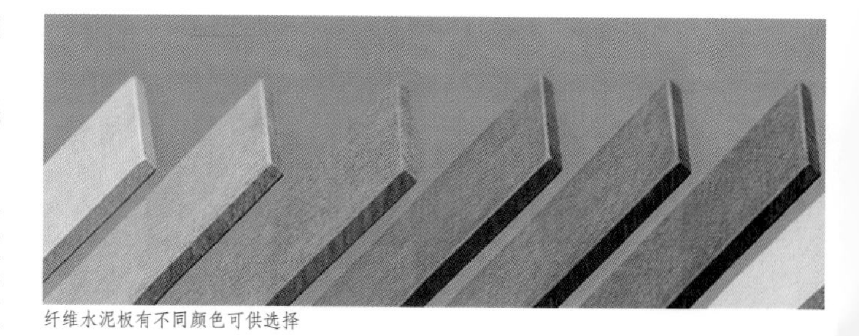

纤维水泥板有不同颜色可供选择

仿木纹装饰效果

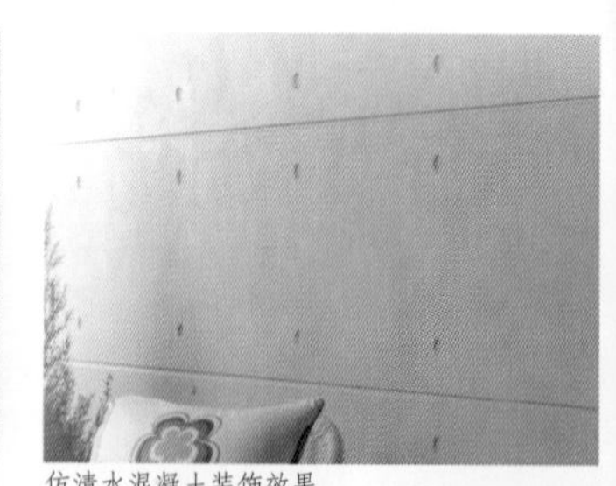

仿清水混凝土装饰效果

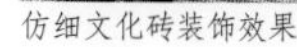

仿细文化砖装饰效果

仿文化石装饰效果

常用参数 | COMMON PARAMETERS

长 x 宽 : 2 440mmx1 220mm(此范围内可加工尺寸);
常规板厚度 : 4 ~ 12mm ；　弹性系数 : 3 000 N/m ㎡ ；
抗弯强度 : 39.7 MPa ；　抗拉强度 :13.1 MPa ；
抗冲击强度 :3.4 kJ/ ㎡ ；　含水率 :7.1% ；
湿胀率 :0.23% ；　干缩率 :0.11% ；
透水性 : 不透水 ；　防火等级 :A1。

（以上数据为市场部分厂家产品参数，不同厂家各有差别，仅供参考）

价格区间 | PRICE RANGE

100 ~ 400 元 /m²

纤维水泥板可按面积也可按张计算。价格根据厚度、密度以及品牌的差异会有所不同。其中功能性板价格为 30 ~ 70 元 / ㎡（6 ~ 12mm 厚），装饰性板价格为 200 ~ 400 元 / ㎡ (6 ~ 12mm 厚)，阁楼板价格为 120 ~ 160 元 / ㎡ (20 ~ 30mm 厚)。国内外中高端品牌产品价格高于本区间。

（以上价格仅为市场普通中端产品价格，材料价格会因不同项目、不同品牌以及订制等多方原因有较大浮动，仅供参考）

设计注意事项 | DESIGN KEY POINTS

纤维水泥板外墙钉挂施工较为方便，如采用背栓干挂系统，板材厚度不应小于 12mm。对于采用明钉系统的薄板，通常厂家也会有配套的铆钉系统，颜色可和板面接近，一定距离下基本看不出钉子在表面，同时当距离较近时细小的铆钉也会增添不少细部精致感。

（施工及安装要点内容仅代表部分厂家做法，供示意参考，不作为通用施工标准及节点做法）

品牌推荐 | BRAND RECOMMENDATION

品牌详细信息，请参见附录品牌索引 : C08、C09、C10。
（以上推荐仅为市场少数优秀品牌，供设计师参考学习。同一品牌实际可能涉及多种产品，更多详细内容可登录随书小程序）

纤维水泥板多种色彩搭配使用的外墙效果

施工及安装要点 | CONSTRUCTION INTRO

纤维水泥板的安装主要依赖龙骨固定安装，龙骨可以为金属龙骨也可以为木龙骨。先将龙骨体系通过可调节支座连接到建筑主体结构上，同时通过螺栓调节龙骨的平整度；然后再用铆钉将板材固定到龙骨上即可。全程干作业，施工简单便捷。同时，纤维水泥板推荐使用通风雨幕体系安装。

通风雨幕系统示意图

板材可以根据设计师的需要进行横向或纵向排布。同时固定方式大多采用明钉固定，也有隐藏式固定供设计师选择，隐藏式固定厚度时不小于 12mm。

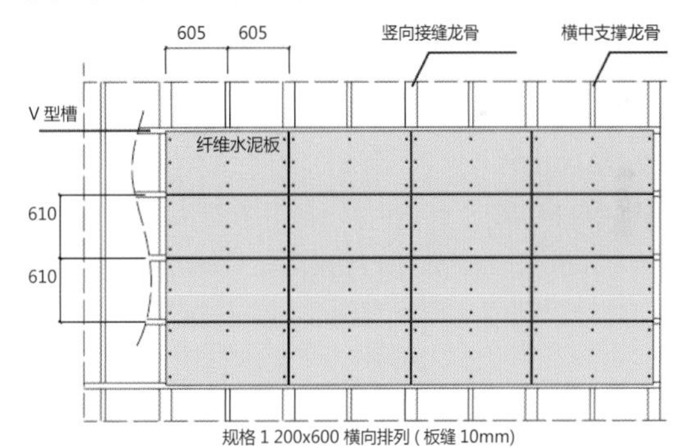

板材横向排布图

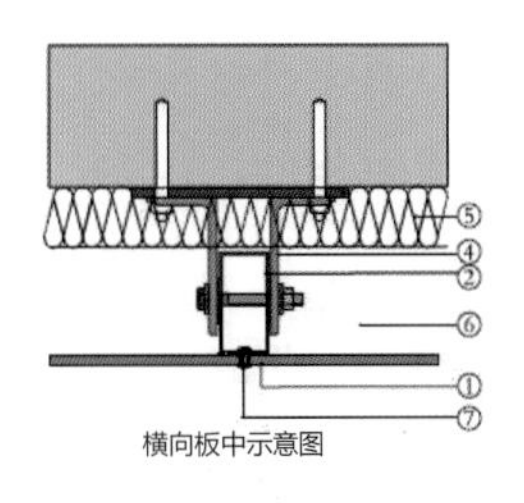

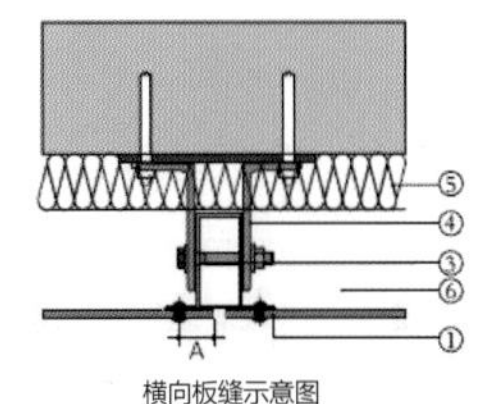

板材节点示意图

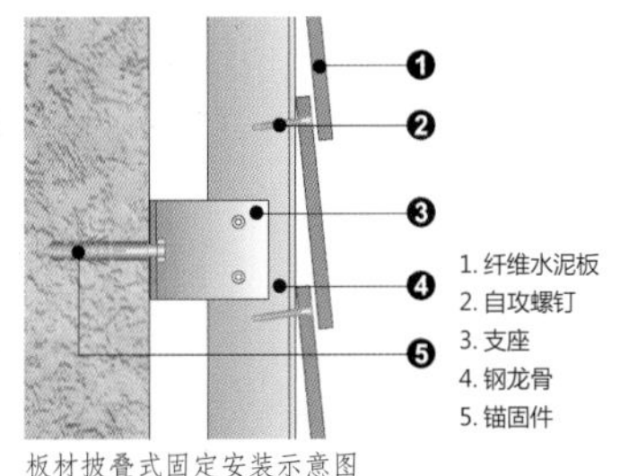

板材披叠式固定安装示意图

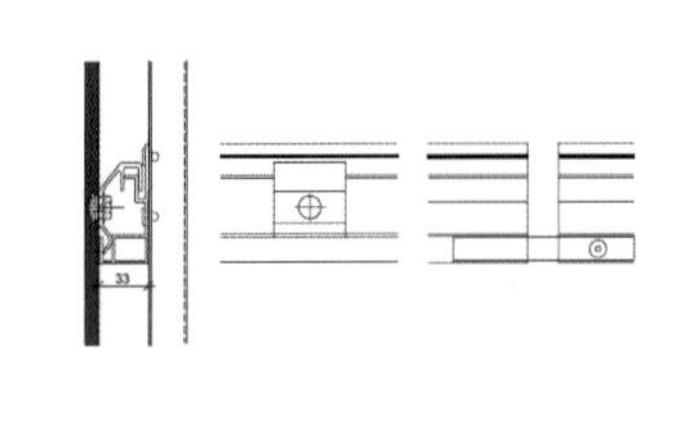
板材隐藏式固定安装示意图

FESTIVAL HALL OF THE TIROLER

设计：Delugan Meissl Associated Architects

材料概况：纤维水泥板可以实现异形裁切，形式多样。

OFFICE BUILDING TAGUS GÁS

设计：SARAIVA & ASSOCIADOS

材料概况：高质量纤维水泥板加工性能较好，可实现大面积穿孔。

上海松江巨人网络集团总部

设计： SWA & Morphosis Architects

材料概况：纤维水泥板应用于开放式幕墙系统。

中国南方科技大学图书馆

设计：都市实践

材料概况：明钉安装系统在室内近人尺度会增加更多细部感受。

预制混凝土砌块 | Precast Concrete Block

材料简介 | INTRODUCTION

预制混凝土砌块是由水泥、粗骨料（碎石或卵石）、细骨料（砂）、外加剂和水拌合，采用特制模具成型的砌体构件，是国内早期较为常见的一种墙体砌筑及承重材料。近些年来，随着乡土建筑的兴起和设计师对低技廉价材料的重新认识，这种材料重新得到了广泛的运用。

材料性能及特征 | PERFORMANCE & CHARACTER

混凝土砌块既可以做承重墙，也可做填充墙，具有抗压强度高、寿命长、热阻大、隔音好、容重轻、色泽多样、装饰性强、施工简单、易于操作等优点。大量的装饰性预制砌块被用做建筑外墙装饰，形成独特的装饰图案和阴影光影效果。其优势特征如下：

（1）小型混凝土砌块能充分节约有限的土地资源，且生产工艺简单，造价低廉。

（2）抗风化能力强，大多为空心结构，体块大但相对轻巧，便于施工操作，可以缩短工期。

（3）可减轻建筑自重，减少砌筑砂浆用量，减少砖混结构、构造柱中大量的钢筋用量，降低工程成本。

（4）增强建筑物隔热、保温、隔音等性能，符合环保、节能方面的要求。

产品工艺及分类 | TECHNIC & CATEGORY

市场上的混凝土砌块大致包含普通混凝土小型空心砌块、轻集料混凝土小型空心砌块、蒸压加气混凝土砌块、泡沫混凝土砌块等。但根据不同时期的发展和用途，也可分为砌筑型功能砌块和装饰型花格砌块。

功能型砌块既可用于承重也可用于空间分割，生产工艺简单，造价低廉，砌筑方便，在早期农村地区广泛使用，目前在部分城乡地区还存在小型作坊工厂生产此类产品。这些作坊生产的产品还包括预制混凝土构件，广泛使用于城市道路牙、井盖等公共设施，同样发挥着重要作用。

而以装饰为主的预制混凝土花格作为建筑重要的装饰构件同样广泛存在。通常混凝土花格砌块采用 C20 细石混凝土预制，内配 Φ4 钢筋。花格平面形状多样，较为简单的有方格形、八角形、圆形、梯形等。当然市场上也存在图案较为复杂的花格形式，主要应用于一些传统古建筑的局部装饰。

大型复杂图案混凝土花格 1

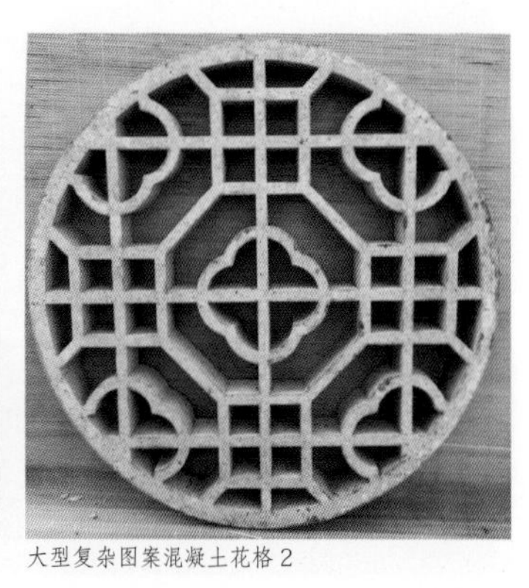

大型复杂图案混凝土花格 2

相对简单的混凝土花格的常用形式

常用参数 | COMMON PARAMETERS

砌筑型预制混凝土砌块一般规格为 600mm×200mm×200mm、600mm×250mm×240mm、600mm×300mm×300mm、390mm×190mm×190 mm、390mm×90mm×190mm(长×宽×高)。装饰型预制花格可根据设计师需要订制，使用相对简单的预制模具制作。

（以上数据为市场部分厂家产品参数，不同厂家各有差别，仅供参考）

价格区间 | PRICE RANGE

20 ~ 50 元 /m³

混凝土砌块整体价格比较便宜，根据其大小尺寸、混凝土强度，每立方米几元不等。砌体结构使用的砌块价格通常按照立方米计算，价格在 20 ~ 50 元 /m³。混凝土预制花格构件则相对贵一点，通常按块计算，根据其复杂程度在 3 ~ 10 元 / 块不等。特别复杂的装饰性大尺寸花格价格可达几十元一块。

（以上价格仅为市场普通中端产品价格，材料价格会因不同项目、不同品牌以及订制等多方原因有较大浮动，仅供参考）

设计注意事项 | DESIGN KEY POINTS

预制混凝土砌块为廉价材料，通常产品表面相对粗糙，但这并不影响其呈现出不同的装饰效果，目前多应用于乡村建筑及预算较为紧张的项目。设计师可就地取材，当地小型工厂即可生产加工，施工也较为方便。

（施工及安装要点内容仅代表部分厂家做法，供示意参考，不作为通用施工标准及节点做法）

品牌推荐 | BRAND RECOMMENDATION

市场上厂家较多，故不做推荐。

施工及安装要点 | CONSTRUCTION INTRO

混凝土砌块采用传统砌筑方式，为增强其墙体稳定性，通常会设置贯通的拉结钢筋，并局部灌注混凝土，类似构造柱增强稳定性。混凝土花格同样采用砂浆砌筑，按照一定间距设置拉结钢筋。

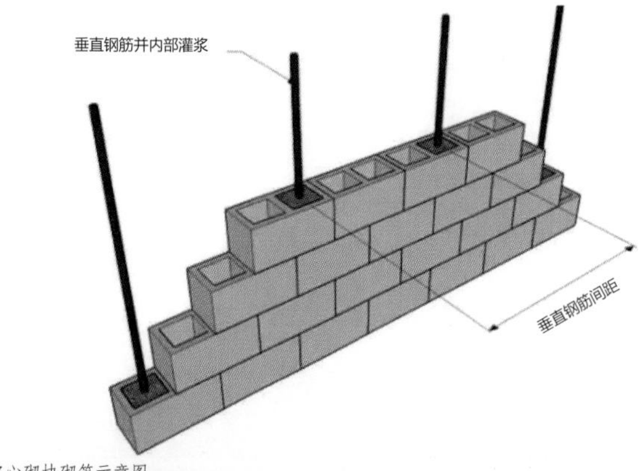

传统空心砌块砌筑示意图

现场砌筑施工

现在市场上存在着融功能与装饰于一体的混凝土空心砌块产品，其作为分隔墙体的同时，完成面不加修饰，直接作为空间装饰面，效果极佳。

装饰性混凝土空心砌块内置保温层砌筑

装饰性混凝土空心砌块完成面室内效果

FESTIVAL HALL OF THE TIROLER

设计：Delugan Meissl Associated Architects

材料概况：三种虚实关系的混凝土砌块的排列组合获得了丰富的变化效果。

内蒙古工业大学建筑馆扩建

设计：张鹏举

材料概况：带装饰效果的预制混凝土空心砌块直接作为建筑外围护及装饰一体墙面。

广州土楼公社

设计： 都市实践

材料概况：公租房采用混凝土砌块作为立面遮阳及装饰，很好地降低了成本。

上海创盟军工路办公室设计

设计：创盟国际

材料概况：运用参数化排列砌筑普通的混凝土砌块，取得了惊人的立面效果

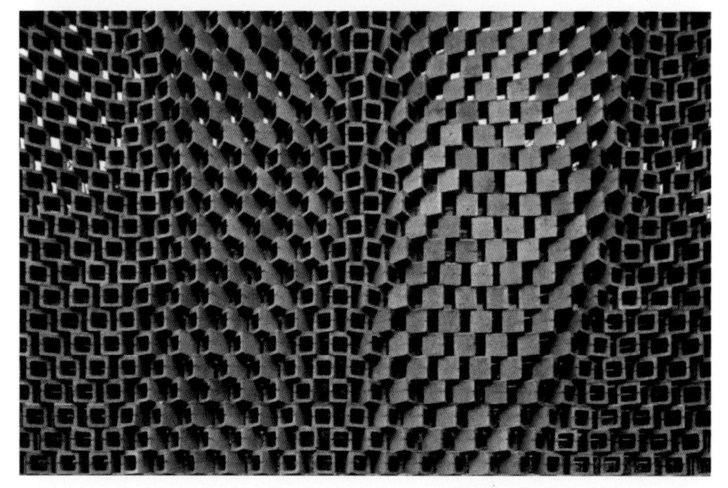

人造文化石 / 砖 | Artificial Culture Stone / Brick

材料简介 | INTRODUCTION

天然文化石是一个通称，是采用各种天然石材如板岩、砂岩等，通过精心砌筑作为墙体美化装饰的一种手段。而人造文化石则是利用人工手段合成模仿天然石材表面色彩和质感，同时添加表面肌理来提升艺术表现力，达到类似天然文化石自然古朴韵味的替代产品。

同理人造文化砖也是采用相同原理模仿砖墙表面特殊艺术效果的产品。因为其产品原料工艺接近，均主要为水泥制品，故合并讲述。

材料性能及特征 | PERFORMANCE & CHARACTER

文化石与文化砖本身并不具有特定的文化内涵，但是因为具有粗砺的质感、丰富的颜色、自然的形态，广泛应用于酒吧、别墅、餐厅、会所等建筑外墙，以及室内装饰中的背景墙、壁炉、走廊等。天然文化石效果自然，但造价较高，装饰效果受石材原纹理限制，并且施工较为困难，所以人造文化石和人造文化砖产品应运而生。其具有以下共同特征：

（1）质量轻：密度为天然石材砖材的几分之一，可直接粘贴于墙面，无须额外的墙基支撑。

（2）经久耐用：不褪色、耐腐蚀、耐风化、强度高、抗冻与抗渗性好。

（3）绿色环保：无异味、吸音、防火、隔热、无毒、无污染、无放射性。

（4）防尘自洁功能：经防水剂工艺处理，不易黏附灰尘，风雨冲刷即可自行洁净如新，免维护保养。

（5）安装简单，费用省；无需将其铆在墙体上，直接粘贴即可；人造文化石安装费用仅为天然石材的 1/3。

（6）外观具有逼真的砖石质感与色彩，可表现不同建筑风格的饰面纹理，有多种风格和颜色可选择，组合搭配后可使墙面极富立体效果。

产品工艺及分类 | TECHNIC & CATEGORY

人造文化石与文化砖是以水泥基的无机材料经过加工制作成的片状或者块状人工石材，在使用时借助水泥浆或者黏合剂等材料粘在墙体上。主要的人造文化石成分有胶凝材料、骨料（火山石或陶粒等）、色料和助剂。人造文化石产品根据不同效果，主要包括以下产品：面包石、海岛石、风化石、条形石、城堡石，等等。

人造文化石的主要成分需满足一定的要求。在制作人工文化石时，首先是对胶凝材料有两个要求，一是要能够实现快凝快硬，二是胶凝材料的本色要浅。其中本色为浅白色的胶凝材料为最佳选择。其次是骨料，人造文化石的骨料要求粒径在 0.5mm 以下，以 0.3 ~ 0.5mm 之间的骨料为最佳，文化砖则更细，主要选择有陶砂、山凝灰岩屑等及色料，目前以氧化铁系的色料为最佳色料。最后是助剂，制作人工文化石时是通过使用助剂来调节各类原材料性能的。

人工文化石的主要制作流程一般为：选料选模→配料→上模着色→蒸养→脱模→防护处理→包装。选料选模是选择适合的原料和所需要的模具，然后进行配料，一般除水以外，胶砂体积比约为 1:1，颜料在水泥质量的 5% 以内。原材料搅拌合适后，放入所选择的模具即为上模，上模的同时需按照配方要求进行配色，并在模具内着色。着色过程中要做到颜色自然过渡。着色后，各类原材料经过在模具内的抹平、振动后就进入下一步——蒸养。在蒸养过程中一定要保证蒸养时间的充足。蒸养后就可以进行脱模了。最后两步是进行人工文化石的养护和防护处理，防护处理后方可包装出售。

面包石

片峰石

风化石

风景石

文化砖效果 1

文化砖效果 2

常用参数 | COMMON PARAMETERS

文化石的尺寸规格没有一个明确的规范，但总体来说，文化石尺寸小于400mm×400mm，为外表粗拙的天然或人造石材。
文化砖通常为面砖尺寸，尺寸一般为 240mmx53mm。

（以上数据为市场部分厂家产品参数，不同厂家各有差别，仅供参考）

价格区间 | PRICE RANGE

50 ~ 100 元 /m²

人造文化石根据不同效果价格略有差异，市场产品在 50 元 / ㎡左右。高端品牌每平方米在一百多元左右。文化砖比文化石价格略便宜，通常在 40 元 / ㎡左右。

（以上价格仅为市场普通中端产品价格，材料价格会因不同项目、不同品牌以及订制等多方原因有较大浮动，仅供参考）

设计注意事项 | DESIGN KEY POINTS

使用文化石时，设计师不需要受限于单一的型号。厂家可以根据设计需求，混合多种类型的文化石，创造出独特的文化石组合。

（施工及安装要点内容仅代表部分厂家做法，供示意参考，不作为通用施工标准及节点做法）

品牌推荐 | BRAND RECOMMENDATION

市场厂家较多，故不做推荐。

施工及安装要点 | CONSTRUCTION INTRO

人造文化砖与文化石安装方式类似，以下介绍文化石的施工：

（1）如果用水泥做黏结剂，施工时水泥砂浆里面需加 108 胶水，同时需将墙面及文化石反面湿润，建议采用专用黏结砂浆。

（2）水平线：在施工墙面上每隔 30cm 弹一条水平线，以保证文化石施工过程的水平。

（3）粘贴时先粘拐角石，压实，使石头四周挤出黏结剂整体附实，长短尺寸角砖要相互错开施工。

（4）施工前预先摆一下布局，确认施工铺贴后的效果，预先调整整体的均衡性和美观性。

（5）文化石在粘贴时，横向 80 ~ 100cm 需错缝，竖向 20 ~ 30cm 需错缝。粘贴时用梳式抹灰刀涂黏结剂。

（6）文化石缝隙标准：堆切石不留缝隙或留 5mm 缝隙，乱形缝隙最小 20 ~ 30mm，海岛石、海岸石及石灰石以 1.0 ~ 1.5 cm 缝隙为准，仿古砖及规格形石头灰缝预留 10mm。

（7）勾灰缝：用特制蛋糕裱花袋剪去尖头，装上已调好的勾缝料进行挤压勾缝。一般以体现文化石最佳立体效果的线缝为主，待勾缝剂半干时用特制竹片压勾缝剂使其紧贴文化石，同时把多余的勾缝剂刮整齐，待稍干用毛刷轻扫掉多余的勾缝涂料，勾缝面应使文化石保持基本平整状，同时用粗毛刷清理文化石受黏结勾缝材料污染的表面。

文化石安装流程图

文化砖安装流程图

经典案例 | APPLICATION PROJECTS

文化石建筑外墙应用

材料概况：文化石广泛应用于地中海风格的别墅建筑外墙。

文化石室内景观应用

材料概况：文化石也是室内背景墙和园林墙体的常用装饰材料。

经典案例 | APPLICATION PROJECTS

文化砖外墙应用

材料概况：文化砖因为其历史文化质感而广泛应用于英伦风格别墅项目。

文化砖室内场景应用

材料概况：文化砖效果多样，广泛应用于家庭、商业、文化等室内空间。

玻璃纤维增强混凝土 | Glass Fiber Reinforced Concrete

材料简介 | INTRODUCTION

玻璃纤维增强混凝土又名GRC，是以耐碱玻璃纤维作增强材料，硫铝酸盐低碱度水泥为胶结材料并掺入适宜集料构成基材，通过喷射、立模浇筑、挤出、流浆等生产工艺而制成的轻质、高强高韧、多功能的新型无机复合材料。这是一种通过造型、纹理、质感与色彩来表达设计师想象力的新型材料。

材料性能及特征 | PERFORMANCE & CHARACTER

GRC采用特种低碱水泥与特种玻璃纤维复合材料经过多种工序精制而成，其具有高强度、抗老化、质量轻、成型多样化、施工简单、耐火、耐候、耐酸碱等优点。GRC与混凝土同等性能及寿命，广泛应用于欧陆风格的建筑及景观等工程。其具有以下特征：

（1）无限可塑性：GRC产品是将原料按一定配比搅拌，在模具内喷射成型，可生产出造型丰富、质感多样的产品。可根据客户和设计师的不同需要，进行任意的艺术造型，完美实现设计师的设计梦想。

（2）质量轻、强度高：GRC的体积密度为1.8 ~ 1.9g/cm³,8mm厚标准GRC板重量仅为15kg，抗压强度超过40MPa，抗弯强度超过34MPa，大大超过国际标准要求。

（3）超薄技术、尺寸大：GRC板最薄可做到5mm，标准宽度为900mm和1 200mm，长度不限，满足运输条件即可，亦可做成5mm至任意厚度和尺寸。

（4）色彩丰富、造型多样：GRC产品采用同质透心矿物原料，可以根据客户的需求做成各种不同颜色及不同造型的艺术效果。

（5）质感好、肌理多：GRC产品表面可做成喷砂面、荔枝面、光面等不同质感，也可以做成条纹、镂空、浮雕等不同肌理。

（6）环保 、无辐射：GRC属可再生材料，利于环保。原材料不含放射性核元素，为国家放射性核素含量A类环保材料。

产品工艺及分类 | TECHNIC & CATEGORY

增强的玻璃纤维有很多种形式，例如短切纤维纱、连续纤维无捻粗纱、网格布、短切纤维毡等，不同形式的玻璃纤维掺入到水泥基体中的方法不同，对于力学性能会有很大的影响。GRC有多种制作工艺，如喷射工艺、预混喷射工艺、预混浇筑工艺、注模工艺、布网工艺、缠绕工艺等。

喷射工艺是应用最早并且最多的制造GRC制品的方法，包括手工喷射和自动喷射。操作方法的正确与否很大程度上会影响GRC制品的强度和耐久性。玻璃纤维以二维乱向随机分布于水泥砂浆之中，纤维的有效利用率高，产品的各项物理性能也较好。

预混工艺是将短切玻璃纤维和水泥砂浆基体共同搅拌，形成均匀的玻璃纤维水泥混合料，然后通过浇筑或喷射的方法制成产品。根据成型方法的不同，预混工艺可分为预混浇筑工艺和预混喷射工艺。预混浇筑工艺与预制混凝土制品的工艺相类似，在浇筑过程中常常会辅以震动工序。

GRC根据应用场景，主要有以下几种分类：

（1）GRC装饰构件：建筑装饰构件是GRC运用最多的领域。这些年欧陆风情盛行，市场上存在各种GRC构件制品，如GRC罗马柱、GRC檐线、GRC装饰线条、GRC角线、GRC门窗套、GRC花瓶栏杆等。

（2）GRC建筑幕墙：GRC材料因其成型几乎不受形状限制，在现代建筑设计中越来越多地被设计师应用于大型单曲与双曲建筑设计中，实现其天马行空的造型效果，最大限度地满足设计师的形态要求。目前最大单幅GRC可达20㎡左右。

（3）GRC景观小品：GRC材料质量轻、强度高、抗老化且耐水湿，形态易进行工厂化加工，其表面通过喷砂、酸洗、喷涂、氟碳漆、仿石漆等各种装饰处理，可形成极为逼真的景观假山，为假山艺术创作提供了宽阔的应用空间和可靠的材质保证。

GRC建筑装饰构件运用

GRC建筑幕装饰

GRC景观假山

常用参数 | COMMON PARAMETERS

抗拉强度：≥ 4MPa；干湿变形：≤ 0.15% ；抗冻性 50 次冻融循环，无起层、剥落等破坏现象； 25 次冻融循环，无起层、剥落等破坏现象；
体积密度：≥ 1.7g/cm³；防火等级：A1 级；吸水率：≤ 16%。

（以上数据为市场部分厂家产品参数，不同厂家各有差别，仅供参考）

价格区间 | PRICE RANGE

300 ~ 2 000 元 /m²

GRC通常按照展开面积来计算价格。GRC装饰构件通常在300~400元/㎡。幕墙用板价格主要根据 GRC 造型的难度（比如单曲与双曲的差异），以及根据工期所确定的模具重复使用率、安装工艺、产品背负钢架、表面质感（光面，喷砂面、酸洗面、剁斧等各种不同效果面）等因素来决定，从而最终影响整体的完成价格。

（以上价格仅为市场普通中端产品价格，材料价格会因不同项目、不同品牌以及订制等多方原因有较大浮动，仅供参考）

设计注意事项 | DESIGN KEY POINTS

高质量的 GRC 公司通常提供整体幕墙深化的解决方案，会根据设计的形态进行优化设计，包括板块分割、尺寸大小，以提高模板重复使用率等。建议设计师进行形体设计时，尽可能多地增加直板及折板运用，控制单曲、双曲板的数量，以降低成本。
GRC 表面可有多种处理方式，仿制各种纹理以达到不同效果。其中仿石效果的 GRC 构件广泛应用于地产楼盘中的各种复杂线角及景观构件，相比石材，具有价格低，效果好，施工方便的多种优势。

（施工及安装要点内容仅代表部分厂家做法，供示意参考，不作为通用施工标准及节点做法）

品牌推荐 | BRAND RECOMMENDATION

品牌详细信息，请参见附录品牌索引：C11、C12。
（以上推荐仅为市场少数优秀品牌，供设计师参考学习。同一品牌实际可能涉及多种产品，更多详细内容可登录随书小程序）

施工及安装要点 | CONSTRUCTION INTRO

GRC 幕墙主要采用背负钢架式安装，钢架结构有一定的位移调整能力，施工现场可以最大限度调整施工误差。同时，如果出现误差偏移较大时，可根据现场尺寸重新局部制作幕墙板调整安装。

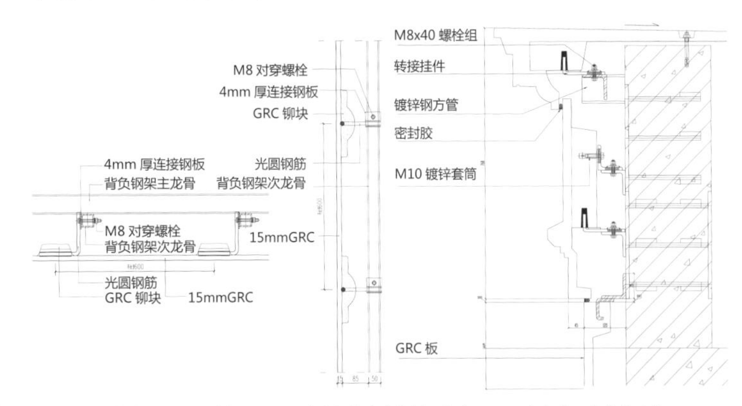

GRC 背负钢架式安装平面节点　GRC 背负钢架式安装剖面节点　GRC 上套筒下托槽式连接

GRC 工厂制作

制作好的 GRC 幕墙板

利用背负钢架现场安装

经典案例 | APPLICATION PROJECTS

马斯达尔理工学院

设计：Foster+Partners

材料概况：橙色镂空幕墙充分展现了 GRC 的塑形能力。

洛杉矶布洛德博物馆

设计：Diller Scofidio + Renfro

材料概况：GRC 是展现异形及曲线幕墙最好的材料之一。

南京青奥中心大厦

设计： Zaha Hadid Architects

材料概况：国内大型公共建筑采用 GRC 幕墙的代表性项目。

北京金地中央世家

设计：柏涛建筑

材料概况：GRC 装饰构件广泛应用于各式风格楼盘，价格适中，效果好，施工方便。

透光混凝土 | Translucent Concrete

材料简介 | INTRODUCTION

透光混凝土是近年来兴起的一种新型材料，最早由匈牙利建筑师 Aron Losonczi 发明，这种可透光的混凝土由大量的光学纤维和精致混凝土组合而成。透光混凝土通常做成预制砖或墙板的形式，离这种混凝土较近的物体可在墙板上显示出阴影。在夜景情况下，投射光线的效果会非常特别。

材料性能及特征 | PERFORMANCE & CHARACTER

透光混凝土的制造原理主要是在混凝土中加入含量为 4% 的光学纤维，这些纤维在两个平面之间以矩阵的方式平行布置。白天的混凝土朴素沉稳，夜晚配合灯光则显得晶莹透亮。同时透光混凝土保留了混凝土本身的性能，可以作为结构承重。这种玻璃纤维的添加特意考虑了对混凝土强度会产生的负面影响，已将这种影响降到最低。其特征如下：

（1）能很好地透射不同波段的可见光和红外光，大大节约了建筑普通照明损耗，是一种绿色低碳的建筑材料。

（2）具有良好的绝热性，经与相关材料复合使用，可用于室内火灾逃生、夜间导向等特殊领域，可提升建筑特别是高层建筑的安全性能。

（3）与普通混凝土相比，透光混凝土的抗折强度大幅提高，可根据建筑要求制成各种形制的型材，拓展了建筑材料的实用性与适用性。

（4）透光混凝土墙体本身具有很高的欣赏价值，在旅馆、饭店、别墅等有装饰要求的建筑中具有很大的应用潜力，为进一步提升建筑美学效果提供了材料基础。

（5）透光混凝土因为光纤的影响具有一定的绝热作用。

产品工艺及分类 | TECHNIC & CATEGORY

目前市场上透光混凝主要分为光纤类透光混凝土和树脂类透光混凝土两种。光纤类透光混凝土是市场上的主要类型，其透光材料主要分为导光纤维和亚克力材料。树脂类透光混凝土是采用特殊树脂与新混合物结合，表面结构充满小孔的一种新型透光材料，相比光纤式透光效果更好，成本更低，但是目前只有意大利水泥集团掌握这种技术。

透光混凝土的核心工艺在于导光纤维的布置。其传统生产方法是先浇筑一层水泥浆体，再平铺光纤，再浇筑一层水泥浆体，再平铺光纤，如此反复，直到模具中全部充满水泥浆体和光纤。传统的布光纤方式为人工布置，如同绣花场景一般。这种方法每次平铺光纤时的水泥浆体的厚度不易控制，导致透光层的间隔不均。逐层浇筑水泥浆体与平铺光纤的操作繁琐，费时费工，效率低下。目前已经出现采用机器布置光纤的技术，相对效率更高，但是目前尚不能实现不同图案的光纤布置。

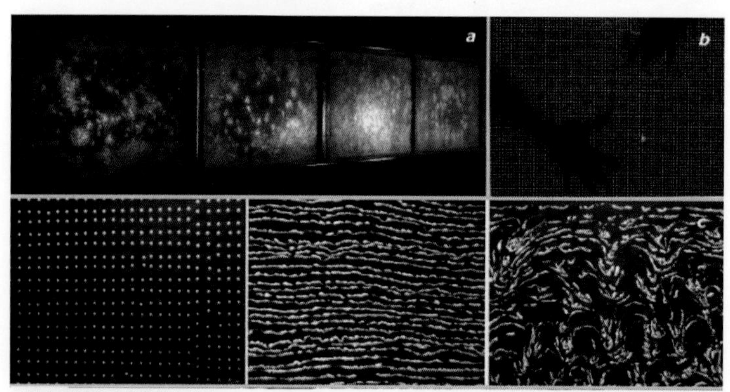

不同表面图案透光混凝土效果

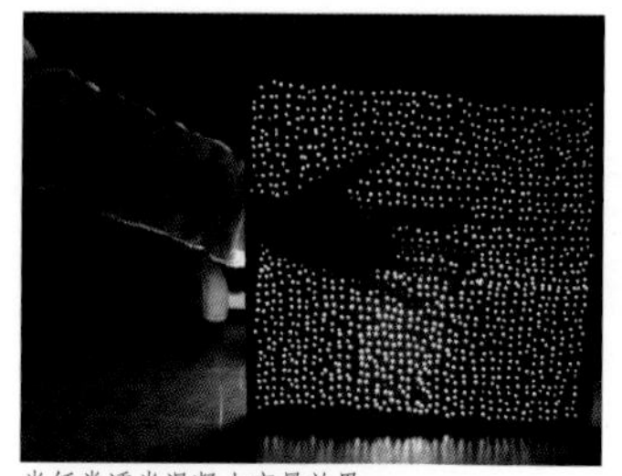

光纤类透光混凝土夜景效果

树脂类透光混凝土日景表面效果

透光混凝土传统光纤布置工具

透光混凝土传统光纤人工布置场景

最新光纤布置机器

最新机器光纤布置场景

常用参数 | COMMON PARAMETERS

产 品 规 格：600mmx900mmx30mm，600mmx1200mmx30mm，400mmx1000mmx30mm，600mmx900mmx50mm，600mmx1200mmx50mm；

透光方式：散布、规律；透 光 率：10%~15%；强 度：C40-45；

表面处理：抛光、透光混凝土保护剂。

可根据要求制作不同规格及尺寸的挂板产品，同时还可以订制透光混凝土弧形板、U 形板等。

（以上数据为市场部分厂家产品参数，不同厂家各有差别，仅供参考）

价格区间 | PRICE RANGE 1 500 ~ 2 000 元 /m²

透光混凝土目前在市场上运用较少，价格也难以统一透明。其产品大多以预制砌块为主，因为手工生产较多，量产尚不成熟。另外光纤价格本身较高，导致整体价格偏高，一般局部运用于建筑室内重要部位作装饰点缀。以市场规格板 30mm 厚为例，通常价格为 1 500 ~ 2 500 元 / ㎡。

（以上价格仅为市场普通中端产品价格，材料价格会因不同项目、不同品牌以及订制等多方原因有较大浮动，仅供参考）

设计注意事项 | DESIGN KEY POINTS

目前透光混凝土尚处于技术发展期，还没有广泛应用的场景。由于透光混凝土实际产品采用几乎没有骨料的细致混凝土，抗折强度低，工地现场使用不当就会有一定程度损耗。另外透光混凝土挂板作为墙体及室外景观材料，设计师必须注意背后的光源设计，才能达到更好的效果。

（施工及安装要点内容仅代表部分厂家做法，供示意参考，不作为通用施工标准及节点做法）

品牌推荐 | BRAND RECOMMENDATION

品牌详细信息，请参见附录品牌索引：C04、C14。

（以上推荐仅为市场少数优秀品牌，供设计师参考学习。同一品牌实际可能涉及多种产品，更多详细内容可登录随书小程序）

施工及安装要点 | CONSTRUCTION INTRO

透光混凝土按照光纤植入混凝土的方法分为先植法和后植法。

先植法：将文字、图形等绘制在半硬质的块体上，如 EPS 或者 XPS 等发泡聚苯乙烯块体，按图形打孔，穿入已准备的光纤棒，将带着光纤棒的块体放入成型模内，再浇筑免振捣的水泥净浆或水泥细砂浆。待其硬化具有一定强度后，再经锯切露出光纤棒的光点形成图形，就成为导光的装饰水泥混凝土。

后植法：先制作水泥混凝土制品，再将文字或图形绘制在混凝土上，模塑出需要的文字、图形，然后将所需的文字图形打孔，再植入已准备好的光纤棒，即可制作成带有亮图形的导光的水泥混凝土制品。

光纤

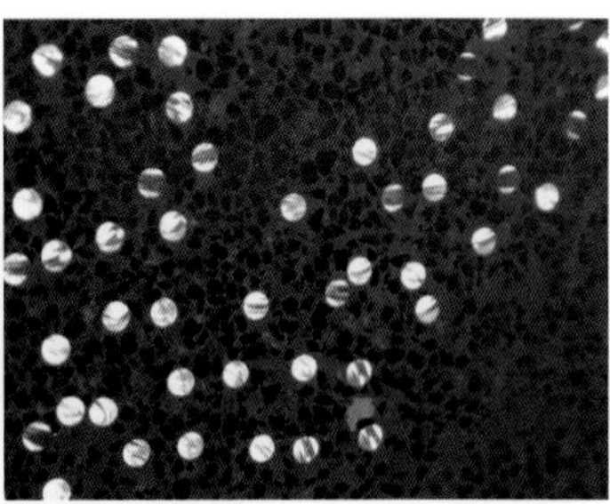

透光混凝土近景

透光混凝土产品目前主要有两种形式，一种是工厂预制构件，如预制墙板和砌块，以及部分预制家具产品等；其主要采用砌筑和类似石材干挂的方式安装。另外少部分企业能实现现场浇筑透光混凝土，但目前国内案例较少，处于起步阶段。

透光混凝土预制砌块砌筑

透光混凝土预制挂板

透光混凝土现浇施工

2010 上海世博会意大利馆

设计：Giampaolo Imbrighi

材料概况：以树脂透光水泥为材料的大面积透光混凝土运用案例。

美国路易斯安那州伊贝维尔教区退伍军人纪念馆透光混凝土墙

设计：格雷斯＆赫伯特

材料概况：透光混凝土广泛运用于景观构筑物中，具有独特效果。

上海灰 Concrete Bar

设计：宋玮

材料概况：透光混凝土板结合 LED 灯光设计，成为整个室内空间的亮点。

常德城头山考古遗址公园

设计：土人景观

材料概况：国内运用透光混凝土作为景观构筑物，并采用现场浇筑的案例。

超高性能混凝土 | Ultra-high Performance Concrete

材料简介 | INTRODUCTION

超高性能混凝土，简称 UHPC(Ultra-high Performance Concrete), 也称做活性粉末混凝土（RPC, Reactive Powder Concrete)，是过去 30 年中最具创新性的高科技水泥基建筑材料，实现了工程材料性能的大跨越。超高性能混凝土包含两个方面的“超高”——超高耐久性和超高力学性能（超高的抗压强度、抗拉性能以及高韧性），同时通过预制的形式可以实现丰富的美学效果。

材料性能及特征 | PERFORMANCE & CHARACTER

超高性能混凝土具有优越的物理性能：

（1）具有超高耐久性：UHPC 分子结构密实稳定、不连通、孔隙率极低，因此外界的有害物质很难侵蚀，使得超高性能混凝土的面板具有极高的耐久性，可以在极端环境中表现出良好性能。

（2）超高力学性能：具有超高抗压（可高达到 200MPa) 和抗弯性能，可以实现更薄，跨距更长，更轻。

（3）优异的延展性：独特的分子结构赋予其优异的延展性能，纤维与水泥基材料的有机结合实现了抗压和抗折的有机平衡，在裂缝允许的范围内，能够支撑整体结构变形。

（4）丰富的艺术表现：超高流动性结合其优异的力学性能，可以成就设计师的梦想。通过模具的配合，可以实现各种镂空的平面造型，实现不同的颜色质地和表面效果，比如石材效果、皮革效果、钻石光泽、丝带质感、乐高效果，等等。

（5）绿色 ,环保 ,可持续：与其他材料相比，UHPC 自身属于环境友好型材料。技术团队可以针对可持续建筑项目提供有效的技术解决方案，降低建筑成本、维修成本，提高建筑速度等。

产品工艺及分类 | TECHNIC & CATEGORY

UHPC 基本原料主要有水泥、硅灰、超高效减水剂、细骨料和钢纤维。基于颗粒紧密堆积理论、水泥水化理论以及随机纤维相交理论等，通过计算得到最佳的颗粒级配和钢纤维尺寸以及掺量，从而使混凝土内部达到极高的密实度，极细微的孔径，以及相互交错的连续钢纤维网。可以说，UHPC 是世界上第一种完全基于基础理论推导而设计出的一种新材料。

UHPC 获取超高性能的主要途径：

（1）剔除粗骨料，限制细骨料的最大粒径不大于 300μm, 提高骨料的均匀性。

（2）通过优化细骨料的级配，使其密布整个颗粒空间，增大骨料的密实度。

（3）掺入硅粉、粉煤灰等超细活性矿物掺合料，使其具有很好的微粉填充效应，并通过化学反应，降低孔隙率，减小孔径，优化内部结构。

（4）在硬化过程中，通过加压和热养护，减小化学收缩，并将 C-S-H 转化成托贝莫来石，继而成为硬硅钙石，改善材料的微观结构。

（5）通过添加短而细的钢纤维，改善材料延性。

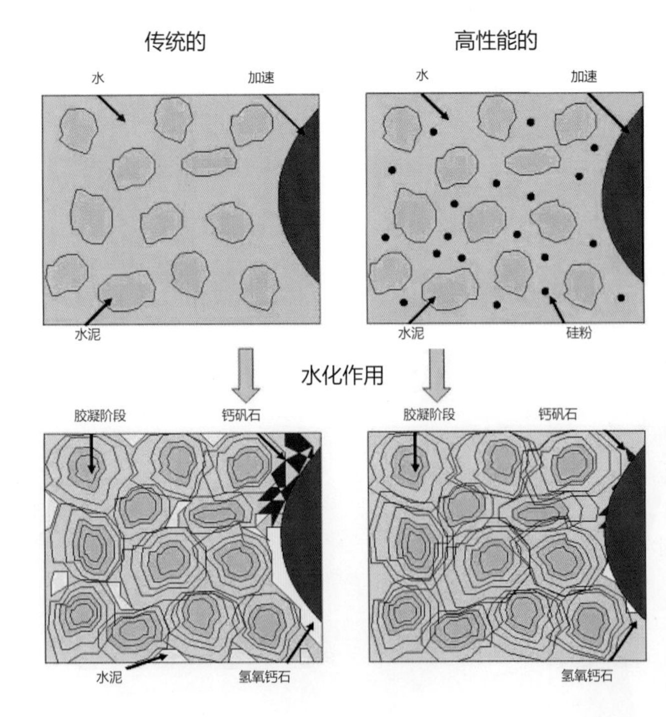

超高性能混凝土原理

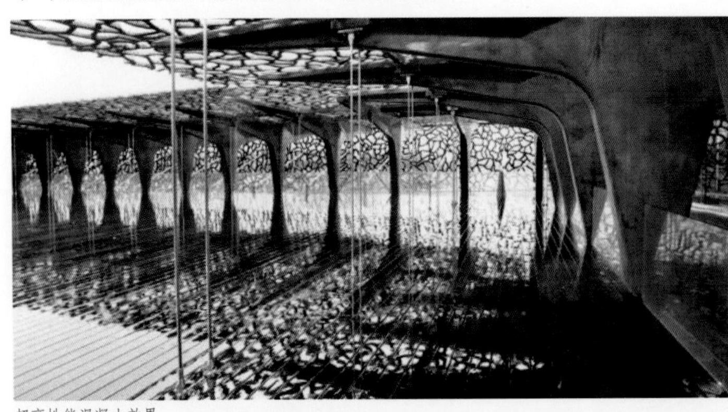

超高性能混凝土效果

常用参数 | COMMON PARAMETERS

镂空异型板： 根据项目订制；
平板标准板尺寸： 1.2mx1.2m, 1.2mx2.4m, 1.2mx3.6m, 其他尺寸可以订制；厚度：15 ~ 16mm；
安装：明装以及背负轨道干挂；抗压强度： 100 ~ 130MPa;
抗弯强度： 15 ~ 25MPa; 密度：1.2 ~ 3.5kg/m³;
重量：35 ~ 37kg/㎡。

（以上数据为市场部分厂家产品参数，不同厂家各有差别，仅供参考）

价格区间 | PRICE RANGE

800 ~ 2 000 元 /m²

超高性能混凝土制品根据建筑不同应用情况及项目难度计算费用。通常主要涉及平板类产品、异形板及超大板情况。平板类产品价格在800 ~ 1 000 元 / ㎡。异形板及特殊板根据项目难度及情况费用会更高。

（以上价格仅为市场普通中端产品价格，材料价格会因不同项目、不同品牌以及订制等多方原因有较大浮动，仅供参考）

设计注意事项 | DESIGN KEY POINTS

针对镂空异型项目， 建议设计师与厂商技术团队交流，以获得优化安全的方案。

（施工及安装要点内容仅代表部分厂家做法，供示意参考，不作为通用施工标准及节点做法）

品牌推荐 | BRAND RECOMMENDATION

品牌详细信息，请参见附录品牌索引：C15。
（以上推荐仅为市场少数优秀品牌，供设计师参考学习。同一品牌实际可能涉及多种产品，更多详细内容可登录随书小程序）

施工及安装要点 | CONSTRUCTION INTRO

超高性能混凝土通常为预制构件，其安装主要需考虑预制构件与建筑主体如何形成有效固定连接。同时超高性能混凝土本身可以做为自承重构件，某些情况下能大大减轻龙骨体系的负荷。

Jean Bouin 体育馆

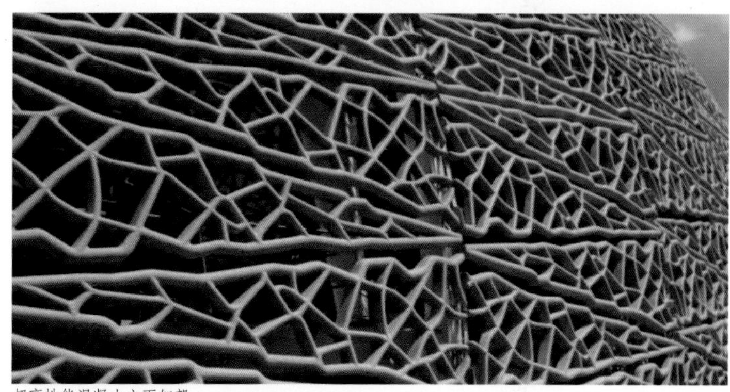

超高性能混凝土立面细部

超高性能混凝土屋面

超高性能混凝土屋面细部

米兰世博会意大利馆

设计：Nemesi

材料概况：轻松实现复杂表面的效果，与其他材料不同的是可实现室内外界面同质。

法国马赛欧洲与地中海文明博物馆

设计：Rudy Ricciotti

材料概况：超高性能混凝土可实现轻盈的镂空的表皮效果。

巴黎 Jean Bouin 体育馆

设计：Rudy Ricciotti

材料概况：得益于超高性能的混凝土实现超级镂空效果，为室内带来丰富的光影变化。

迈阿密路易威登之家

设计：Rudy Ricciotti

材料概况：超高性能混凝土可以塑造超级细节。

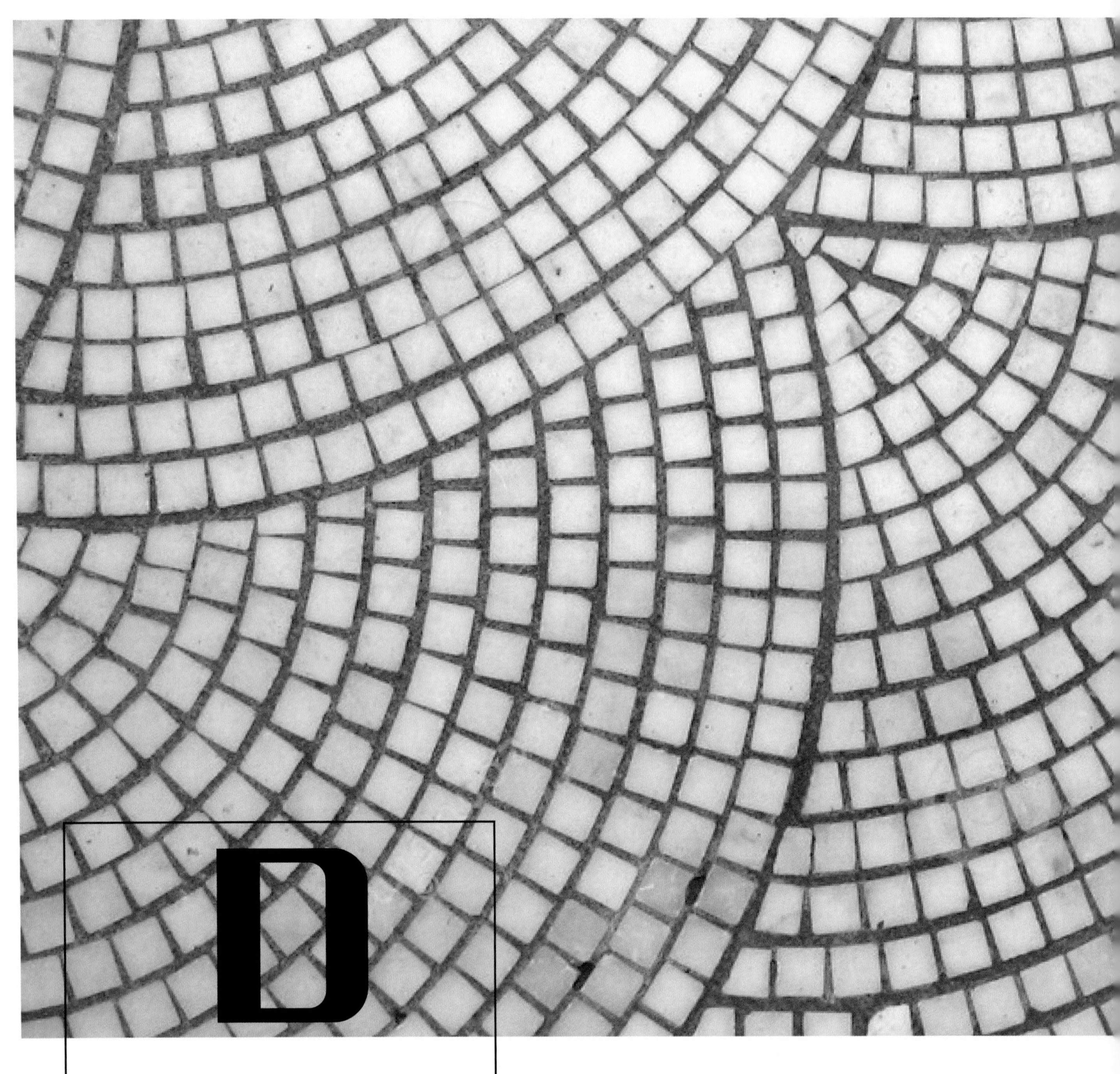

D

陶瓷
CERAMIC

中国是建筑陶瓷的最大生产国，但产业集中度较低，建筑陶瓷整体呈现“大市场，小企业”的竞争格局。根据中国建筑卫生陶瓷协会的数据，2015 年底，我国规模以上建筑陶瓷企业有 1 410 家，当年共实现主营业务收入 4 354 亿元，生产瓷砖 101.8 亿平方米。从整体来看，我国建筑陶瓷行业集中度低，竞争激烈。随着国内经济进入新常态，建筑陶瓷行业的结构调整已成为明显趋势。高品质建筑陶瓷市场的突出特点为追求产品品质、注重个性化需求、潮流变化快、产品定价高，因此对企业的新产品研发能力、产能的先进性、新产品推广能力以及品牌知名度均有着较高的要求。

建筑陶瓷行业的上游行业包括矿物原料、釉原料的原材料开采及加工、各类辅料的生产制造和陶瓷加工设备，下游行业为建筑装修装饰。由于矿物原料、釉原料等原材料供应充足，开采、加工企业较多，行业竞争充分，基本上采取市场化定价机制。近年来，国内建陶机械、设备、釉料等上游产业抓住了历史机遇，取得了较大的成就，使我国建筑陶瓷的高端原料、高端设备摆脱了受制于人的局面，有利于建筑陶瓷行业快速发展。

随着我国居民住房环境不断改善，社会人群对建筑装饰材料的美观

程度提出了更高要求。高品质建筑陶瓷产品近年来向着艺术化、精致化、仿物化发展，在装修装饰中的应用方式呈现多样化趋势，因此市场规模也将保持稳定增长态势。 建筑陶瓷产品中，陶瓷砖、陶瓷薄砖和陶瓷薄板，均适于装修装饰上的各类应用，主要包括内外立面、地坪上通过铺贴、干挂等方式进行的装修装饰，也包括在建筑幕墙、隧道等方面的新应用。新兴的陶瓷薄砖和陶瓷薄板产品因其特性，有着较大的市场潜力。陶瓷薄砖轻薄、易铺贴，用于二次装修、翻新可以加快铺贴速度，减少建筑垃圾。装修装饰发展推动了建筑陶瓷产品市场的规模平稳增长。

经过多年发展，我国建筑陶瓷行业整体技术取得了明显进步，尤其是近年来在市场需求和国家政策的影响下，高品质建筑陶瓷的技术发展成果非常丰富。近年来行业技术水平得到的较大提升，具体表现在以下几个方面：随着熔块、有机硅憎水剂等新型胚体辅料、釉料辅料的成功开发，许多新的坯料、釉料配方成为可能，大大促进了国内高品质建筑陶瓷企业推出新产品的频率。喷墨打印、大规格成型等工艺随着相关设备的逐渐推广而得到了广泛应用，高品质建筑陶瓷的生产企业不但较快掌握了这些新工艺并运用到生产当中，还将其与传统的甩釉工艺、丝网印刷、辊筒印刷工艺结合起来，推出了设计新颖、装饰效果丰富的新款式建筑陶瓷产品。

在开发、应用新工艺的同时，国内高品质建筑陶瓷企业的生产设备自动化水平和智能化水平也不断提升，显著提高了生产效率和产品质量的稳定性，降低了管理难度和劳动力成本。目前，已经出现结合数码喷釉设备和数码喷粉（干粒）设备的趋势，全数码施釉线正在变成现实，不仅大大节约生产成本，还能够大幅度减少占地坪积。

2009 年，首个薄型化建筑陶瓷产品的国家标准《陶瓷板》（GB/T23266-2009）发布实施，标志着我国薄型化建筑陶瓷产品开始拥有了成熟的制造、检验标准。在各企业的推动下，陶瓷薄板、陶瓷薄砖等薄型化产品已经成功进入到一系列工程项目当中，而且突破了建筑陶瓷的传统应用领域，进入到了幕墙工程、户外 / 室内创意立面装饰等新的应用领域中。

总体来看， 我国薄型化建筑陶瓷产品的生产、应用技术已取得了较大发展。随着国内建筑陶瓷行业向着节能生产、清洁生产方式转变，越来越多的企业开始使用更先进的技术、设备，进行节能减排改造，迈向企业发展的进阶之路。

青砖 / 红砖 | Black Brick / Red Brick

材料简介 | INTRODUCTION

青砖、红砖由黏土烧制而成，黏土是某些铝硅酸矿物长时间风化的产物，因具有极强的黏性而得名。将黏土用水调和后制成砖坯，放在砖窑中煅烧（温度约 1 000℃）便制成砖。黏土中含有铁，烧制过程中完全氧化时生成三氧化二铁呈红色，即最常用的红砖 ；而如果在烧制过程中加水冷却，使黏土中的铁不完全氧化而生成四氧化三铁则呈青色，即青砖。本书中讨论的青砖、红砖是指市场上可以达到清水效果的砖，非普通质量砌体砖。

材料性能及特征 | PERFORMANCE & CHARACTER

青砖和红砖的硬度是差不多的，只不过是烧制完后冷却方法不同，红砖是自然冷却，工艺简单一些，所以生产较多；青砖是水冷却（其实是一种缺氧冷却），操作起来比较麻烦，所以生产的比较少。虽然强度、硬度差不多，但青砖在抗氧化、水化、大气侵蚀等方面性能明显优于红砖。好的清水青砖与红砖是设计师非常钟爱的材料。青砖与红砖具有“透气、吸水、抗氧化、净化空气”等特点，同时极富自然和历史气息，具有小尺度的细腻质感，有着众多现代材料不可比拟的地方，其主要特征有：

（1）给人以素雅、沉稳、古朴、宁静的美感，可塑性强，空间体现完美，承传精粹，超越传统。

（2）选用天然的黏土精制而成，烧制后的产品呈青黑色，具有密度大、抗冻性好、不变形、不变色的特点。

（3）含有微量的硫磺元素可杀菌、平衡装修中的甲醛等不利人体的化学气体，保持室内空气湿度。

（4）表面光滑，四角呈直角，结构完美，抗压耐磨，是房屋墙体、路面装饰的理想材料。

（5）广泛应用于传统历史建筑的改造与修复，是不可或缺的材料。

产品工艺及分类 | TECHNIC & CATEGORY

中国在春秋战国时期陆续创制了方形和长形砖。秦汉时期制砖的技术和生产规模、质量和花式品种都有显著发展，世称“秦砖汉瓦”。传统的青砖，红砖价格便宜，经久耐用，是我国主要的建筑工程材料。但是因为其黏土多取自农田耕地，对资源破坏较大，故国家发改委 2012 年宣布逐步限制使用黏土制品或禁用实心黏土砖。

黏土砖是以黏土（包括页岩、煤矸石等粉料）为主要原料，经泥料处理、成型、干燥和焙烧而成。目前市场上存在大量仿古建筑的需求及设计师对青砖的偏爱，因此还大量存在仿古青砖制品。它们大多是按照古青砖的各类款式，按照古青砖的烧制方法，采用黏土烧制而成，如仿古青砖、仿古地砖、仿古城墙砖、仿古筒瓦等。同时为了减少黏土用量，也采用大量片砖烧制产品。新法烧制的红砖相对传统红砖更为光滑，也有部分采用空心方式。

另外，值得一提的是，市场上存在大量古旧老青砖、老红砖的产品，多由古旧建筑拆迁后回收而来。传统老砖已经无法生产，而且使用过的老砖产品有天然的折旧和历史痕迹，因此深受设计师喜欢，广泛应用于餐厅、古建筑翻新等。回收后的老砖大多采用切片处理，一块砖切成多块，以提高砖利用率，不失为一种好方法。

中国美术学院象山校区青砖运用

诗人住宅红砖运用

仿古青砖

仿古青砖片砖

老红砖切片 1

老红砖切片 2

清水黏土红砖

清水薄片黏土红砖

常用参数 | COMMON PARAMETERS

普通青砖、红砖的尺寸是 240mmx115mmx53mm，施工时灰缝通常为10mm。如果是 240 墙，一个平方米用量为 128 片，180 墙为 96 片，120 墙为 64 片，如果是预算，需加上 1.5% 的施工损耗。

（以上数据为市场部分厂家产品参数，不同厂家各有差别，仅供参考）

价格区间 | PRICE RANGE

30 ~ 100 元 /m²

不同规格尺寸，价格不同。薄片砖价格为 0.8 元左右 / 片。实体砖价格为 1 ~ 3 元 / 块。老的实体砖则价格更贵。同时市场上的切片老砖通常按㎡计算，价格在 60 ~ 90 元 / ㎡。

（以上价格仅为市场普通中端产品价格，材料价格会因不同项目、不同品牌以及订制等多方原因有较大浮动，仅供参考）

设计注意事项 | DESIGN KEY POINTS

国内众多大型清水砖项目主要采用双层墙体方式，清水砖主要作为表面装饰层存在。有时为了节约造价可采用实体砖和片砖相结合的方式。随着国家对于黏土砖的限制使用，更多的项目开始采用陶砖和文化砖等产品替代黏土砖。

（施工及安装要点内容仅代表部分厂家做法，供示意参考，不作为通用施工标准及节点做法）

品牌推荐 | BRAND RECOMMENDATION

市场厂家较多，故不做推荐。

施工及安装要点 | CONSTRUCTION INTRO

现代青砖和红砖主要作为表面装饰产品存在。如果是片砖产品，通常采用湿贴方式即可。实心清水砖除作为外墙墙体情况外，主要采用双层墙体构造做法，即在结构墙体保温层外再砌筑一层清水砖，通过钢筋片和钢筋与主墙体拉结完成整体外观效果。实体砖的好处在于，设计师可以充分发挥想象力，实现砖的多样砌法而创造出特殊效果。

装饰青砖双层墙体砌筑

清水青砖不同砌筑方式

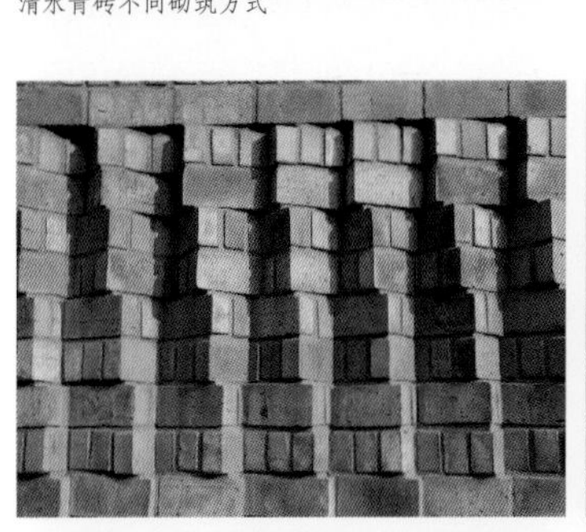

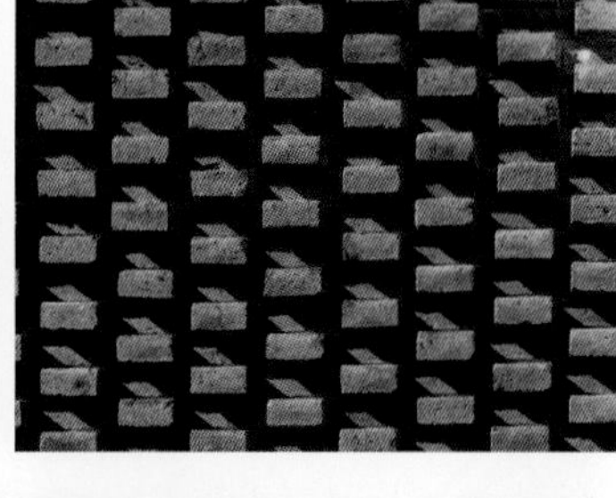

清水红砖不同砌筑方式

经典案例 | APPLICATION PROJECTS

宁波市博物馆

设计：王澍

材料概况：以回收青砖为材料，既避免了材料的浪费，也很好地延续了城市的历史文脉。

成都兰溪庭

设计：袁烽

材料概况：将传统青砖与现代参数化设计相结合， 实现了传统材料的当代表达。

北京红砖美术馆

设计：董豫赣

材料概况：将清水红砖的效果通过不同砌筑方式发挥到极致。

四川美术学院新校区设计艺术馆

设计：刘家琨

材料概况：清水红砖与地域特色相结合的优秀案例。

陶砖 / 劈开砖 | Ceramic Tiles / Split Bricks

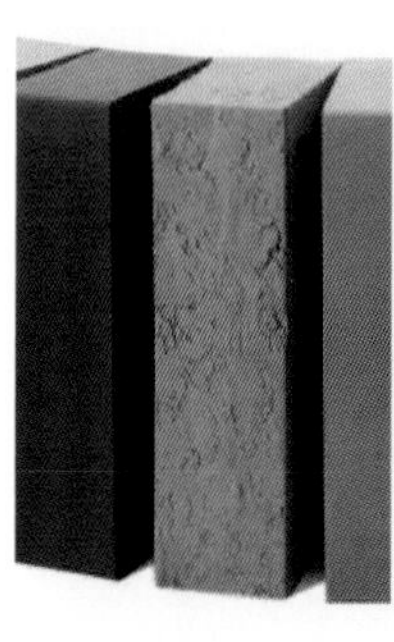

材料简介 | INTRODUCTION

陶砖是介于陶土砖与陶瓷砖之间的中间产物。陶砖原产于澳大利亚，随后由中国、马来西亚等国家引进。陶砖通常采用优质黏土和紫砂陶土及其他原料配比后高温烧制而成，其坯料烧制不施釉，独具一番质朴情怀。较传统陶土砖而言，陶砖质感更细腻、色泽更稳定，线条优美、实用性更强、能耐高温、抗严寒、耐腐蚀、抗冲刷，返璞归真，永不褪色，不仅具有自然美，更具有浓厚的文化气息和艺术风格。

劈开砖，也名劈裂砖、劈离砖，是传统陶瓷墙砖的一种，因纹理独特，质感细腻，多年来广受青睐。

材料性能及特征 | PERFORMANCE & CHARACTER

陶砖和劈开砖有很多共性，是传统产品不断优化及西方传统工艺不断延伸的新产品，具有以下特点：

（1）优异的抗冻融特性：在砖体吸水饱和状态下，瓷质砖和陶土砖在 -15℃时冻融循环 3 次已经全部冻裂，而陶砖却可以在 -50℃时抗冻融反复循环在 50 次以上。

（2）良好的抗光污染性能：陶砖能够将 90% 以上的光全部折射，对保护人体视力、减少光污染有很好的作用。

（3）良好的吸音作用：由于陶砖通体富含大量均匀细密的开放性气孔，故能将声波全部或部分折射出去，起到室外降低噪声、室内消除回音的效果，是创造城市优良居住环境的绝佳材料。

（4）良好的透气性、透水性：陶砖透气、透水的优越性在绿色文明的今天得到充分的展示，其古朴的韵味与自然景观相融合，体现了人与自然的和谐对话。

（5）良好的耐风化、耐腐蚀性：陶砖本身只含有少量的化学杂质，内部结构也不易受到酸雨影响，陶土抗碱腐蚀性的特性更是其他材料无法与之相比的。

产品工艺及分类 | TECHNIC & CATEGORY

陶砖根据产品的制作方式可分为机械磨具砖和手工砖，根据形式可分为实心陶砖和空心陶砖，根据用途的不同和形式可分为墙面砖及铺地砖。

（1）墙面实体砖：实体砖国内也叫清水砖，通体一色，是直接用砖作为清水外墙及室内装饰的陶砖。

（2）铺地砖：铺地砖是用作室外公园、公共广场地面、花园小道铺地的砖。高质量的专业地砖也可以作工业厂房地坪砖，其可以达到工业地坪的强度及耐化学腐蚀等要求。

传统的劈开砖，是同质砖、面砖、外墙砖的一种，同样由中空模具挤出。不同的是由薄的筋条将两片砖坯连结为一体的中空坯体，经切割干燥后烧成，最终由人工或机器沿筋条连结处劈开为两片。劈开砖表面样式多样，可分为平面砖、磨砂砖、山峰面等，是陶砖薄贴的产品形式，达到与外墙陶砖装饰效果相同的同时，降低了造价。

墙面实体陶砖

室外铺地陶砖

实体砖

劈开砖

建筑墙面劈开砖

常用参数 | COMMON PARAMETERS

目前市面上的陶土砖规格主要有：220mmx110mmx30mm、220mmx110mmx40/50/60mm200mmx100mmx307/40/50mm、200mmx100mmx30/40/60mm、110mmx110mmx50/60mm、200mmx200mmx30/40/50/60mm 等。

目前市面上的劈开砖规格主要有：240mmx52mmx11mm、240mmx115mmx11mm、194mmx94mmx11mm、190mmx190mmx13mm、240mmx115/52mmx13mm、194mmx94/52mmx13mm 等几个类型。

（以上数据为市场部分厂家产品参数，不同厂家各有差别，仅供参考）

价格区间 | PRICE RANGE

100 ~ 200 元 /m²

普通建筑外墙陶砖（240mmx115mmx53mm）可按单块计算，市场价格在 3 元 / 块左右，折合每平方米价格为 100 元左右。陶砖铺地砖价格相对便宜一些，每块 1 元左右。空心陶砖幕墙考虑龙骨施工等因素，综合价格在 300 ~ 500 元 / ㎡。劈开砖相对价格便宜，单块在 0.5 元左右，折合每平方米 30 ~ 50 元。

（以上价格仅为市场普通中端产品价格，材料价格会因不同项目、不同品牌以及订制等多方原因有较大浮动，仅供参考）

设计注意事项 | DESIGN KEY POINTS

陶砖产品具有独特的文化质感，同时产品订制化强。除了传统的红色之外，还要有黑色、白色、灰色等各种颜色可选择。同时手工陶砖具有独特的文化感和历史感，每块砖都独一无二，也是设计师的不错选择。

（施工及安装要点内容仅代表部分厂家做法，供示意参考，不作为通用施工标准及节点做法）

品牌推荐 | BRAND RECOMMENDATION

品牌详细信息，请参见附录品牌索引：D01、D02、D03、D04。

（以上推荐仅为市场少数优秀品牌，供设计师参考学习。同一品牌实际可能涉及多种产品，更多详细内容可登录随书小程序）

施工及安装要点 | CONSTRUCTION INTRO

1. 陶砖幕墙根据产品形式主要有以下几种安装情况

（1）实心陶砖幕墙：大部分陶砖实心外墙采用双层墙体做法，陶砖本身为装饰面层。主要位于结构墙体保温层外部，通过构造拉结与结构墙体固定，形成陶砖外表面效果。

陶砖双层砌体结构图示　　不同规格形式空心陶砖产品

（2）空心陶砖幕墙：陶砖产品理论上尺寸可以根据设计师要求订制，通常也会因为重量问题制作为空心产品。同时随着项目中设计师越来越多地采用镂空砌筑效果设计，为解决砌体稳定性问题，穿筋幕墙体系越来越多地被采用。如下图所示。

陶砖穿筋幕墙体系 1

陶砖穿筋幕墙体系 2

2. 劈开砖墙面施工

劈开砖主要采用传统墙面湿贴，与一般面砖产品施工基本相同。

劈开砖墙面湿贴

澳大利亚莫宁顿护理之家

设计：Lyons Architecture

材料概况：几种不同肌理、颜色的陶砖排列出惊人的表面效果。

波兰格但斯克华氏酒店

设计：Szotynski 事务所

材料概况：采用标准陶砖完成曲面效果。

上海交响乐团音乐厅

设计：矶崎新

材料概况：外墙采用穿筋幕墙干挂开放体系。

天津工业大学

设计：华汇建筑设计

材料概况：劈开砖广泛运用于文化及校园建筑，极富历史感和文化气息。

陶板 | Terracotta Panels

材料简介 | INTRODUCTION

陶板是以天然陶土为主要原料，添加少量石英、浮石、长石及色料等其他成分，经过高压挤出成型、低温干燥及 1 100℃以上的高温烧制，吸水率不大于 10% 的陶土制品。它具有绿色环保、隔音透气、色泽温和、应用范围广等特点。陶板幕墙采用干挂安装，更换方便，能给建筑设计提供灵活的外立面解决方案。

材料性能及特征 | PERFORMANCE & CHARACTER

陶土与水混合后具有可塑性，干燥后保持外形，烧制可使其变得坚硬和耐久。不同产地的陶土具有不同的化学组成、矿物成分、颗粒大小以及可塑性，因此，不同生产商的类似产品可能具有极大差异。其主要性能特征如下：

（1）强度高，重量较小：陶板的抗破坏强度在 4kN 以上，平均抗弯曲强度在 13.5MPa 以上，可随意切割，多采用空心结构，自重轻，隔音好，可减少噪声 9dB 以上，同时可增加热阻，提高保温性能。

（2）材料性能稳定，耐久性好：陶板耐酸碱等级为 UA 级，抗霜冻，耐火不燃烧，材料的燃烧等级可达到国家标准中的不燃烧体 A 级。

（3）色彩多样，色差小，风格古朴：陶板的颜色是陶土经高温烧制后的天然颜色，永不褪色，历久弥新。常见颜色分为红色、黄色、灰色三个色系，可广泛应用于各类公共建筑和高端住宅等的内外墙装饰。

（4）容易清洁：陶板中金属含量低，不产生静电，不易吸附灰尘，雨水冲刷即可自洁。

（5）绿色环保：陶板取材天然，无辐射，可循环利用，通常采用干法施工安装，无胶缝污染。

产品工艺及分类 | TECHNIC & CATEGORY

陶板产品主要采用湿法挤压成型方法。根据表面的处理工艺不同，陶板主要可分为釉面陶板和无釉面陶板，大部分产品为无釉面天然质感陶板。釉面陶板是在陶板表面施加一层玻璃胎体釉面，表面更加光泽，与常见的陶瓷器皿类似，部分建筑项目也有采用。

陶板在建筑幕墙中的常见形式有单层陶板、双层中空式陶板、陶棍以及陶百叶；常见表面效果有自然面、喷砂面、凹槽面、印花面、波纹面、釉面及各种混合效果等。

（1） 单层陶板：又称实心陶板，当承载力要求低时采用，实际工程中应用相对较少。主要应用于要求不高的局部装饰的建筑墙面。 它的特点是没有空腔，截面为实心体。常规厚度为 20~30mm，板宽 150~600mm，最大板长 1 200mm，单位重量为 45~65kg/ ㎡。

（2）双层中空式陶板：最常见的建筑幕墙用陶板形式之一。其承载力高，自重轻，中空的内部结构有助于节能和隔音性能的提高。板面可根据设计需求做出各种个性化的表面肌理和色彩搭配。

（3）陶棍及陶百叶：陶棍及陶百叶是陶板产品中的重要类型，应用十分广泛，有方形、矩形、圆形、三角形、菱形等众多的截面类型可供选择，安装方式也很多样化。它既可作为幕墙的外遮阳装置，减少阳光直接照射，提高建筑的舒适性和美观性，也可应用于室内装饰，使建筑更富有艺术气息。

陶板挤压成型 1

陶板挤压成型 2

实心陶板

空心陶板

陶百叶及构件

釉面陶板

常用参数 ｜ COMMON PARAMETERS

陶板常见厚度为15~30mm，宽度为200~600mm，长度为300~1 200mm，单位重量为25~45kg/㎡。工程中有时为赋予建筑表面恢宏大气的外观效果，而要求选用高强度、大块面陶板，最大宽度可做到800mm，最大长度可做到1 800mm，单位重量约60kg/㎡，但工艺难度较大，成品率相对较低，材料供应商的选择范围有限。

（以上数据为市场部分厂家产品参数，不同厂家各有差别，仅供参考）

价格区间 ｜ PRICE RANGE

200 ~ 300元/m²

陶板幕墙的价格组成主要包括：陶土板材、龙骨及配套构件、人工费、措施费和幕墙厂家的利润等。其中，板材价格一般在200 ~ 300元/㎡，龙骨及其配套构件为80~100元/㎡，人工费为120~150元/㎡。

（以上价格仅为市场普通中端产品价格，材料价格会因不同项目、不同品牌以及订制等多方原因有较大浮动，仅供参考）

设计注意事项 ｜ DESIGN KEY POINTS

陶板幕墙可以打胶，但不提倡打胶。陶板厚度越大，在耐撞击方面更有优势，并易于生产大规格陶板，适用于高层建筑、商业和住宅小区的裙楼部位。另外陶板幕墙由许多板块组成，他们自身是相对独立的，所以后期的更换和保养非常方便。更换时只需将损坏的板块取下，然后将该板块上方的板块垂直向上托起少许，再插入新的板块即可，操作简便安全。

（施工及安装要点内容仅代表部分厂家做法，供示意参考，不作为通用施工标准及节点做法）

品牌推荐 ｜ BRAND RECOMMENDATION

品牌详细信息，请参见附录品牌索引：D05、D06、D07。

（以上推荐仅为市场少数优秀品牌，供设计师参考学习。同一品牌实际可能涉及多种产品，更多详细内容可登录随书小程序）

施工及安装要点 ｜ CONSTRUCTION INTRO

陶板的安装除少部分室内大板采用湿贴方式外，一般采用干挂方式，一种在成型边的启口处，一种是在板背面有挂接槽。多数情况下采用横向排板方式，若设计需要采用纵向排板时，则成型边启口处的防水功能失效，需要另做防水处理。

安装方式可分为开放式和密闭式两种系统。

（1）开放式——根据等压雨幕原理进行板缝设计，有防水胶条，具有很好的防水功能。在接缝处不用打密封胶，避免陶板受污染而影响外观效果。

（2）密闭式——采用陶板专用密封胶嵌缝，系统的防水功能可得到更好的保障。陶板背后形成密闭的空气层，具有更好的保温节能功效。

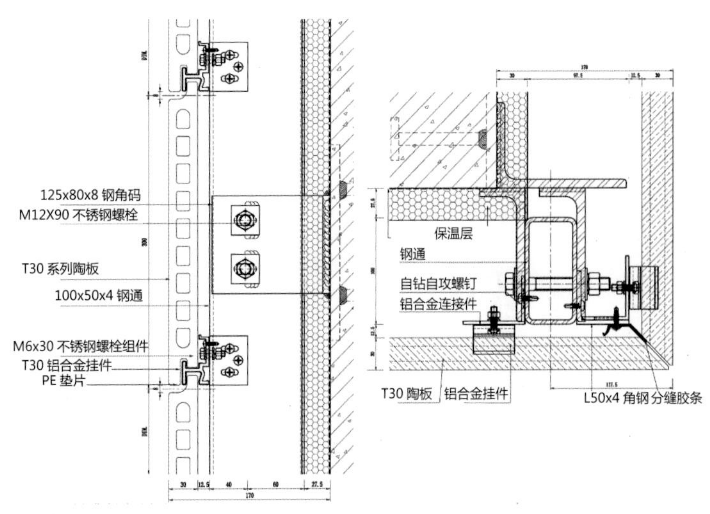

T30陶板幕墙竖向剖面　　T30陶板幕墙转角剖面

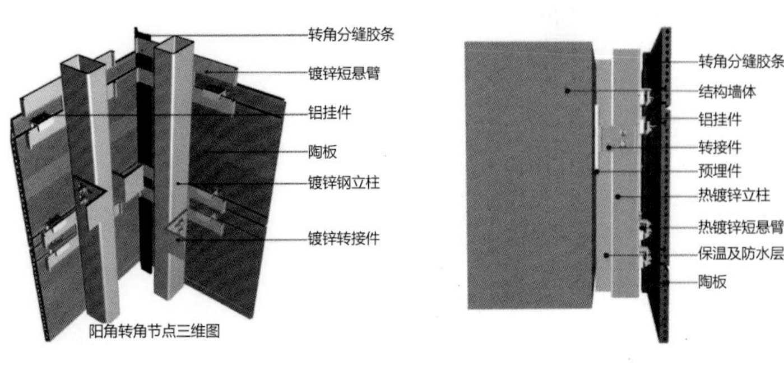

陶板三维图示1　　陶板三维图示2

（3）陶百叶安装：陶百叶安装通常利用百叶的空腔及特定连接件固定百叶，如图所示。

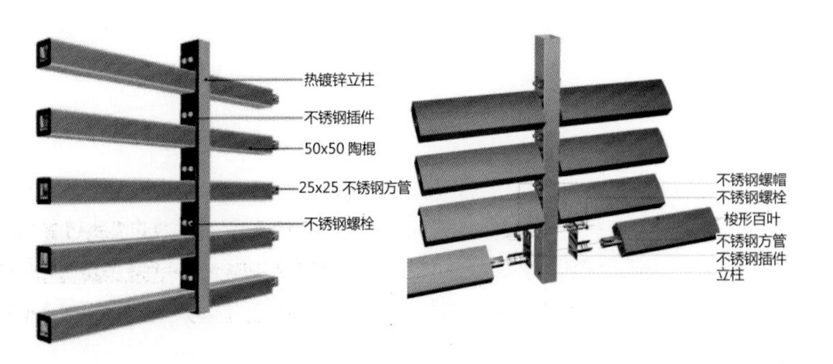

陶棍三维图示1　　陶棍三维图示2

伦敦 Central Saint Giles 大楼

设计：Renzo Piano

材料概况：大胆的颜色选择，配合釉面陶板，极具标识性。

西班牙 Carmen Martín Gaite 教学楼

设计：Estudio Beldarrain

材料概况：建筑立面整体采用陶板，体现出丰富的凹凸细节，使整座建筑显得异常精致 。

上海衡山路 12 号酒店

设计：Mario Botta

材料概况：利用标准砖陶板的巧妙角度排列，呈现不同肌理组合。

上海华鑫天地

设计：Jacques Ferrier Architecture

材料概况：单边釉面陶百叶与铝板百叶组合，形成了不一样的创新效果。

软瓷 | Soft Porcelain

材料简介 | INTRODUCTION

软瓷由改性泥土（软瓷）为主要原料，运用特制的温控造型系统成型、烘烤、辐照交联（利用放射性元素的辐射去改变分子结构的一种化工技术）而成的一种具有柔性的建筑装饰面材。由于诞生之初，它具有瓷砖的外观效果，因此俗称软瓷。软瓷这种建筑装饰材料表现力极强，不仅可逼真表现石材、陶瓷、木、皮、针织、金属板、编织、清水板等现有材质的颜色和质感，更可按建筑师、设计师的设计要求，创造出具有个性化的表现形式。

材料性能及特征 | PERFORMANCE & CHARACTER

软瓷（MCM 材料）是一种新型的环保生态建材，特别适用于高层建筑外饰面工程、建筑外立面装饰工程、城市旧城改造外墙面材、外保温体系的饰面层及弧形墙、拱形柱等异性建筑的饰面工程。

（1）性能优势：拒水透气性强，自重轻，具有柔性，耐酸碱、耐冻融、抗震、抗裂，与外墙外保温体系相容性很好。

（2）安全优势：产品完全克服了陶瓷砖、马赛克等易脱落伤人的安全隐患，尤其适合作为高层建筑和外墙外保温系统的外墙饰面材料。

（3）表现力优势：软瓷材料可随意赋形，突破了传统陶瓷砖的造型局限，各种天然石材、木板、建筑清水，软瓷技术均可快速克隆，效果逼真。

（4）施工优势：在旧墙改造或空间翻新时，不需敲掉原有旧瓷砖和马赛克，可直接将软瓷材料粘贴其上。

（5）节能减排优势：产品的生产线燃料摒弃煤炭、重油等高污染原料，选用电能和太阳能，力求干净，来源有保障；生产过程中无废水、废气、粉尘排放，且所有废料可回收再利用。

（6）环保优势：检测结果表明，软瓷材料的放射性和可溶性铅镉含量远远低于环境标志产品陶瓷砖的要求；不含 TVOC，并且当软瓷材料使用到一定的年限，或其款式、色彩需要更新时，可完全将其回收再加工成新品或重新还原成泥土用于耕种。

产品工艺及分类 | TECHNIC & CATEGORY

软瓷在光化异构及受控的曲线温度下，可任意造型——你能够想到的，都能实现。软瓷有专属机械系统，其成型过程可实现零排放、零污染，耗能、耗材比同种类产品低 80% 以上。软瓷系列产品可回收再生新品，或通过物化机械处理还原泥土本质，回归耕种。

软瓷材料分为软瓷外墙装饰材料、软瓷内墙装饰材料、软瓷室内外地板、卫浴柔性砖四类。具体产品品种有：软瓷柔性劈开砖、软瓷柔性陶土板、软瓷柔性石材、软瓷柔性釉彩砖、软瓷千年木、软瓷雕花金属板、软瓷超薄清水板、软瓷皮纹砖、软瓷艺术墙砖等。

此外，现在将软瓷直接与保温板复合形成一体板的做法也比较常见。

软瓷生产场景 1

软瓷生产场景 2

石材面软瓷

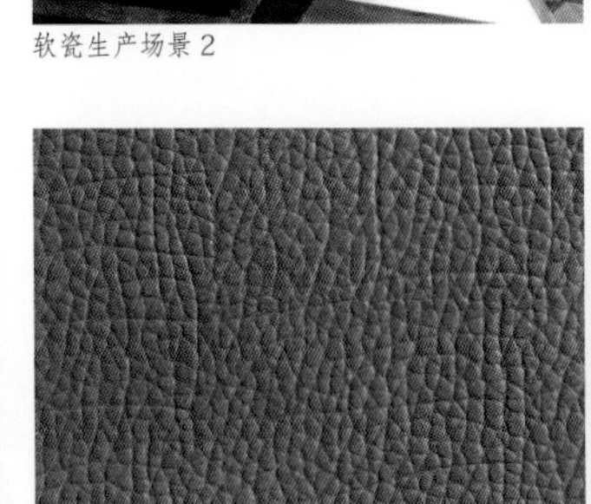

皮艺面软瓷

软瓷保温一体板

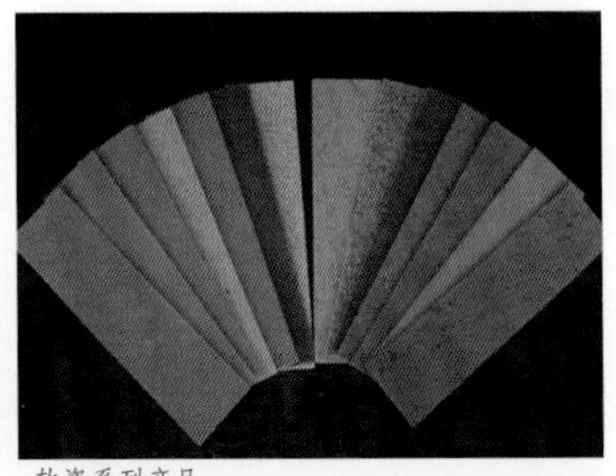

软瓷系列产品

木纹面软瓷

毛面劈开砖软瓷

常用参数 | COMMON PARAMETERS

软瓷吸水率：平均值 1.96%，最大值 2.26%；
撕裂强度：26.6kN/m, 抗拉强度：6.2MPa;
2 000h 老化试验后无裂纹，无粉化现象；
100 次冻融（-30 ~ 20℃）循环后，无裂纹剥落等损坏现象；
2 ~ 4mm 厚 / 片，2mm 厚的外墙软瓷饰面砖重量仅约 2kg/ ㎡。

（以上数据为市场部分厂家产品参数，不同厂家各有差别，仅供参考）

价格区间 | PRICE RANGE

40 ~ 80 元 /m²

软瓷价格整体较为便宜，根据其表面效果不同，价格略有差异。整体区间在 40 ~ 80 元 / ㎡。

（以上价格仅为市场普通中端产品价格，材料价格会因不同项目、不同品牌以及订制等多方原因有较大浮动，仅供参考）

设计注意事项 | DESIGN KEY POINTS

建筑外墙因为装饰面砖存在脱落危险，存在一定安全隐患。目前国家明令禁止在户外高墙使用硬质墙砖。软瓷的出现，一定程度上为建筑的外墙装饰又增添了一种选择。同时其价格适中，效果多样，施工方便，特别适用于传统老旧建筑改造，因而有其独特优势。

品牌推荐 | BRAND RECOMMENDATION

品牌详细信息，请参见附录品牌索引：D08、D09。
（以上推荐仅为市场少数优秀品牌，供设计师参考学习。同一品牌实际可能涉及多种产品，更多详细内容可登录随书小程序）

施工及安装要点 | CONSTRUCTION INTRO

软瓷的平面铺贴主要有以下几个步骤：
（1）基层处理后，进行吊线弹线定位。
（2）在产品背后刮浆，满浆率 80% 以上，拉出锯齿纹路。
（3）双手挪压产品，调整缝宽，用胶板拍打，严禁用手指按压。
（4）用塑料袋装填缝浆填缝，或用硅酮胶填缝。
（5）在填缝剂半干时，用钢筋条拉凹缝。
（6）被黏结剂、填缝剂污染的地方，用批刀刮除。
（7）用干海绵除灰，施工完成查看。

软瓷墙面铺贴

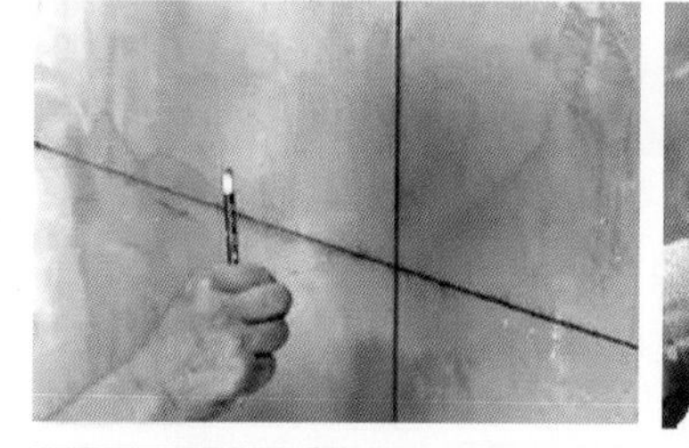

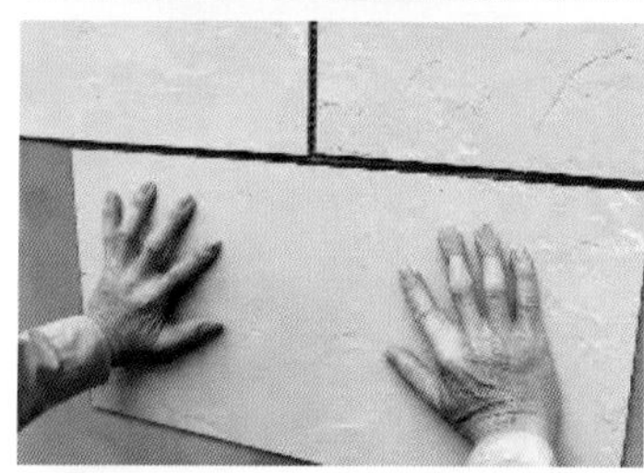

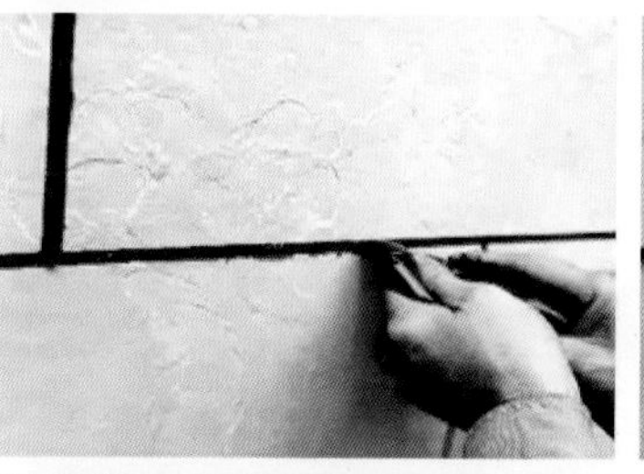

软瓷墙面铺贴施工顺序

经典案例 | APPLICATION PROJECTS

遵义会议会址工程

材料概况：灰砖效果软瓷再现民国建筑风情和历史韵味。

太姥山旅游集散中心

材料概况：仿石材效果软瓷取代传统石材，效果逼真。

福州井大路电力局大楼

材料概况：软瓷广泛应用于旧建筑改造，施工便捷、效果佳。

重庆第十一中学

材料概况：软瓷广泛应用于文教建筑，可替换传统面砖，节约造价。

陶瓷薄板 | Ceramic Plate

材料简介 | INTRODUCTION

陶瓷薄板（简称薄瓷板）是一种由高岭土黏土和其他无机非金属材料，经真空挤压成型后，再经 1 200℃高温煅烧等生产工艺制成的板状陶瓷制品。其主要特征就是比普通瓷砖产品更加轻薄。薄形化、轻量化、大规格板材既可节约物流运输成本，减轻建筑物的荷载，也可直接降低物流、建筑施工的碳排放；同时可实现天然石材等各种材料的 95% 仿真度，质感好、色泽丰富，不掉色、不变形。陶瓷薄板大板是未来薄板的发展趋势。

材料性能及特征 | PERFORMANCE & CHARACTER

陶瓷薄板因其厚度仅为传统瓷砖的 1/3，耗材少，在诞生的十年时间里，一直被业内人士寄予厚望，希望其成为陶瓷行业走向“低碳”的突破口，推动陶瓷行业轻薄化发展，陶瓷薄板的特点如下：

（1）轻薄环保：可节约物流运输成本（1/4 至 1/3），减轻建筑物的荷载，更能直接降低物流和建筑施工的碳排放。

（2）具有良好柔韧性和抗弯折性，能够更好地适应环境，例如在一些小弯曲面情况下也可以适用，这是传统的瓷砖很难做到的。

（3）吸水率低，不足 0.1%，无色差，无辐射，永不龟裂，更加环保，经久耐用。

（4）容易切割、造型，用专业的手拉刀或者玻璃刀即可准确切割成各种尺寸与造型，能带给设计师巨大的设计空间，特别是在尺寸和造型方面更方便。

（5）容易翻新，旧房改造时不需要把原有的墙、地砖撬起，可减少噪声污染和人工成本，降低铺贴成本与工业化污染，同时缩短施工周期。

（6）陶瓷薄板防火等级是 A1 级，可耐 1 200℃高温，纯天然无机成分，遇明火无色、无气味，同时陶瓷薄板极低的渗水率使其具有承受骤冷骤热的能力，迅速降温时不会开裂。

产品工艺及分类 | TECHNIC & CATEGORY

陶瓷薄板具有耐用性，它将瓷质材料、特色无机材料和可循环再生的建筑材料，经过创新的陶瓷工艺，通过大吨位的液压机械高压高密度压制成型，再在 1 200℃高温下，氧化加热煅烧加工而成，具备了瓷器特有的稳定性和耐用性，不怕酸、碱，冷热性能好。

陶瓷薄板与传统瓷砖两者的区别在于原料制备和成型方法不同。挤压成型原料制备程序要多，但由于是湿法成型，没有废气和粉尘，也减少了喷雾塔及压机等设备。此外还可减少生产设备、减少人工，也利于工厂管理，设备简单，利于操作，缩短设备问题解决时间，提高生产率和成品率。

陶瓷薄板根据用途主要分为室内用板、建筑用板和厨卫台面板。现代 3D 喷墨打印技术可高度还原各种图案肌理，比如天然石材肌理，逼真地再现大理石等自然元素。建筑外墙装饰类板表面可以实现金属、木纹石材等工艺效果，例如麻面、火烧面、荔枝面、平面亚光、平面亮光等等。

同时，国外质量上乘的陶瓷薄板因为经过超高温度煅烧及特殊表面处理，其具有更好的耐酸、耐碱、抗划等特性，广泛应用于高档厨房台面装修。某些产品经 5 级耐污表面处理，具有近乎为零的极低渗水率，耐高浓度酸碱达 UHA 级，可作为实验室台面专属产品。

麻面陶瓷薄板

荔枝面陶瓷薄板

室内办公空间装饰

金属质感外墙装饰

高档厨房台面板应用

高档卫浴空间面板应用

常用参数 | COMMON PARAMETERS

陶瓷薄板常用规格：1 800mmx900mmx5.5mm；吸水率：平均值为 0.5%
破坏强度：平均值为 800N； 断裂模数平均值：50MPa；
耐磨性： 耐磨体积 89 ~ 95mm ；光泽度：92,93；
莫氏硬度：6 级；密度：2.38g/m³；
防火等级：A1 级（不燃性）。
中小规格陶瓷板尺寸较为灵活（单位 mm）：300x600，750x750，600x1 200,900x1 800，1200x1800 ,1 200x3 600，1 500x3 200 。 国外部分厂家规格更大。

（以上数据为市场部分厂家产品参数，不同厂家各有差别，仅供参考）

价格区间 | PRICE RANGE

500 ~ 2 000 元 /m²

陶瓷薄板价格比普通瓷砖高很多，价格和板面尺寸有很大关系。中等尺寸薄板价格在 500 ~ 1 000 元 / ㎡。薄板规格越大，价格越高，部分国外大规格薄板高达每平方米上千元或更高。

（以上价格仅为市场普通中端产品价格，材料价格会因不同项目、不同品牌以及订制等多方原因有较大浮动，仅供参考）

设计注意事项 | DESIGN KEY POINTS

目前国内主要产品最薄厚度在 4.8mm 左右，但国外产品可做到 3mm 左右，同时板幅尺寸也更大，高度可达 3 600mm，实现整层覆盖。国外陶瓷薄板表面达到莫氏 6 级硬度，等同质地极好的花岗石硬度。同时具有优异的耐磨损性能（磨损率在 129mm³ 以内）。同时拥有极佳的抗破坏强度，6mm 抗冲击力已等同于 35mm 花岗岩。

（施工及安装要点内容仅代表部分厂家做法，供示意参考，不作为通用施工标准及节点做法）

品牌推荐 | BRAND RECOMMENDATION

品牌详细信息，请参见附录品牌索引：D10、D11、D12。
（以上推荐仅为市场少数优秀品牌，供设计师参考学习。同一品牌实际可能涉及多种产品，更多详细内容可登录随书小程序）

施工及安装要点 | CONSTRUCTION INTRO

陶瓷薄板的安装除了室内可以采用湿贴外，建筑外幕墙产品国内厂家多采用薄板复框加龙骨安装方式，同时也有采用复合蜂窝板的方法安装，安装示意如下图：

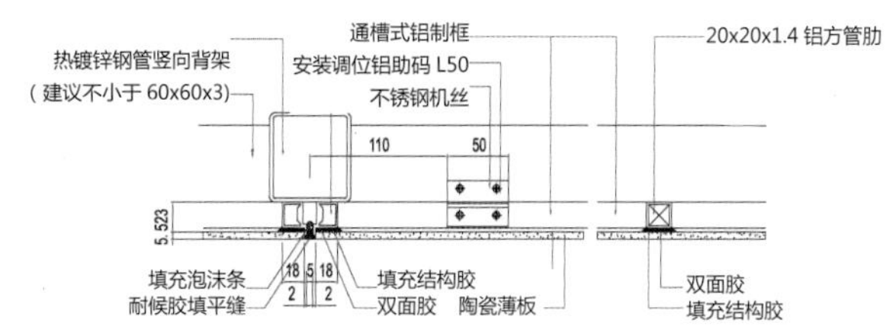

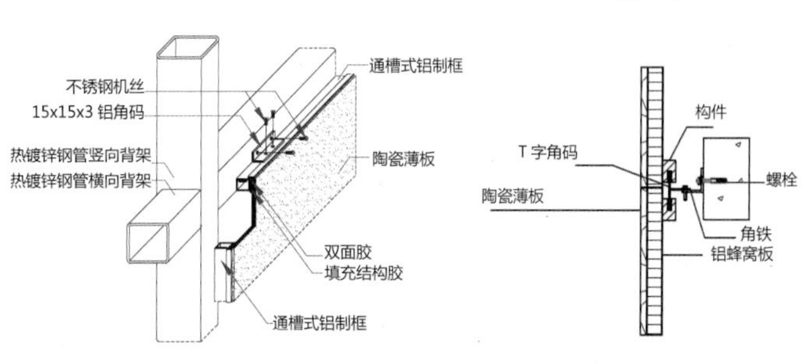

复框安装节点示意图　　蜂窝复合安装节点示意图

同时国外厂家多有相应的安装系统，原理大同小异，以下提供部分厂家 3 种不同系统安装方式供参考：（1）隐藏式背胶系统；（2）卡件明露系统；（3）开槽式全隐藏系统。安装示意如下图。

隐藏式背胶系统

卡件明露系统

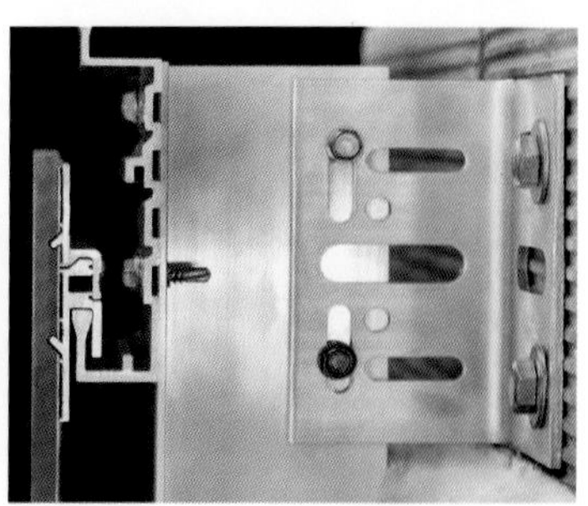

开槽式全隐藏系统

经典案例 | APPLICATION PROJECTS

韩国高尔夫主题大厦

材料概况：大板面圆形开孔加陶瓷薄板完成弧形立面设计。

加拿大 NORDSTORM

材料概况：不同颜色薄板裁切组合，同时运用于建筑室内外。

杭州生物医药创业基地

设计：Bruno Keller

材料概况：国内第一幢采用大规格陶瓷薄板单元式幕墙（框架式）建筑。

广州时代柏林售楼中心

设计：东仓建设

材料概况：超大规格薄板减少立面划分，设计更加简洁有力。

E

石材 STONE

石材是大自然最好的馈赠。一方面它是人类史上应用最早的建筑材料之一，具有高抗压强度和良好的耐磨性、耐久性；另一方面石材资源分布广泛，蕴藏量丰富，便于就地取材，是各类建筑的常见材料。由于石材的优异性能，人类很早便开始使用建筑石材，从修整铺设道路到建造宫殿庙宇，石材在建筑史上发挥了重要作用。

20 多年来，我国石材行业的产业规模、技术装备水平与以往相比有了翻天覆地的变化，中国在石材的原料和产量方面居于世界第一位，在加工方面也已经实实在在地超过了意大利，位居世界第一。

随着经济理性增长时代的到来，我国经济发展增速换挡，进入中低速增长的新常态。对中国 GDP 贡献最大的房地产市场也从原来的高速发展变为理性市场化发展，作为与房地产紧密关联的产业，2014-2015 年中国石材行业增速放缓，石材行业正经历转型升级的调整期，市场淡旺季划分逐渐模糊，企业经营状况出现两极分化趋势，价格竞争愈演愈烈，石材进口大幅下降，深加工、高附加值产品在出口中的比重不断提升。

截至 2015 年末我国石材企业共计 42 029 家，比 2014 年增加了 2 961 家。2015 年石材企业累计收入 5 575 亿元，比 2014 年同期增

长 12.9%。2015 年石材企业平均收入为 1 326 万元，比 2014 年增长了 4.9%。行业呈现“市场规模大，企业规模小”的特点，行业内销售收入超过亿元的企业数量仅为 1 000 多家，2015 年有 3.3 万家企业销售收入不足 1 000 万元，占行业总数量的 78.6%。行业内企业平均收入水平低，且增长缓慢。

中国石材生产企业主要分布在福建省、山东省和广东省，其中福建与山东为原料与加工生产大省，而广东主要从事进口石材的加工，上述三省企业数量占了中国石材企业总数量的 36%。河南、湖北、浙江等省的企业数量也相对较多，企业数量均在 2 500 家左右。从各省石材企业收入来看，山东和福建两省的收入为最高，占 2015 年全国石材企业收入的比例分别为 18.8% 和 16.6%；河南省、广东省和湖北省收入占比分别为 11.1%、9.5% 和 7.9%；其他各省占比均不足 5%。

中国石材行业呈现出“大市场、小企业”的特点，市场规模大，但企业数量较多，绝大多数为中小微型企业，市场竞争较为激烈。与西方发达国家相比，我国石材行业存在“大而不强、缺乏核心竞争力”的不足，主要表现在资源控制力不足、设计研发与技术创新能力不够、市场营销能力较弱等。

2015 年按销售收入排名 TOP4、TOP8 和 TOP10 石材企业累计销售收入占行业整体收入的比例为 2.6%、4.0% 和 4.7%，行业没有垄断型企业存在，市场集中度非常低，属于竞争型行业。行业集中度越低，企业之间的恶性竞争即简单的价格竞争越激烈，企业利润空间被进一步压缩。 但是随着无序竞争的进一步加剧，石材企业之间的竞争会由价格竞争转向材质、设计、工艺以及销售渠道等较为有序的综合竞争。不规范的小微企业或加工厂将逐渐退出石材市场，而行业内实力较强的石材企业通过发展中高档石材产品、人造石产品、引进和研发新型加工设备，提高石材加工的科技含量，整合销售渠道等方式，不断增强企业竞争力，提高销售收入。随着石材企业的转型升级，行业集中度在未来几年会有所提高。

花岗石 | Granite

材料简介 | INTRODUCTION

花岗石是一种由火山爆发的熔岩在受到相当压力的熔融状态下隆起至地壳表层，岩浆不喷出地坪，而在地底下慢慢冷却凝固后形成的构造岩，是一种深成酸性火成岩，属于岩浆岩（火成岩）。花岗石以石英、长石和云母为主要成分，其中长石含量为 40% ~ 60%，石英含量为 20% ~ 40% 其颜色取决于所含成分的种类和数量。因为花岗石是深成岩，常能形成发育良好、肉眼可辨的矿物颗粒，因而得名。花岗石不易风化，颜色美观，外观色泽可保持百年以上，由于其硬度高、耐磨损，除了用作高级建筑装饰工程、大厅地坪外，还是露天雕刻的重要材料。

材料性能及特征 | PERFORMANCE & CHARACTER

花岗石是最常用的建筑石材，按色彩、花纹、光泽、结构和材质等因素，分不同级次。花岗石的强度比沙石、石灰石和大理石大，因此比较难于开采。花岗石形成的特殊条件和坚定的结构特点，使其具有如下独特性能：

（1）具有良好的装饰性能，可适用于公共场所及室外装饰。

（2）具有优良的加工性能：可锯、切、磨光、钻孔、雕刻等。其加工精度可达 0.5μm 以下。其耐磨性能好，比铸铁高 5 ~ 10 倍。

（3）热膨胀系数小，不易变形，与铟钢相仿，受温度影响极小。

（4）弹性模量大，高于铸铁。花岗石不导电、不导磁，场位稳定。

（5）刚性好，内阻尼系数大，比钢铁大 15 倍。能防震，减震。

（6）花岗石具有脆性，受损后只是局部脱落，不影响整体的平直性。

（7）花岗石的化学性质稳定，不易风化，能耐酸、碱及腐蚀气体的侵蚀，其化学性质与二氧化硅的含量成正比，使用寿命可达 200 年左右。

产品工艺及分类 | TECHNIC & CATEGORY

中国花岗石的品种繁多，产地主要集中在四川、山东、广西、福建、山西、河南和内蒙古等。按加工和外观质量分为优等品（A）、一等品（B）、合格品（C）。国内知名的花岗石品种有山西黑（山西）、玄武黑（福建）、泰山红（山东）、岑溪红（广西）、大红梅（海南岛）、中国红（四川）、黑金刚（内蒙古）、豆绿（江西）、青底绿花（安徽）、雪里梅（河南）等。

花岗石的质地、纹路均匀，颜色十分丰富，按大的颜色分类主要有以下几个色系：

（1）红色系列：四川红、石棉红、岑溪红、虎皮红、樱桃红、平谷红、杜鹃红、玫瑰红、贵妃红、鲁青红、连州大红等。

（2）黄红色系列：岑溪橘红、东留肉红、连州浅红、兴洋桃红、兴洋橘红、浅红小花、樱花红、珊瑚花、虎皮黄等。

（3）花白系列：白石花、白虎涧、黑白花、芝麻白、花白、岭南花白、济南花白、高原雪等。

（4）黑色系列：淡青黑、纯黑、芝麻黑、四川黑、烟台黑、沈阳黑、长春黑等。

（5）青色系列：芝麻青、米易绿、细麻青、济南青、竹叶青、菊花青、青花、芦花青、南雄青、攀西兰等。

除国内常用花岗石品种外，世界上知名的花岗石品种还有越南的玉麒麟、印度的宫廷石、印度中花、咖啡珍珠、蒙地卡罗、印度黑金，美国的美国白麻、德州红，巴西的高蛟红、绿蝴蝶，瑞典的桃木石，挪威的蓝珍珠，葡萄牙的猫灰石，西班牙的玫瑰红，芬兰的小翠红、老鹰红、卡门红、绿玛宝、菊花岗和南非的南非红、森林蓝等。

岑溪红

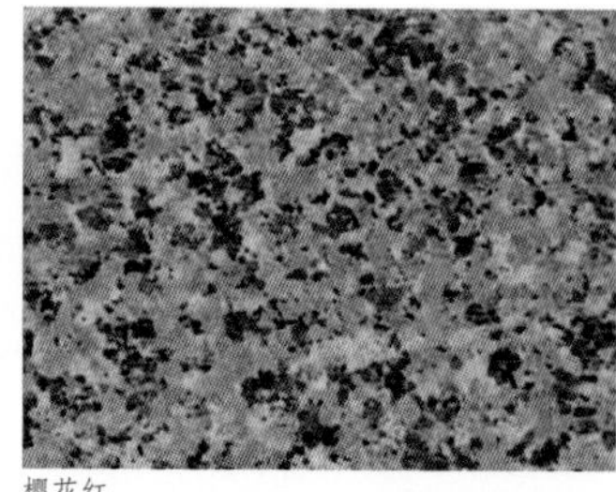

樱花红

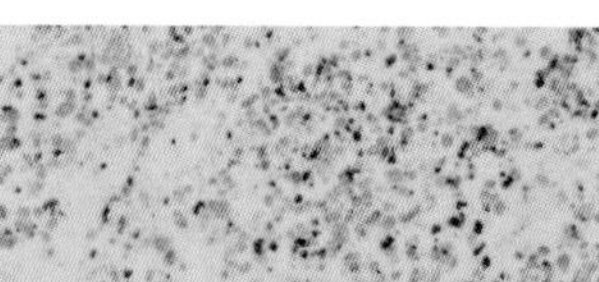

高原雪

芝麻黑

芝麻青

玉麒麟

常用参数 | COMMON PARAMETERS

花岗石颗粒均匀细密，间隙小，体积密度为 2.56g/cm³，孔隙度一般为 0.3% ~ 0.7%，吸水率不高，一般为 0.15% ~ 0.46%，有非常好的抗冻性能。花岗石的硬度高，其莫氏硬度在 6 度左右。

（以上数据为市场部分厂家产品参数，不同厂家各有差别，仅供参考）

价格区间 | PRICE RANGE

100 ~ 350 元 /m²

花岗石的价格主要取决于几个因素：品质及稀有程度，厚度（板材规格），以及表面加工处理方式。国产普通 20mm 厚花岗石板材的价格 80 ~ 200 元 / ㎡。进口产品根据类别、品质不同，价格稍高。不同表面效果，加工费为 10 ~ 30 元 / ㎡不等。

（以上价格仅为市场普通中端产品价格，材料价格会因不同项目、不同品牌以及订制等多方原因有较大浮动，仅供参考）

设计注意事项 | DESIGN KEY POINTS

关于辐射的问题：天然石材或多或少存在着放射性元素，对人体健康有一定影响。在国家颁布的《天然石材产品放射防护分类控制标准》中，按石材镭当量浓度，把石材放射性分为 A、B、C 三类。A 类用于居室内装修，B 类用于其他装饰物的内部装修，C 类只可用于一切建筑物的外饰面。

据有关部门检查结果显示，大理石的放射性水平极低，花岗石放射性比大理石高，所以大理石用在室内更多。但我国绝大部分石材的辐射水平检测均满足标准规定的要求，在辐射允许范围之内，设计师不必过于担心。

（施工及安装要点内容仅代表部分厂家做法，供示意参考，不作为通用施工标准及节点做法）

品牌推荐 | BRAND RECOMMENDATION

品牌详细信息，请参见附录品牌索引：E01、E04。

（以上推荐仅为市场少数优秀品牌，供设计师参考学习。同一品牌实际可能涉及多种产品，更多详细内容可登录随书小程序）

施工及安装要点 | CONSTRUCTION INTRO

花岗石是最具代表性的石材，本篇介绍石材表面的常见处理工艺，其他石材也部分通用，具体方式如下：

（1）光面（抛光面，polished）：光面是指表面平整，用树脂磨料等在表面进行抛光，使之具有镜面光泽。一般的石材光度可以做到 80、90 度。

（2）亚光面 (honed)：亚光面是指表面平整，用树脂磨料等在表面进行较少的磨光处理，一般在 30 ~ 50、60 度。具有一定的光度，但对光的反射较弱。

（3）火烧面 (flamed)：是指以乙炔、氧气，或丙烷、氧气，或石油液化气、氧气为燃料产生的高温火焰对石材表面加工而成的粗面饰面。

（4）荔枝面 (bush-hammered)：荔枝面是用形如荔枝皮的锤在石材表面敲击而成，从而在石材表面形成形如荔枝皮的粗糙表面。

（5）剁斧面 (chiselled)：也叫龙眼面，是用斧剁敲在石材表面，形成非常密集的条状纹理，有些像龙眼表皮的效果。

（6）仿古面 (flamed+brush)：为了消除火烧面表面刺手的特点，石材先用火烧之后，再用钢刷刷 3 ~ 6 遍，即成仿古面。仿古面的做法还有很多，比如火烧后水冲、酸蚀、直接钢刷或高压水冲面等等。

（7）蘑菇面 (mushroom)：蘑菇面是指在石材表面用凿子和锤子敲击成形如起伏山形的板材。

（8）拉槽面 (grooved)：在石材表面上开一定的深度和宽度的沟槽。

其他的还包括：自然面、机切面、喷砂面、水冲面、刷洗面、翻滚面、开裂面、酸洗面等，各具特点，限于篇幅不做一一介绍。

花岗石石材的安装与其他石材相似，极具代表性。因为做法通常，会在相邻篇做统一介绍。

抛光面

亚光面

火烧面

荔枝面

剁斧面

仿古面

蘑菇面

拉槽面

经典案例 | APPLICATION PROJECTS

商丘博物馆

设计：李兴钢

材料概况：普通的石材加上精心的磨边及搭接处理。

江苏溧阳新四军江南指挥部纪念馆

设计：张雷

材料概况：由多边形石材拼贴成的立面具有如同迷彩一般的图案效果。

泉州鼎立雕刻艺术馆

设计：王彦

材料概况：石材立面组成的石材堆叠效果独具特色。

北京中信国安会议中心

设计：WSP

材料概况：石材的精细分割与对缝展现出细节的精致。

石灰石 | Limestone

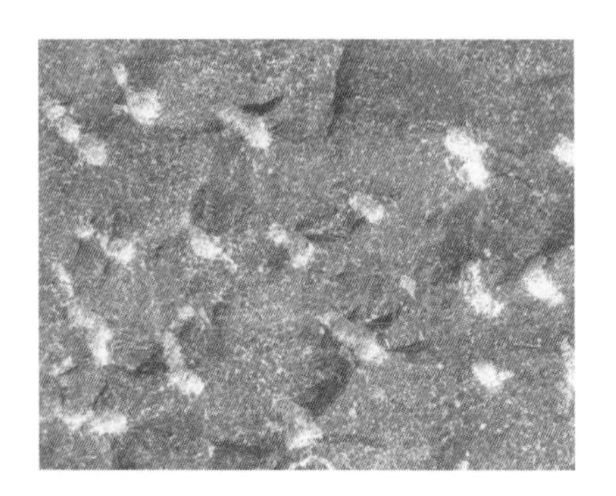

材料简介 | INTRODUCTION

石灰石，俗称青石，是一种重要的矿物资源，主要成分是碳酸钙，因含海水形成的石灰，故而得名。石灰石也是石灰岩作为矿物原料的商品名称，常用于建筑材料和工业的原料，如：生产石灰（生石灰、熟石灰）、水泥、玻璃、炼铁等，随着技术的进步其应用也越来越广泛。

材料性能及特征 | PERFORMANCE & CHARACTER

石灰和石灰石大量用作建筑材料，也是许多工业生产的重要原料。石灰石可直接加工成石料和烧制成生石灰。石灰分生石灰和熟石灰。生石灰的主要成分是（CaO），一般呈块状，纯的为白色，含有杂质时为淡灰色或淡黄色。生石灰吸潮或加水就成为消石灰，消石灰也叫熟石灰，它的主要成分是氢氧化钙。熟石灰经调配可成石灰浆、石灰膏、石灰砂浆等，用作涂装材料和砖瓦黏合剂。被大量用于建筑材料及工业原料的石灰石具有如下特点：

（1）自然之美：温暖的色彩，温和的质感和天然的外观，材料本身就具有凉意和良好的防潮性。

（2）装饰性：不论是为了装饰砖块或其他材料，还是为了保持周围环境的协调性，石灰石的自然外观都会增强建筑的审美价值。

（3）耐久性：用适当的照顾，石灰石可以持续数年，甚至数百年。

（4）多功能性：适合各种不同用途和风格的建筑。

（5）石灰的保水性、可塑性好，工程上常被用来改善砂浆的保水性，以克服水泥砂浆保水性差的缺点。但同时石灰凝结硬化速度慢、强度低、耐水性差，石灰的干燥收缩大，因此除粉刷以外，不宜单独使用。

（6）生石灰块是传统的干燥剂，能从空气中吸收水分，具有较强的吸湿性。

产品工艺及分类 | TECHNIC & CATEGORY

石灰石的主要成分碳酸钙是重要的建筑原材料。质量差一点、杂质多一点的石灰石粉被大量运用到建房、粉刷墙面。石灰石粉用于粉刷和建房已经有多年的历史，全国各地都有使用。石灰石粉加工后还可以做成形状各异的石膏线、石膏板，被广泛地运用到室内装饰中。水泥是由石灰石和黏土等混合，经高温煅烧制得，石灰石就是水泥工业的“粮食”，是水泥生产的命脉。

石灰石板材按加工和外观质量分为优等品（A)、一等品（B）、合格品（C)。

按照密度分为：

低密度石灰石（密度为 1.76 ~ 2.16g/cm^3）；

中密度石灰石（密度为 2.16 ~ 2.56g/cm^3）；

高密度石灰石（密度大于 2.56g/cm^3）。

石灰石板材按照表面加工分为：

细面板（亚光板）：表面平整光滑的板材。通常采用酸蚀、仿古、喷砂、水喷等工艺形成；

镜面板（抛光板）：表面平整，具有镜面光泽的板材。

按加工形状分为：

毛光板 (MG)：有一面经抛光具有镜面效果的毛板；

普型板 (PX)：正方形或长方形的建筑板材，规定尺寸的普型板称为规格板；

圆弧板 (HM)：装饰面轮廓线的曲率半径处处相同的建筑板材；

异型板 (YX)：普型板和圆弧板以外的其他形状建筑板材。

石灰粉料

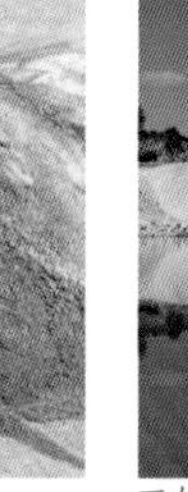

石灰石矿山

石灰石料

石灰石板

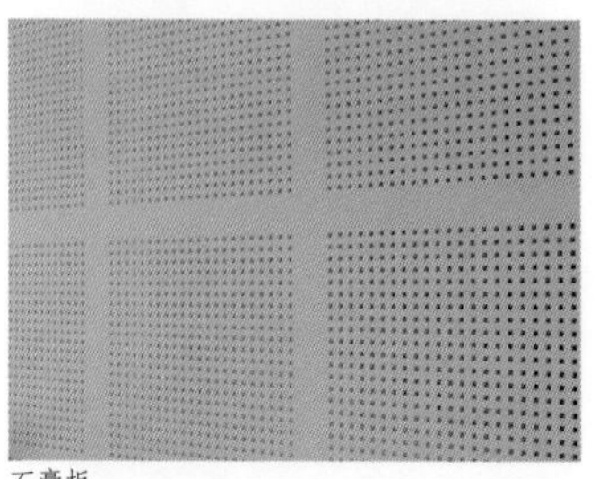

石膏板

石膏线条

常用参数 | COMMON PARAMETERS

通常石灰石建筑板材厚度小于 75mm，其中厚度大于 12mm 的称为厚板，厚度在 8 ～ 12mm 的称为薄板，厚度小于 8mm 的称为超薄板。建筑幕墙常用厚度为 30 ～ 35mm。

异型石材，即加工成特殊的非平面外形的石材，通常有球体、花线和实心柱体。

（以上数据为市场部分厂家产品参数，不同厂家各有差别，仅供参考）

价格区间 | PRICE RANGE

200 ～ 400 元 /m²

石灰石的价格主要取决于几个因素，品质及稀有程度，厚度（板材规格），以及表面加工处理方式。石灰石幕墙主要采用 30 ～ 35mm 板材，价格在 200 ～ 400 元 / ㎡。进口产品价格在 400 ～ 600 元 / ㎡。不同表面效果加工费在 10 ～ 30 元 / ㎡不等。

（以上价格仅为市场普通中端产品价格，材料价格会因不同项目、不同品牌以及订制等多方原因有较大浮动，仅供参考）

设计注意事项 | DESIGN KEY POINTS

石灰石的建筑表现好，感觉较“润”，尤其做出的宝瓶柱、花钵，会让人感觉特别舒服。石灰石很难磨出光面，大部分应用为亚光面（和花岗石正好相反，花岗石亚光面很难做，而是越磨越光）。部分高档石灰石为深海沉积岩，上面的斑块为动物化石，非常美观。石灰石应用广泛的品种有德国米黄、温莎米黄、城堡米黄、海蒂米黄等。

（施工及安装要点内容仅代表部分厂家做法，供示意参考，不作为通用施工标准及节点做法）

品牌推荐 | BRAND RECOMMENDATION

品牌详细信息，请参见附录品牌索引：D03、D06。

（以上推荐仅为市场少数优秀品牌，供设计师参考学习。同一品牌实际可能涉及多种产品，更多详细内容可登录随书小程序）

施工及安装要点 | CONSTRUCTION INTRO

石灰石的施工与花岗石等石材相似，大部分可以通用。本篇统一介绍干挂石材幕墙安装常用做法，其他石材可以参照。

首先干挂石材幕墙是以金属挂件和高强度锚栓把石材牢固安装于建筑外侧的以金属构架为支承系统的外墙外装饰面系统，幕墙支承系统不承担主体结构荷载。一般情况下主龙骨为竖向龙骨，间距在 800 ～ 1 200mm, 横向龙骨间距与石材宽度相同。

金属挂件连接主要有插板和背栓两种方式。其中插板有多种方式，比如：T 型、L 型、Y 型、R 型、SE 型。基本构造分为缝挂式和背挂式。各种挂件和组合使用与不同石材、不同部位及不同高度幕墙相关。

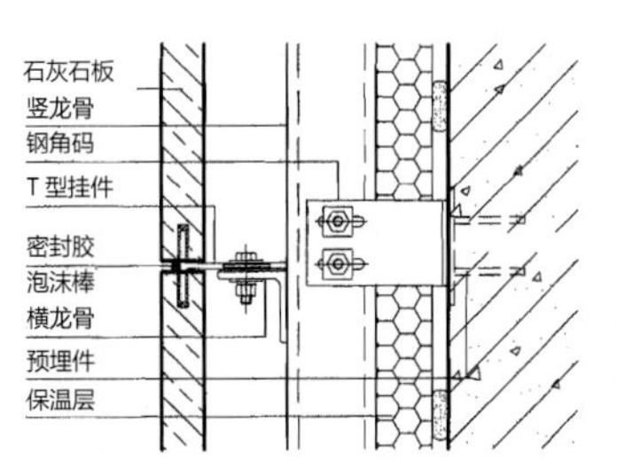

T 型缝挂式

保温层
竖龙骨
钢角码
T 型挂件
石灰石板
横龙骨

T 型缝挂式平面

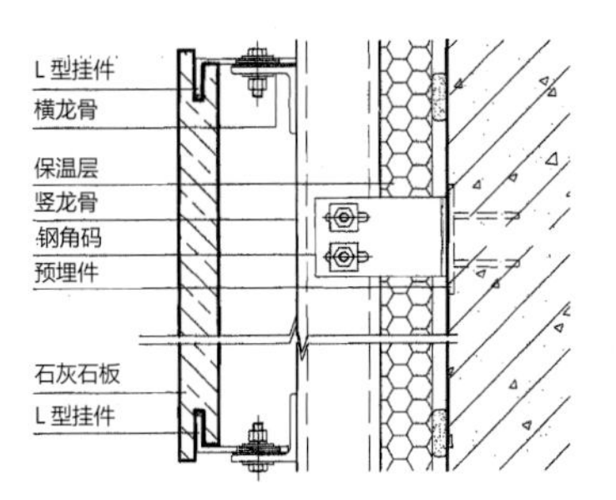

L 型缝挂式

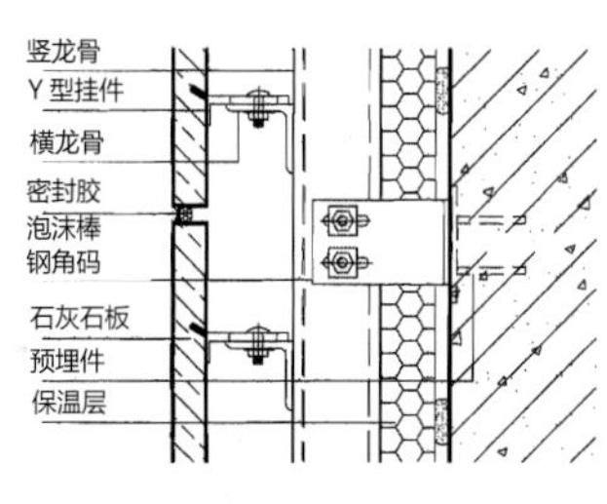

Y 型背挂式

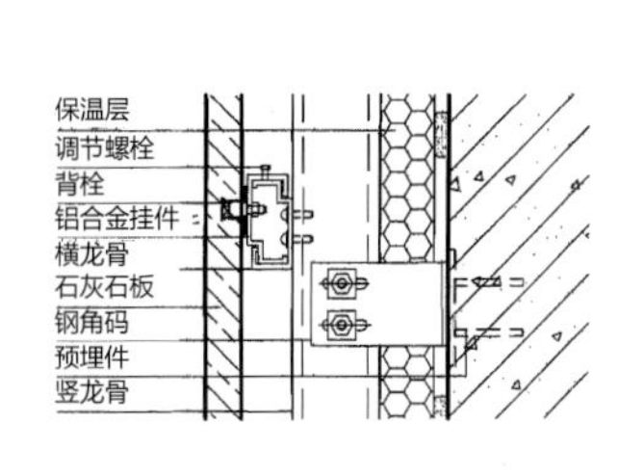

背栓插槽式小单元

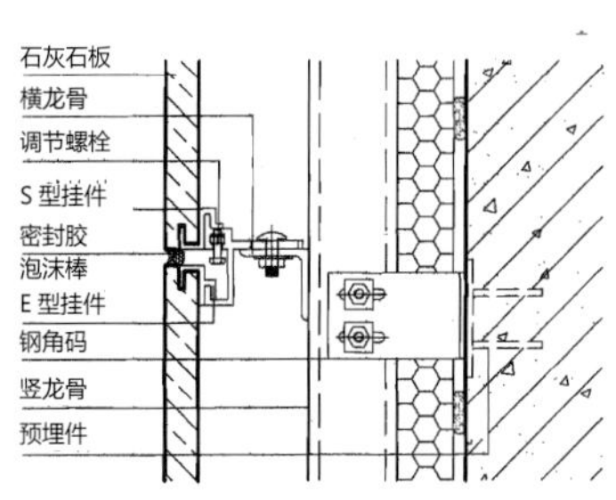

SE 型组合缝挂式

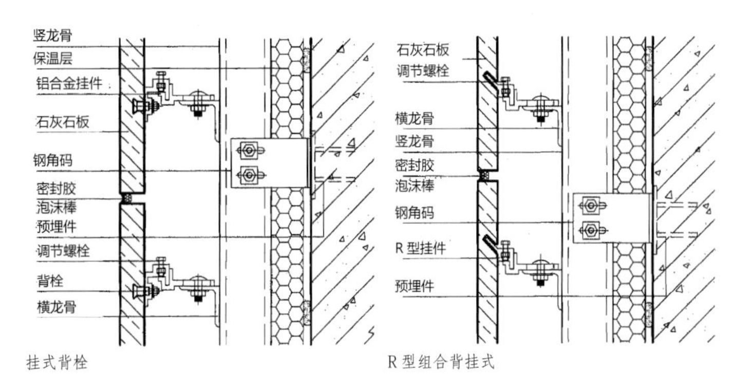

挂式背栓

R 型组合背挂式

卡塔尔伊斯兰艺术博物馆

设计：贝聿铭

材料概况：石灰石演绎的经典几何构图。

德国富尔达高等专业学院新大楼及国立图书馆

设计：ATELIER 30

材料概况：充满细节的米灰色石灰石与木饰面的搭配相得益彰。

杭州良渚博物院

设计：David Chipperfield Architects

材料概况：运用略带色差的浅米色石灰石。

上海外滩 SOHO

设计：GMP Architeckten

材料概况：国内最大面积的石灰石超高层幕墙项目。

砂岩 | Sandstone

材料简介 | INTRODUCTION

砂岩是一种水成岩，由砂粒经过水流冲蚀沉淀于河床上，经过长时间积累、地壳运动而成。砂岩是一种亚光石材，不会产生强烈的反射光，视觉柔和亲切。与大理石、花岗石相比，砂岩的放射性基本为零，对人体毫无伤害，适合大面积应用。砂岩在耐用性上也可比拟大理石、花岗石，它不易风化，不易变色，同时古朴典雅，深受设计师们喜欢。

材料性能及特征 | PERFORMANCE & CHARACTER

砂岩是一种石英、长石等碎屑成分占 50% 以上的沉积碎屑岩。砂和砂岩可用作磨料、玻璃原料和建筑材料。市场上人造砂岩也是如今备受青睐的一种材料，它具有良好的物理性能，装饰性极好，可塑性强。天然砂岩具有如下性能及特征：

（1）砂岩由于其颗粒粗犷，可雕琢性强，特别适宜用作大型户外石雕作品材料。

（2）从装饰风格来说，砂岩能创造一种暖色调的风格，素雅、温馨，又不失华贵大气。在耐用性上，砂岩可以比拟大理石、花岗石。许多在一二百年前用砂岩建成的建筑至今风采依旧，风韵犹存。

（3） 砂岩是一种亚光石材，放射性基本为零，同时不会产生因光反射而引起的光污染，同时又是一种天然的防滑材料。相比而言大理石、花岗石都是光面石材，在光环境下才能显示出较好的装饰效果。

（4）砂岩是沉积岩、强度低、吸水率高，因此，必须认真挑选石材面板及合理的安装方式，以最大限度地保证使用安全。

产品工艺及分类 | TECHNIC & CATEGORY

中国的砂岩品种非常多，但主要集中在四川、云南和山东是中国砂岩的三大产区，同时河北、河南、山西、陕西等地也有出产，但是产品知名度不高，影响力较小。

四川砂岩属于泥砂岩，其颗粒细腻，质地较软，非常适合作为建筑装饰用材，特别是用作雕刻用石。四川砂岩的颜色是全中国最丰富的 ,有红色、绿色、灰色、白色、玄色、紫色、黄色、青色等等。但是因为其材质相对较软，并且交通运输不便，矿区开采方式也相对落后，所以四川砂岩的基本供给以条板居多，较少提供 1m 以上的大板。

云南砂岩同四川砂岩一样同属泥砂岩，一样地颗粒细腻，质地较软。云南砂岩相对四川砂岩而言，纹理更加漂亮，有自己的风格特点。云南砂岩的颜色也很丰富，常见的有黄木纹砂岩、山水纹砂岩、红砂岩、黄砂岩、白砂岩和青砂岩。可供给 1m 以上的大板，不过因为泥砂岩质地较软，应用上会受一定限制，一般也以规格板为主。

山东砂岩属于海砂岩，颗粒粗，硬度大，相对比较脆。山东砂岩基本都能切成 1.2m 以上的大板。由于其硬度够高，所以能进行几乎各种表面方式加工。山东砂岩的颜色相对较少，主要有红色、黄色、绿色、紫色、咖啡色、白色。但是山东砂岩基本都是带纹路的，比如白砂岩和紫砂岩也并非全是纯色。白砂岩略带有暗纹，紫砂岩略带有白点。

除了国内几大产地的砂岩外，世界上已被开采利用的还有澳洲砂岩、印度砂岩、西班牙砂岩等。其中色彩，花纹最受建筑师欢迎的当属澳洲砂岩。澳大利亚稳定的地质条件，独特的自然环境，造就了澳洲砂岩优秀的品质，其色彩高贵，纹理别具一格，是极佳的装饰石材。

红色砂岩

绿色砂岩

黄木纹砂岩

黄色砂岩

灰色砂岩

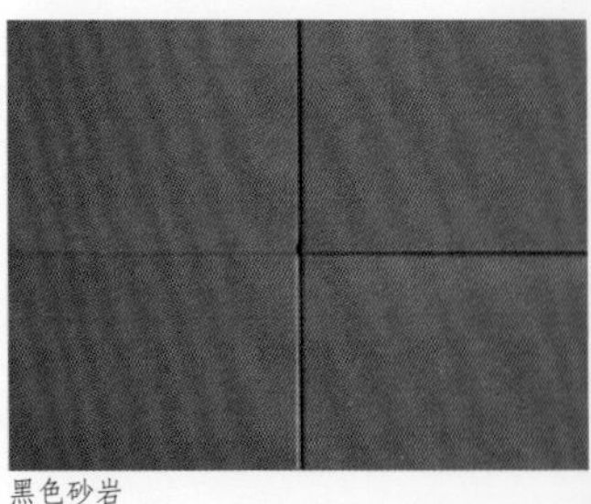

黑色砂岩

常用参数 | COMMON PARAMETERS

砂岩尺寸同常规石材规格大致相同。一般的湿贴砂岩主要是600mmx300mmx20mm和600mmx100mmx20mm组合铺贴。干挂时使用600mmx300mmx30mm和600mmx100mmx30mm组合干挂。高档酒店外墙使用的一般是600mmx800mmx30mm规格的砂岩干挂。部分也使用600mmx300mmx30mm和600mmx100mmx30mm组合干挂。幕墙用砂岩物理性能要求为：体积密度不小于2.40g/m³。吸水率不大于5%，经防水处理后的吸水率不大于1%，干燥抗压强度不小于68.9MPa。

（以上数据为市场部分厂家产品参数，不同厂家各有差别，仅供参考）

价格区间 | PRICE RANGE

150 ~ 400元/m²

砂岩价格与品质相关，国内普通砂岩厚度20mm，市场大致价格在150 ~ 250元/㎡，建筑外墙厚度建议不小于30mm。市场上的砂岩艺术雕刻作品，根据加工难度和艺术价值不同，价格不等。进口砂岩，比如澳洲砂岩整体价格较高。

（以上价格仅为市场普通中端产品价格，材料价格会因不同项目、不同品牌以及订制等多方原因有较大浮动，仅供参考）

设计注意事项 | DESIGN KEY POINTS

砂岩是沉积岩，强度低、吸水率高、耐候性差，本不是石材幕墙面板的最佳用材，但砂岩的独有质感、颜色和风格，使得建筑师又很喜欢将它们用作石材幕墙。由于其结构松散，比重较轻，干挂板一般厚度控制在30mm厚以上，以保证安装安全。另外尽量做防水、防污处理。

（施工及安装要点内容仅代表部分厂家做法，供示意参考，不作为通用施工标准及节点做法）

品牌推荐 | BRAND RECOMMENDATION

市场厂家较多，故不做推荐。

施工及安装要点 | CONSTRUCTION INTRO

砂岩的施工方法如下：

1. 直接安装法（安装高度小于2m时通常可采用粘贴法）

（1）拌合胶黏剂，用齿形抹刀在人造砂岩背面抹好胶，在放好线的墙面上粘贴人造砂岩石。

（2）从下至上安装，干燥后，美化缝隙。

（注：湿贴法容易出现后期泛碱现象，须注意。）

2. 干挂法

（1）目前国内对于砂岩还没有相关规范，其制作、安装工艺可以按《金属与石材幕墙工程技术规范》参照执行。

（2）砂岩的尺寸要求：面积最好不大于1㎡，虽然有的工程砂岩厚度做到30mm，但为安全起见，最好做到40mm厚。如果砂岩幕墙高度超过100m则应进行专门技术方案论证。

（3）砂岩的内外表面处理：石材外表面应刷防护剂（一般采用有机硅类），砂岩后侧宜设置玻璃纤维网，对于倾斜幕墙则必须设置玻璃纤维网。上述措施都可能增加石材面板的强度，但计算时仍按砂岩本身的强度计算，这样会更安全。

（4）砂岩的连接方式：跟通常的花岗石相似，具体连接通过计算确定，计算方法参照花岗石进行考虑到砂岩强度低的特点，推荐用通槽通长铝合金卡条形式和背栓连接方式。设计时，总安全系数K宜取为3.5，即材料性能分项系数取为2 .5。

砂岩别墅外墙

砂岩别墅浮雕外墙

砂岩栏杆构件

砂岩景观构件

砂岩艺术浮雕 1

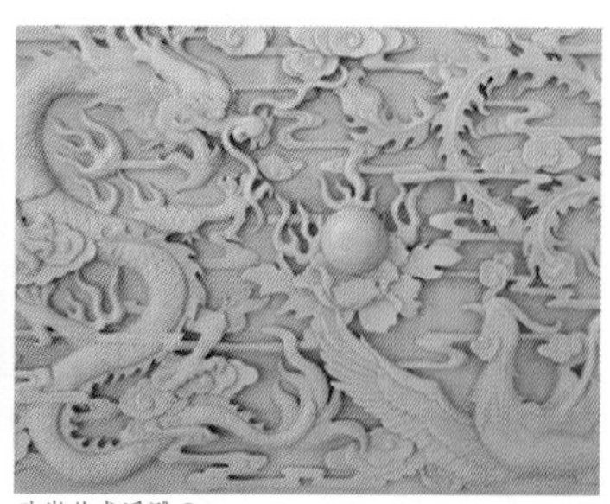
砂岩艺术浮雕 2

经典案例 | APPLICATION PROJECTS

法国卢浮宫

材料概况：历经几百年的砂岩建筑艺术瑰宝代表。

JORDI AND ÀFRICA'S HOME

设计：TEd' A arquitectes

材料概况：不同表面肌理处理的砂岩，形成有趣的立面图案设计。

贵州丹霞赤水展示中心

设计： 西线工作室

材料概况：以当地最富盛名的丹霞石（砂岩）作为设计语言，建筑极具地域特色。

武汉光谷希尔顿酒店

设计：上海都设

材料概况：大量采用黄色木纹砂岩，与度假酒店风情相得益彰。

洞石 | Travertine

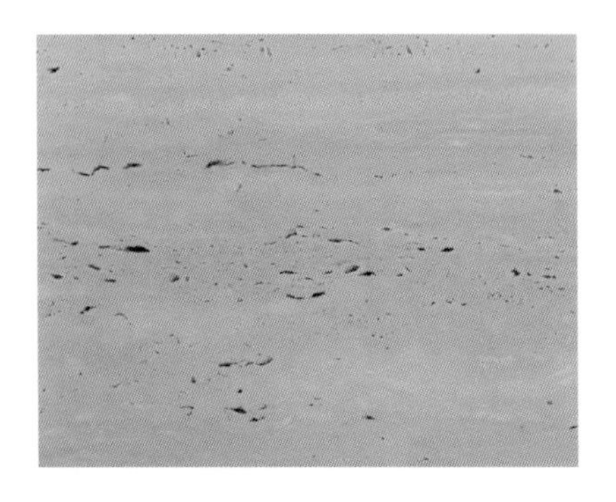

材料简介 | INTRODUCTION

洞石，学名石灰华，由于表面常有许多孔隙，所以通常人们称之为洞石。洞石属于沉积岩，是一种碳酸钙的沉积物。洞石在地质学上属于石灰岩的一种。由于在重堆积的过程中有时会出现孔隙，加之其自身主要成分为碳酸钙，很容易被水溶解腐蚀，所以这些堆积物中才会出现许多天然的无规则的孔洞。因为其效果独特，深受设计师喜欢，所以单独叙述。天然洞石纹理清晰，有温和丰富的质感，源自天然却超越天然，是不可多得的建筑室内外高档装饰石材。

材料性能及特征 | PERFORMANCE & CHARACTER

洞石可以应用在建筑外墙和室内墙面、地坪装饰。洞石继在北京西单中国银行大厦使用之后，在中国便掀起了一片热潮。这样的热潮绝不是偶然的结果，是洞石的几大优势所决定的：

（1）洞石的岩性均一，质地软，非常易于开采加工，密度又轻，易于运输，是一种用途很广的建筑石材。

（2）洞石具有良好的加工性、隔音性和隔热性，可深加工应用。

（3）洞石质地细密，加工适应性高，硬度小，容易雕刻，适合用作雕刻用材和异型用材。

（4）洞石的颜色丰富，纹理独特，更有特殊的孔洞结构，有着良好的装饰性能。同时由于其天然的孔洞特点和美丽的纹理，洞石也是做盆景、假山等园林用石的好材料。

洞石本身的真密度是比较高的，但是由于存在大量孔洞，使得其本身体积密度偏低、吸水率高、强度低，物理性能指标是低于正常的大理石标准的。由于同时还存在大量的纹理、泥质线、泥质带、裂纹等天然缺陷，材料的性能均匀性差。尤其是抗弯曲强度的分散性非常大，大的抗弯曲强度可以到十几兆帕，小的不到 1 兆帕，有的在搬运过程中就会发生断裂，易造成工伤事故，也一定程度上限制了洞石的使用。

产品工艺及分类 | TECHNIC & CATEGORY

商业上，一般将其归为大理石类，而不叫它大理石，是因为它的质感和外观与传统意义上的大理石截然不同，装饰界索性就约定俗成。洞石最为常见的有白洞石和米黄洞石，颜色有深浅两种，有的称黄窿石、白窿石，英文名称为 travertine，直接翻译为凝灰石或石灰华。但洞石除了有黄色的外，还有绿色、红色、紫色、粉色、咖啡色等多种颜色。而世界上最著名的洞石有几处产地，分别是罗马、伊朗和土耳其。

罗马洞石颜色较深，纹理较明显，材质较好。该类石材可以被抛光，具有明显的纹理特征，适用于内外墙装饰、地坪，可切各种厚度的规格工程板。

伊朗洞石具有硬度高、表面线条均匀、变化小等特点，是洞石中的上品。其颜色高贵、天然，纹理匀称，可塑性强，不易留下刮痕，不氧化、不变色、无辐射、易清洁。它的颜色不刺眼，阳光照上去的时候，从洞石呈现出来的古生物化石形成自然图案，非常适于室内墙身、地坪及洗手盆工艺和外墙材料。其质朴自然、典雅高贵，比一般石料硬度大，是大厅、幕墙和圆柱的理想用材。

米白洞石

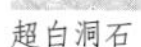

超白洞石

黄洞石

米黄洞石

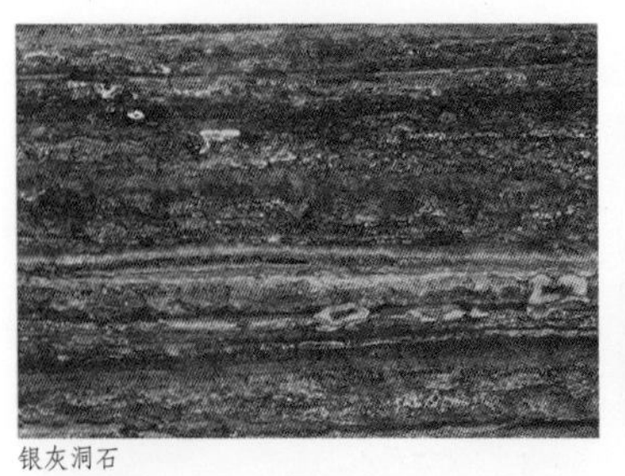

银灰洞石

红洞石

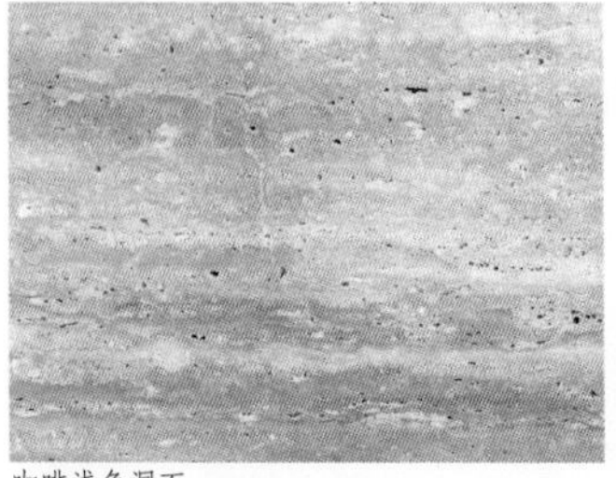

咖啡浅色洞石

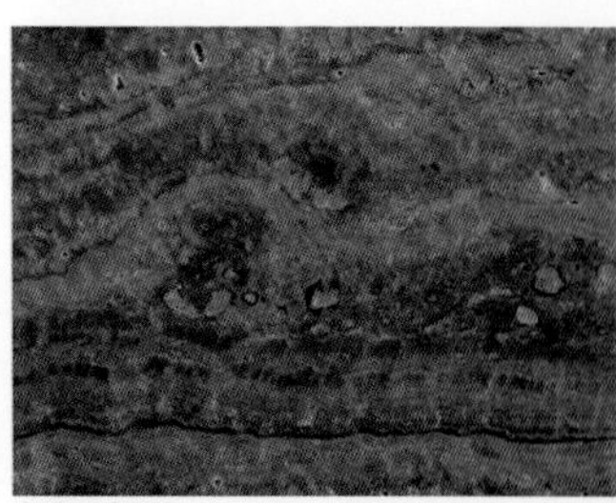

咖啡深色洞石

常用参数 | COMMON PARAMETERS

洞石的孔洞不宜过密，直径不宜大于 3mm，更不应有通透的孔洞。吸水率不宜大于 6%，加涂防水面层后不宜大于 1%。冻融系数不宜小于 0.8，不得小于 0.6。洞石强度低，板材的尺寸不宜过大，一般应控制在 1.0 ㎡以内。

（以上数据为市场部分厂家产品参数，不同厂家各有差别，仅供参考）

价格区间 | PRICE RANGE

500 ~ 800 元 /m²

好的洞石国内相对较少，主要依赖国外进口。好的洞石资源日益稀缺，价格较高。以 30mm 厚罗马洞石为例，市场价格大概在 600 ~ 700 元 / ㎡。

（以上价格仅为市场普通中端产品价格，材料价格会因不同项目、不同品牌以及订制等多方原因有较大浮动，仅供参考）

设计注意事项 | DESIGN KEY POINTS

洞石是沉积岩，强度低，吸水率高，耐候性差，本不是石材幕墙面板的理想用材。但是洞石独有的质感、颜色和风格，使得建筑师又很喜欢将它们用作石材幕墙。因此，如何挑选洞石石材面板及最大限度地保证安全，就是一个很重要的问题。石板不应有裂缝，也不能折断，不得将断裂的石板胶粘后上墙。洞石板不应夹杂软弱的条纹和软弱的矿脉。业主和设计师选择洞石作为幕墙面板时，一定要经过相关专家论证，用于幕墙的洞石每批都应进行抗弯强度试验，其试验值应符合国家行业规范要求。

（施工及安装要点内容仅代表部分厂家做法，供示意参考，不作为通用施工标准及节点做法）

品牌推荐 | BRAND RECOMMENDATION

品牌详细信息，请参见附录品牌索引：E02、E05。

（以上推荐仅为市场少数优秀品牌，供设计师参考学习。同一品牌实际可能涉及多种产品，更多详细内容可登录随书小程序）

施工及安装要点 | CONSTRUCTION INTRO

目前，石材的装饰方法主要有两种，干挂和湿贴。干挂一般适用于外墙或者空间较大的办公商务大厅；而湿贴主要用于各种建筑物的内部装饰。干挂占据空间大，成本高，而湿贴则需要解决两大难题：一是石材的黏结强度问题，掌握不好，易于空鼓；二是易于产生白华现象，造成石材变色，影响美观。前边主要介绍了干挂施工及方法，本篇重点结合洞石的特点介绍天然石材背后的防水背胶处理及补强措施。

洞石因为其易碎裂和不稳定性，用于建筑外墙干挂施工时必须经过一定的技术论证和处理。主要方法是石材企业在毛板补胶时会对大的孔洞用石砾和胶粘剂进行修补，对背面的小洞会通过黏结背网进行填充，起到防水和补强的作用。同时一般会留下正面和侧面的小孔。使用时要特别注意在干挂槽和背栓孔附近不得有较大的孔洞，应选在致密的部位上，如果避免不开则必须更换。

其具体处理步骤如下：

（1）表面清洁处理：对挑选的洞石表面用干净棉纱擦拭干净或用高压气泵吹净其表面黏着的石粉灰尘；背部有油污或其他有机物污染的板材，应用丙酮将污染部位反复清洗至无污染物，再进行表面清洁处理。

（2）表面涂界面处理剂：在已完成清洁处理的石材板表面，均匀涂刷界面处理剂，自然挥发晾干。

（3）外表面密封防护处理：待界面处理剂干透后，对非防护面进行保护，采用石材专业防护剂用毛刷或滚刷在洞石外表面纵横交错涂刷一层厚度为 0.3 ~ 0.4mm 的防护剂，自然风干。

（4）背面补洞处理：洞石背面采用石材专用补洞胶处理，静置 24h 待胶干透后进入下道工序。

（5）表面涂界面处理剂：在已完成表面处理的石材板表面均匀涂刷界面处理剂，自然挥发晾干即可。

（6）背面涂基层胶：待界面处理剂干透后，用毛刷或滚刷在石材背面均匀涂刷一层厚度为 0.3 ~ 0.4mm 的硅酮环氧树脂找平加固层。

（7）背面铺粘增强布，并补刷硅酮环氧树脂：基层胶涂刷完后，立即铺粘第一层无碱玻璃纤维布，铺粘时应拉好四个角将布平整粘合在石材背面的胶层上。在纤维布上涂刷一层厚度为 0.3 ~ 0.4mm 的硅酮环氧树脂黏结层。铺粘第二层玻璃纤维布，涂刷一层厚度为 0.3 ~ 0.4mm 的硅酮环氧树脂。

（8）固化、修整、检验：如果胶质量不好，或品种不对，固化剂、促进剂配比不合理，会出现复合层黏手，胶不固化的现象，应咨询厂家技术人员，另行采取措施。对于复合层不平整的应使用刮刀或角磨机修整；有白斑、气泡达不到要求标准的，则应采取补救措施直至达到质量标准为止。

传统背胶防水处理多采用树脂型背胶，其刺激味道重，对人体有一定伤害，在湿贴时也需要铲掉。目前市场上开始出现免铲网型防水背胶处理，这是一种新的环保型石材防水背胶处理方式。

石材防水背胶处理 1

石材防水背胶处理 2

德国柏林历史博物馆新馆

设计：贝聿铭

材料概况：贝聿铭早期的洞石作品，其风格厚重稳沉。

北京中国银行总部大楼

设计：贝聿铭

材料概况：贝聿铭在国内首次采用洞石的作品，掀起国内洞石运用的热潮。

天津美术馆

设计：KSP Architekten

材料概况：不同规格的洞石外加充满细节的设计，突显建筑的精致之美。

江苏省美术馆

设计：KSP Architekten

材料概况：通过不同色彩的洞石巧妙组合，形成极富变化的立面设计。

板岩 | Slate

材料简介 | INTRODUCTION

板岩也叫板石，是一种浅变质岩，由黏土质、砂粉质沉积岩或中酸性凝灰质岩石、沉凝灰岩经轻微变质作用形成。板岩自然分层好，单层厚薄均匀，硬度适中，具有防腐、耐酸碱、耐高低温、抗压、抗折、抗风化、隔音、散热等特点。其从形状上看是片状或是板状，有着自然的纹理特征，颜色也非常丰富，板面的图案自然天成，拼接在一起即可为室内室外添上一道亮丽的风景。板岩因色泽典雅、外表美观、质感细腻等特点而驰名于世，它既可用于繁华闹市的楼宇，又可筑在乡镇农舍，室内室外皆宜，且适应各种环境。

材料性能及特征 | PERFORMANCE & CHARACTER

从地质学上讲，这种石材属于一种变质岩，并且具有板状构造的岩石特征。理论上板岩的耐久性比大理石和花岗石要长久一些，也是优质的建筑装饰石材。板岩经区域性变质作用形成时，形成的温度和均向压力都不高，主要受应力作用的影响，它的工程特性如下：

（1）审美价值：板岩本身就是天然的艺术品，具有令人惊艳的特殊纹路，且没有花岗石或大理石般的冰冷感。板岩独特的表面提供了丰富多样的设计和色彩，而所有这些都是自然天成的。每块板岩都是独一无二的，但不同的色彩组合却不会导致不协调，只会增加板岩整体的美感，带给人一种不一样的感觉，这是其他同类天然石材所达不到的地方。

（2）持久耐用：板岩砖可用于浴室，因为它非常耐磨，同时兼具防滑功能。板岩砖的防滑性能主要是靠其凹凸不平的表面。如果使用正确，外加养护剂养护得当，可以取得较好的效果。

（3）板岩具有结构紧密、抗压性强、耐火、耐寒的优点。早期有的居民屋顶即使用板岩盖成，而且被广泛运用在园林造景、庭院装饰等，展现建筑物天然风貌。

（4）板岩属于低膨胀性岩石，防水能力较差，填筑路基时的水稳定性较差，必须采取特殊的工程措施即隔水防水措施，以消除其吸水自由膨胀对路堤的危害。板岩在雨雪和霜冻自然循环作用下也易崩解成细粒土状，强度急速下降，在施工时应注意其浸水软化现象。

产品工艺及分类 | TECHNIC & CATEGORY

板岩的颜色随其所含有杂质的不同而变化，含铁的为红色或黄色，含碳质的为黑色或灰色，含钙的遇盐酸会起泡；按其自然颜色可分为淡青色、淡绿色、黑色、褐色、棕色、红色、黄色、浅灰色等。

板岩按其产品的主要用途可分为两类：

（1） 建材类：瓦板岩、饰面板岩，包括墙体饰面板岩、地坪板岩；

（2） 工艺类：碑石用板岩、家具用板岩（板石桌面、桌上板石喷泉）、雕刻用板岩、天然风景画墙体装饰用板（天然画工艺品）。

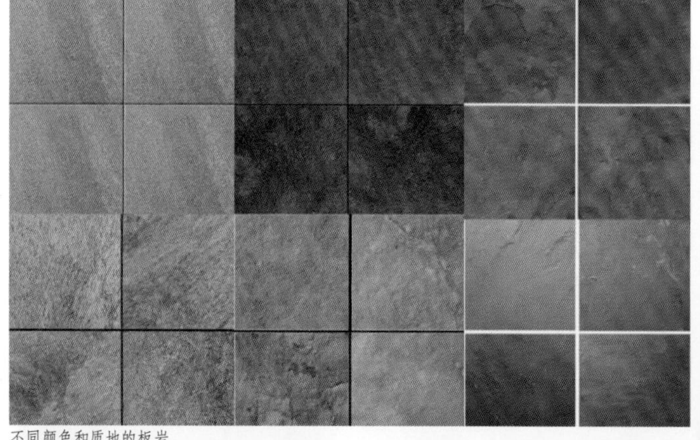

不同颜色和质地的板岩

红色板岩应用于建筑屋面和立面

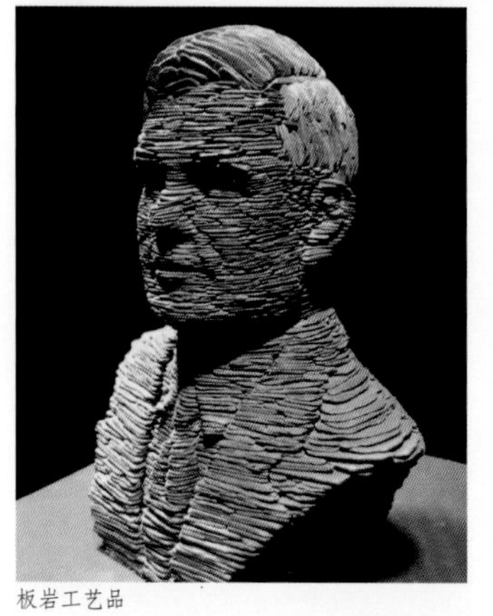

板岩工艺品

板岩建筑屋面

常用参数 | COMMON PARAMETERS

常用规格板 :100mmx100mm、100mmx200mm、150mmx300mm；瓦　板 :300mmx200mm 300mmx300mm；400mmx200mm、400mmx250mm、500mmx250mm、300mmx600mm；600mmx600mm； 厚 度：6 ~ 8mm，8 ~ 10mm ，10 ~ 20mm；板 岩 地 板 :300mmx300mm、300mmx600mm、200mmx400mm、400mmx400mm、600mmx600mm、600mmx900mm 等； 厚 度：10mm、20mm、30mm，可按客户要求订制；蘑菇石：100mx200m、200mmx400mm、300mmx150mm、300mmx300mm 300mmx600m。

（以上数据为市场部分厂家产品参数，不同厂家各有差别，仅供参考）

价格区间 | PRICE RANGE

50 ~ 300 元 /m²

板岩根据不同形式，价格略有差别。比如乱形石头比规格板相对便宜，蘑菇石因为厚度又价格稍贵。当然板面越大，价格越高。总体国内普通标准产品价格相对便宜，但是国外进口产品因为其品质标准及品牌差异，价格昂贵。

（以上价格仅为市场普通中端产品价格，材料价格会因不同项目、不同品牌以及订制等多方原因有较大浮动，仅供参考）

设计注意事项 | DESIGN KEY POINTS

板岩最常用于室外景观铺地和文化石墙面铺贴，同时板岩瓦也广泛应用于建筑屋面铺设，很有特色。但因为其稳定性和易于剥离碎裂，用于建筑外墙时需经谨慎论证和严谨的幕墙设计。

（施工及安装要点内容仅代表部分厂家做法，供示意参考，不作为通用施工标准及节点做法）

品牌推荐 | BRAND RECOMMENDATION

市场厂家较多，故不做推荐。

施工及安装要点 | CONSTRUCTION INTRO

板岩根据不同使用情况，主要有板岩地坪铺装，板岩墙面幕墙和板岩屋瓦三种安装使用情况。屋瓦安装具体情况将在后面屋瓦章节讲述，此处介绍：

1. 板岩地坪安装工艺流程

铺设砖块→用圆锯切割砖块→锯齿铲抹匀瓷砖黏合剂→用黏合剂把每块砖固定地黏合在一起→灌浆和密封→检验。

板岩铺砖

板岩毛料

2. 板岩墙面安装

质量上乘的天然板岩也可以用作建筑墙面装饰，多采用相互搭接的开放幕墙系统。提供一种以波纹板为刚性防水结合螺钉锚固的安装方式，如下图所示。同时板岩可制作成不同表面规格，对应不同系统安装，略有差异。

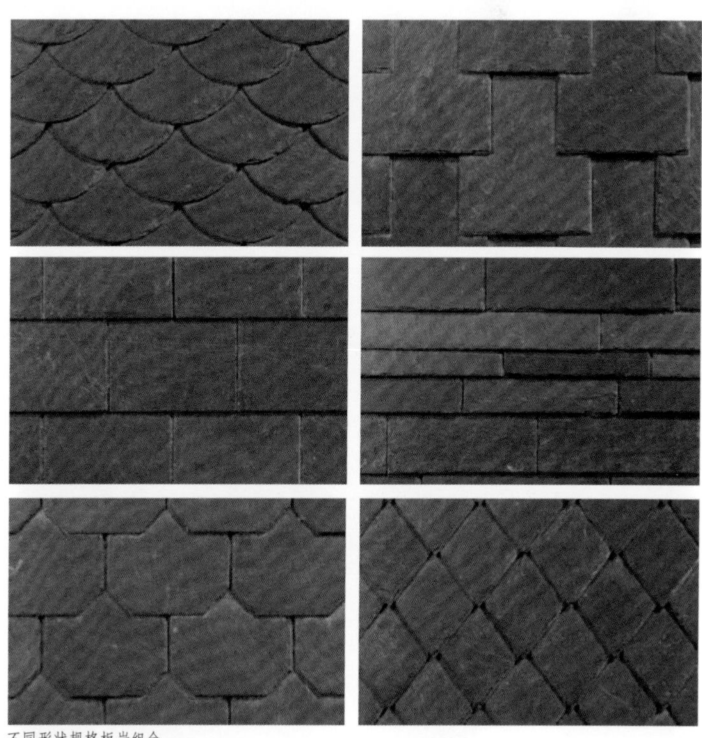

不同形状规格板岩组合

板岩墙面幕墙安装示意

芬兰 Kuokkala 教堂

设计：Lassila Hirvilammi Architects

材料概况：充满细节的板岩屋面与外墙将简单的建筑体量塑造得更加精致。

荷兰黑钻石公寓

材料概况：质地极好的板岩色泽统一，同时闪耀着矿藏特有的熠熠光泽。

中央美术学院美术馆

设计：矶崎新

材料概况：披叠的石板幕墙体系，从屋面一直延伸到墙面，很好地完成了复杂的曲面造型。

鄂尔多斯美术馆

设计：徐甜甜

材料概况：深浅不一的板岩结合天然的凹凸肌理，赋予建筑自然的历史感。

火山岩 | Volcanic Rock

材料简介 | INTRODUCTION

火山岩又称喷出岩，属于岩浆岩（火成岩）的一类，是火山作用时喷出的岩浆经冷凝、成岩、压实等作用形成的岩石。熔浆的化学成分不同，冷却凝固后所形成的岩石也不同。火山岩是一种非常珍贵的多孔形石材，含有丰富的钠、镁、铝、硅、钙、锰、铁、磷、镍、钴等几十种矿物质。火山岩因其在表面均匀布满气孔，色泽古色古香，同时具有抗风化、耐高温、吸声降噪、吸水防滑阻热、调节空气湿度，改善生态环境、导电系数小、无放射性、永不褪色等特性，适用于高档建筑的内外墙装饰、酒店、宾馆、别墅、市政道路、广场、住宅小区、园林等。

材料性能及特征 | PERFORMANCE & CHARACTER

火山岩作为一种新型的功能型环保材料，是火山爆发后形成的非常珍贵的多孔形石材，它是石材行业的后起之秀，之所以慢慢被业内认可是因为其具有得天独厚的自身优势。

（1）耐磨抗腐：火山岩石材抗风化、耐气候，具有极好的耐磨损、抗腐蚀性能。它与金属相比，重量轻，耐腐蚀，寿命长。火山岩石铸石管材寿命可达百年，弹性、韧性均比钢材高出许多。另外，火山岩石铸石棒材塑性高于塑料，其板材强度高于轻金属合金，耐腐蚀性也远远高于玻璃。

（2）吸光阻热：火山岩产品源于火山熔岩喷发后冷凝而生成，因产生于绝对高温的环境而具有明显的吸光阻热功能，古朴自然，可避免眩光，有益于改善视觉环境。

（3）吸音降燥：火山岩独具天然孔洞，是目前所有建材中唯一具有吸音功能的天然材料。吸音降噪有利于改善听觉环境，适用于车站、地铁、高速铁路、地下工程及噪声较大的生产车间、广场、酒店、别墅等场所。

（4）呼吸功能：火山岩的天然孔洞，使其具备独特的"呼吸"功能，能够调节空气湿度，改善生态环境。多适用于步行街、广场，特别是花、草、树木的周边，使天空的雨水渗入地下，与地下的水分沟通，保证植物有充足的水分，并且调节周边的气温。

产品工艺及分类 | TECHNIC & CATEGORY

火山岩依其含硅量之高低可分为，基性的喷出岩为玄武岩，中性的喷出岩为安山岩，酸性的喷出岩为流纹岩，半碱性和碱性喷出岩为粗面岩和响岩。火山岩按照建筑上的使用情况不同，可简单分类如下：

（1）按照其形态和用途的不同可分为火山岩板材、火山岩砌体、火山岩碎石料和滤料等，颜色主要有灰黑色和深红色两种。

（2）从切面不同来看，火山岩除了传统的机切面外，还可生产哑光面、高光面、仿古面、钢刷面、荔枝面、自然面、劈开面等特殊表面产品。

（3）按照火山岩孔径的大小，可分为细孔火山岩、中孔火山岩和大孔火山岩。

火山岩滤料是用在曝气生物滤池的生物填料，主要用作生物水处理的生物载体。使用火山岩滤料的滤池能处理市政污水、河湖环境水、可生化的有机工业废水、生活杂排水、微污染水源水等。

火山岩板材

火山岩碎石块

火山岩滤料

小孔径火山岩

不同质地火山岩

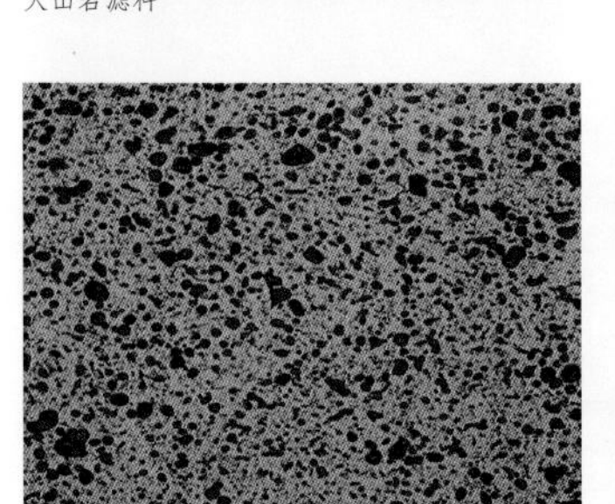

中孔径火山岩

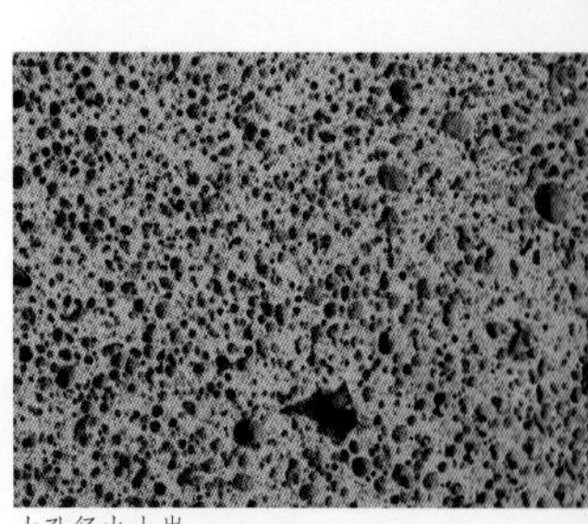

大孔径火山岩

常用参数 | COMMON PARAMETERS

火山岩除不规则板外，基本可以按照设计意图订制，因为其质地不够紧密，作为建筑外墙干挂使用时建议厚度不小于 30mm，同时也因质地不够紧密，不建议太厚。

（以上数据为市场部分厂家产品参数，不同厂家各有差别，仅供参考）

价格区间 | PRICE RANGE

100 ~ 300 元 /m²

国内火山岩较多，价格与板材厚度有关。以市场 20mm 厚的机切规格板为例，市场价格平均在 200 ~ 300 元 / ㎡之间。

（以上价格仅为市场普通中端产品价格，材料价格会因不同项目、不同品牌以及订制等多方原因有较大浮动，仅供参考）

设计注意事项 | DESIGN KEY POINTS

泛霜现象是许多石材使用时必须考虑的问题，不管火山岩作何用途，施工中应尽量使用高标号水泥，同时在水泥砂浆中添加一些和火山岩颜色相近的色浆，以减少材料表面泛霜程度。另外，冬季施工中也要尽量不使用化学防冻剂，以减小砖块霜化程度。

（施工及安装要点内容仅代表部分厂家做法，供示意参考，不作为通用施工标准及节点做法）

品牌推荐 | BRAND RECOMMENDATION

市场厂家较多，故不做推荐。

施工及安装要点 | CONSTRUCTION INTRO

火山岩因其独特的特性和质感，可用于室外景观等装饰，如：室外景观挡墙、建筑栏杆及地坪铺设等，施工简单，装饰效果好。

火山岩乱石景观挡墙

火山岩景观挡墙

火山岩景观栏杆

火山岩铺地

火山岩同时也作为建筑室内外的装饰材料，比如室内文化墙、室外镂空围墙，其广泛应用于传统中式建筑的情景营造。同时火山岩可加工成规格板（厚度不小于 30mm）在建筑外墙干挂作为幕墙使用，与其他石材干挂类似。同时也可以加工成更小规格的面砖作为外墙粘贴和砌筑使用。

火山岩文化背景墙

火山岩镂空围墙

火山岩墙砖立面

火山岩外墙挂板

西班牙 Les Cols 餐厅帐亭

设计：RCR Arquitectes

材料概况：就地取材的天然火山岩以原始的状态呈现自然特色。

以色列内坦亚 NS 住宅

设计：Blatman-Cohen Architects

材料概况：火山岩构成的文化石墙面作为建筑外立面质感细腻。

南通范曾艺术馆

设计：章明

材料概况：火山岩石材的多孔特质与镂空墙面搭配更显传统水墨意韵。

北京西海边的院子

设计：王硕

材料概况：不同深浅程度打磨的火山岩石材组合，让小尺度建筑更加丰富。

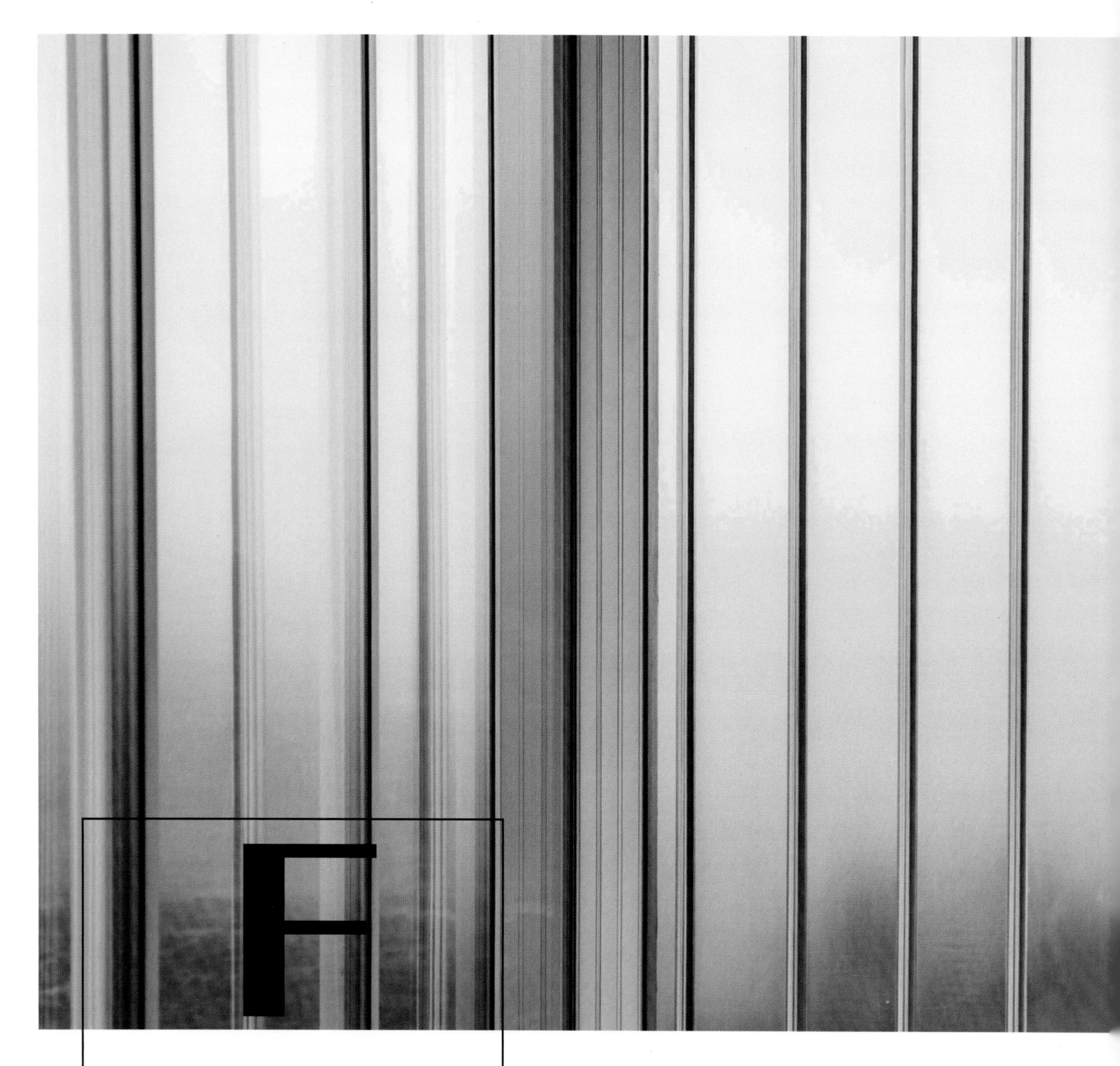

玻璃 GLASS

玻璃，这种拥有5 000年历史的物质发展到今天，丰富了我们的世界，促进了文明社会的发展。玻璃行业像其他任何行业一样，都有其发展历史与规律。在21世纪的中国，经济社会全面发展，中国的玻璃行业同样取得了世界瞩目的成绩。当各类高楼拔地而起时，我们不得不关注给建筑空间披上漂亮外衣的中国玻璃的发展史。

中国的玻璃比西方世界晚1 000年左右，宋代的“玻璃”称为“硝子”，这一名称流传到日本，至今都在延用。中国当代建筑玻璃发展也较晚，落后西方半个世纪，特别是浮法玻璃技术，大陆厂家是在20世纪末才慢慢引进技术，所以相对其他国家和地区比较落后，但随着很多的世界型大型玻璃公司进军大陆市场，大陆的技术与设备慢慢追赶上来，相信在不久的将来，中国的玻璃业也会向其他制造业一样，取得非凡的成绩。

我国玻璃工业经历了改革开放30多年，产业规模不断扩大，产品在质量工艺技术等方面发生了质的飞跃，特别是进入新世纪以来的大发展，取得令世人瞩目的辉煌成就。平板玻璃产量从21世纪初2亿重量箱增至2014年近8亿重量箱，翻了两番；2015年平板玻璃产量是建国初期92万重量箱的800多倍，是改革开放初期1 784万重量箱的40多倍，占

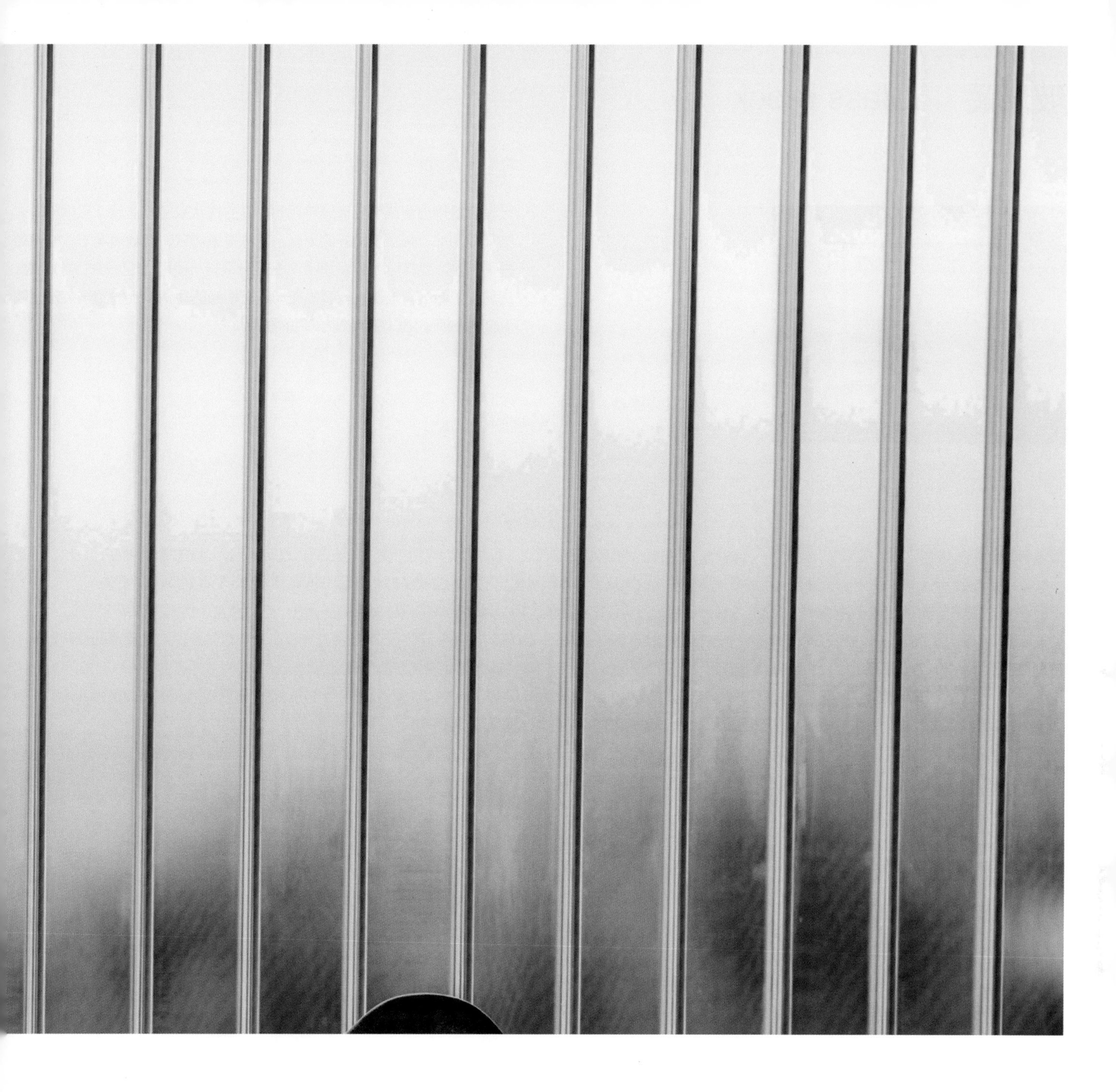

全球总量 56%，已连续 26 年居全球第一位。玻璃产业的发展适应了我国国民经济建设和人民生活水平不断提高的需要。

总结玻璃行业的发展，取得的成绩并不能掩饰“产能严重过剩”这样一个“供给侧结构性矛盾”。这是当前经济增长下行、效益严重下滑的根本原因。

“十一五”末期至 2015 年，平板玻璃产能进入迅速扩张期。仅 2010 年以来就新增 139 条浮法线、新增产能超过 5 亿重量箱，平板玻璃总产量较 2006 年翻了一番。2015 年又新增生产线 10 条，使总产能达到 12.33 亿重量箱的历史最高水平。“过剩”的实质是供给与需求之间的矛盾。产量增速大大超过市场需求的增速，而产能与产量的调控又与市场变化不匹配，再加上玻璃制造工艺连续性的特点，当周期性季节性市场波动时，可用时间换空间，但严重过剩、市场波动较大时，靠自身调节难度大、成本高，这些原因都造成目前建筑用普通平板玻璃的严重产能过剩。中国玻璃产业企业需要找到更好的发展道路。

实施“走出去”实现国际化经营，不仅是化解产能过剩的途径，也是提升产业水平、实现“超越引领”战略目标的必由之路。经过多年的发展，我国玻璃工业已经具备参与国际竞争的实力。但近年来“走出去”的经历反映出我们制造能力强、市场能力弱的特点。作为玻璃制造大国，技术和装备水平已经达到或接近世界水平，可以说我们的产能为全世界准备，但产品出口仅占总量的不足 10%，而且低端产品的出口结构仍未有根本性改变，对外输出产能、输出技术、输出服务严重不足等，但还没有像发达国家大跨国公司那样真正走向国际、实现全球布局。这也许是中国玻璃企业未来最优先要面对的命题！

玻璃砖 | Glass Block

材料简介 | INTRODUCTION

玻璃砖是用透明或颜色玻璃料压制成形的块状或空心盒状，且体形较大的玻璃制品。其具有良好的采光、隔热双重功效。多数情况下，玻璃砖并不作为饰面材料使用，而是作为空间分隔材料使用，主要形式为分隔墙、屏风、隔断等。玻璃砖在装修市场占有相当的比例，一般用于装修比较高档的场所，用以营造琳琅满目的氛围。

材料性能及特征 | PERFORMANCE & CHARACTER

玻璃砖具有透光不透视，保温隔热、隔音、抗压耐磨、耐高温，图案精美等优点，被广泛地应用于宾馆、家庭和娱乐场所等。其主要性能如下：

（1）使用灵活：玻璃砖的使用比较灵活，用途多，不同规格的玻璃砖组合能呈现出不同的空间美感，既解决防潮湿问题，又有蒙眬的含蓄美。

（2）高透光性和选择透视性：玻璃砖的高透光性是一般装饰材料无法相比的。用玻璃砖砌成的墙体具有高采光性，可以使整个房间充满柔合光线。

（3）节能环保，防尘、防潮、防结露：玻璃砖属钠钙硅酸盐玻璃系统，是由石英砂、纯碱、石灰石等硅酸盐无机矿物质原料高温熔化而成的透明材料，是绿色环保产品。玻璃砖在防尘及防潮和防结露方面，优于普通的双层玻璃。玻璃砖在防止雾化方面也有出色的表现，即使室外温度在 -2℃时也不雾化。

（4）抗压强度高，抗冲击力强，安全性能高：单个玻璃砖的最小抗压强度为 6.0MN/ ㎡，优于普通红砖，和空心砖的强度相近。玻璃砖霰弹冲击实验值为 1.2m/45kg 冲击力（最大值），是普通玻璃的 5~10 倍，玻璃砖的抗冲击力比钢化玻璃还要好。

（5）隔音隔热防火：良好的隔音效果，同时具有良好的防火性能。根据日本法规，单层玻璃砖墙被承认和乙种防火门具有同等的性能，双层墙被承认有 1h 的耐火性能。

产品工艺及分类 | TECHNIC & CATEGORY

目前市面上流行的玻璃砖，从类型上主要分实心玻璃砖和空心玻璃砖。按形状来分有：方形玻璃砖、长方形玻璃砖、角形玻璃砖、圆形玻璃砖。按颜色来分有：彩色玻璃砖和无色玻璃砖。同时玻璃砖表面可以制作各种纹样。

空心玻璃砖的制造与一般模压玻璃相同，即把熔融的玻璃料块放入金属模内压制成两块箱式玻璃，再将它们同时加热，使其焊接、退火，最后涂饰侧面即可。

（1）实心玻璃砖：实心玻璃砖由两块中间呈圆形凹陷的玻璃体黏结而成，目前而言，国内生产这种玻璃砖的厂家都是小型作坊类厂家，由于这种砖质量比较重，一般只能粘贴在墙面上或依附于其他加强的框架结构才能使用，只能作为室内装饰墙体，所以用量相对较小。

（2）空心玻璃砖：空心玻璃砖是一种隔音、隔热、防水、节能、透光良好的非承重装饰材料，由两块半坯在高温下熔接而成，可依玻璃砖的尺寸、大小、花样、颜色来做不同的设计表现。依照尺寸的变化可以在家中设计出直线墙、曲线墙以及不连续的玻璃墙。

实心玻璃砖

空心玻璃砖

彩色玻璃砖

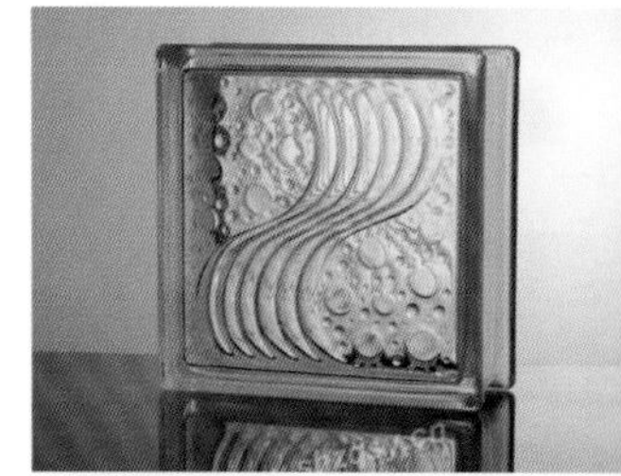

花纹玻璃砖

不同规格玻璃砖组合

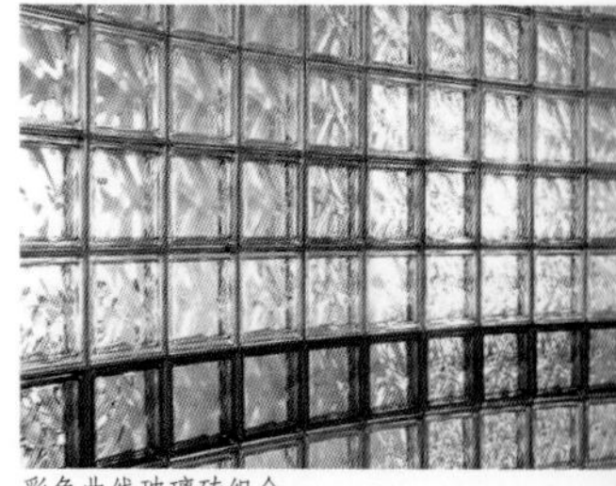

彩色曲线玻璃砖组合

常用参数 | COMMON PARAMETERS

常规砖（190mmx190mmx80mm）、小砖（145mmx145mmx80mm）、厚砖（190mmx190mmx95mm,145mmx145mmx95mm）。特殊规格砖（240mmx240mmx80mm,190mmx90mmx80mm）；导热系数：0.36W/(m·K)； 透光率：散光的不少于 65%，不散光的不少于 75%，散光（双腔的）的不少于 55%；传声系数：0.00003; 热稳定性：50℃。

（以上数据为市场部分厂家产品参数，不同厂家各有差别，仅供参考）

价格区间 | PRICE RANGE

200 ~ 300 元 /m²

玻璃砖根据材料品牌和具体样式工艺的不同，价格略有差异。但市场普通品牌产品价格大致在 10 ~ 20 元 / 块，进口及一些特殊样式价格更高。通常玻璃砖隔墙每平方米大致需要 25 块砖，折合价格约在 300 元 / ㎡。

（以上价格仅为市场普通中端产品价格，材料价格会因不同项目、不同品牌以及订制等多方原因有较大浮动，仅供参考）

设计注意事项 | DESIGN KEY POINTS

玻璃砖常用于建筑室内隔断、屏风等，同时也可用于建筑外墙，实现直接采光照明。其内部接近真空状态的空腔可起到一定的保温节能效果。同时单层玻璃砖结构可以达到隔音等级 5 级的要求， 作为穿透性隔音材料，不管是嘈杂的马路还是工厂使用，都能取得良好的“隔音”效果，这也是有些大楼部分利用的原因。

（施工及安装要点内容仅代表部分厂家做法，供示意参考，不作为通用施工标准及节点做法）

品牌推荐 | BRAND RECOMMENDATION

品牌详细信息，请参见附录品牌索引：F06。

（以上推荐仅为市场少数优秀品牌，供设计师参考学习。同一品牌实际可能涉及多种产品，更多详细内容可登录随书小程序）

施工及安装要点 | CONSTRUCTION INTRO

玻璃砖的施工主要采用砌筑方式。需要注意的是，大面积的砖墙或有弧度的玻璃砖墙施工时，需要拉钢筋来维持砖块水平，而小面积砖墙施工中，需要在每块玻璃砖相连的角上放置专用固定架连接施工，具体步骤如下：

（1）施工前先准备所需要的材料，一般需要：玻璃砖、水泥、沙子、掺和料（石膏粉、胶黏剂等）、钢筋、丝毡、槽钢、金属型材框等。

（2）把白水泥、细砂、建筑胶水、水按照 10:10:0.3:3 的比例拌匀成砂浆。

（3）安装“+”形或“T”形定位支架。

（4）用砂浆砌玻璃砖。自下而上，逐层叠加。

（5）砌完后，去除定位支架上多余的板块。

（6）用腻刀勾缝，并去除多余的砂浆。

（7）及时用潮湿的抹布擦去玻璃砖上的砂浆。

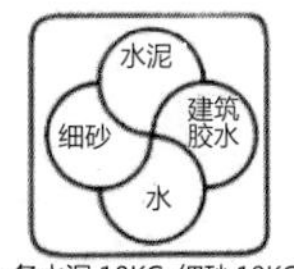

A. 备水泥 10KG. 细砂 10KG, 建筑胶水 0.3KG, 水 3KG, 按照比配比拌成砂浆。

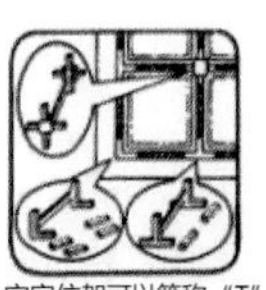
B. 十字定位架可以简称“T”型和“L”型，适应各种部位的需要。

C. 用砂浆砌玻璃砖，由下而上，一块一块，一层一层叠加，每块之间用定位架固定。

D. 砌筑完毕，扭掉定位架上的板块。

E. 刮去多余的砂浆，勾勒出砖与砖之间的缝隙。勾缝材料为：玻璃砖专用勾缝剂和建筑胶水。

F. 及时擦掉玻璃表溢出的砂浆和污垢，清洗干净。最终是在缝隙里刷上防水材料，即可。

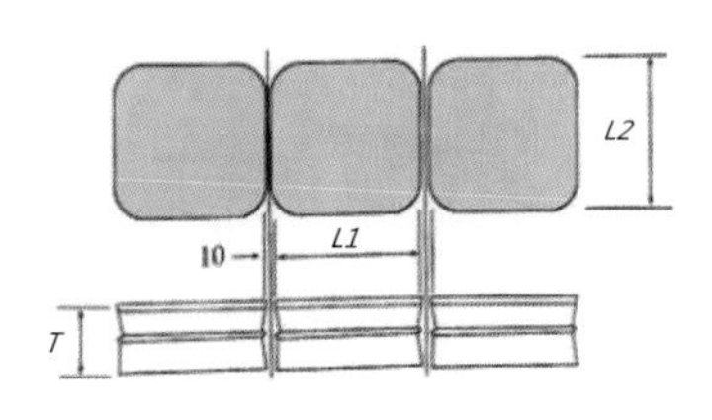

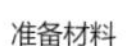
准备材料
1. 清水
2. 专用的玻璃砖十字架定位架。
3.5 ~ 6mm 的冷拔钢筋（最好用不锈钢的钢筋）。
4.425# 黑、 白水泥。

注：根据不同情况，施工时应设计是否预留胀缝。是否需要使用防水剂，玻璃砖专用勾缝剂等。

施工工具
1. 贴墙地砖用的小铲刀。
2. 专铅垂线。
3. 橡胶手套。
4. 冲击锤，8 ~ 10mm 冲击钻头（注：墙体打孔，穿拉筋用）。
5. 梯子或脚手架。
6. 水平尺。
7. 香蕉榔头
8. 泥桶
9. 清洁用的抹布。

玻璃砖施工图示

玻璃砖施工照片

日本广岛 Optical Glass House

设计：Hiroshi Nakamura & NAP

材料概况：透明的玻璃砖在城市和内部庭院之间建立起一层半开放的幕帘。

阿姆斯特丹 Crystal Houses

设计：MVRDV

材料概况：特制的实心玻璃砖替换了原有墙体，形成了与周边环境巧妙的呼应关系。

北京用友软件园 1 号研发中心

设计：张永和

材料概况：将玻璃砖直接作为外墙砌体嵌入墙面，形成了独特的室内外视觉效果。

上海宝姿 1961 旗舰店外立面

设计：UUfie

材料概况：特殊磨砂 L 形玻璃砖立面配合灯光设计，创造了如冰山般的奇妙效果。

U 形玻璃 | U-Glass

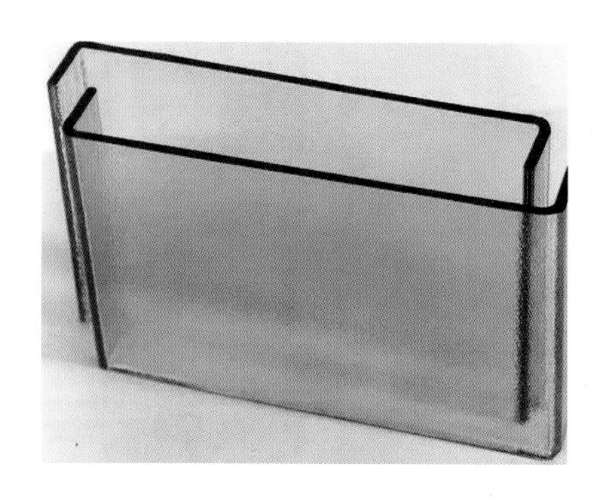

材料简介 | INTRODUCTION

U 形玻璃（亦称槽型玻璃）是用先压延后成型的方法连续生产而成，因其横截面呈“U”形，故而得名。U 形玻璃品种很多，有着理想的透光性、隔热性、保温性和较高的机械强度，不但用途广泛、施工简便，而且有着独特的建筑与装饰效果，并能节约大量轻金属型材，所以为世界上不同地区的建筑师广泛使用。

材料性能及特征 | PERFORMANCE & CHARACTER

U 形玻璃可用于商场、餐厅、展览馆、体操房等外部竖向非承重结构，以及办公大楼、建筑物的内外墙、暖房、月台、游泳池、外廊等。在欧洲、北美、日本等许多国家和地区，U 形玻璃已被广泛应用于工业与民用建筑。与普通玻璃幕墙结构相比，U 形玻璃除了具有良好的节能、保温、隔热功效以外，还可降低 20%～40%的成本，减少 30%～50%作业量，并节省玻璃与金属耗用量。其具有以下特征：

（1）透光不投影：户外直射光经过 U 形玻璃就转换为漫射光，透光不投影，有一定私密性。

（2）施工方便：材料厂家不仅提供玻璃，还提供所有相关的铝制框架系统和配件。施工只需将顶部和底部进行固定，不需要玻璃之间的框架连接。

（3）多种产品选择：产品品种有全透明的玻璃表面，有磨砂的玻璃表面，有介于全透明和磨砂之间的表面，还有钢化的 U 形玻璃，并有多种颜色选择。

（4）既能在室内也能在室外使用，并能做成圆弧形状：U 形玻璃能以多种形式服务于室内外设计，同在室外设计一样，可由 U 形玻璃内部隔断、采光带或背景光元素。

（5）U 形玻璃可垂直使用，也可水平使用，并可倾斜使用，产品品种非常多，种类千变万化。

产品工艺及分类 | TECHNIC & CATEGORY

U 形玻璃的主要生产国家包括德国、法国、比利时、匈牙利、俄罗斯、加拿大和美国等。我国在 1996 年也引进了德国的槽型玻璃先进生产技术与设备，建成了第一条 U 形玻璃生产线，填补了我国建材中玻璃型材的空白。

U 形玻璃的生产方法有压延法、辊压法和浇铸法几种，但普遍采用的是压延法。目前国外生产的 U 形玻璃大部分是无色的，如果想生产彩色的 U 形玻璃，只需按规定的剂量将着色剂随原料送入玻璃炉加以搅拌，使玻璃着色均匀。为提高光的漫射率或增强 U 形玻璃的装饰效果，还可采用刻花压延辊，以便在玻璃表面压出小花纹等理想图案。

U 形玻璃按照不同的分类有如下标准：

按颜色分为有色的和无色的；按表面状态分为有平滑的和带花纹的；按强度分为有钢化的、贴膜的和带保温层的。

另外，U 形玻璃本身为立体结构，强度极高。钢化 U 形玻璃提高了玻璃的强度，同时将出现自爆问题的概率降到更低。

普通 U 形玻璃

超白无色 U 形玻璃

压花细纹 U 形玻璃

槽纹 U 形玻璃

不同板形及搭接组合效果

常用参数 | COMMON PARAMETERS

U 形玻璃生产的规格有：
厚度：6mm 和 7 mm；翼高：41mm 和 60mm；底宽：260mm，330mm ，500mm；
具体规格如下：
SQ1: 260mmx41mmx6mm ，SQ2：260mmx60mmx7mm，
SQ3 ：330mmx41mmx6mm，SQ4：330mmx60mmx7mm，
SQ5 ：500mmx41mmx6mm。

（以上数据为市场部分厂家产品参数，不同厂家各有差别，仅供参考）

价格区间 | PRICE RANGE

500 ~ 800 元 /m²

U 形玻璃幕墙完成价包含 U 形玻璃、人工及支撑结构组件。同时分为单层 U 形玻璃幕墙和双层 U 形玻璃幕墙。根据实际使用的 U 形玻璃类型、支撑材料、现场安装环境，单层 U 形玻璃幕墙价格为 500 ~ 700 元 / ㎡，双层 U 形玻璃幕墙价格为 600 ~ 800 元 / ㎡。

（以上价格仅为市场普通中端产品价格，材料价格会因不同项目、不同品牌以及订制等多方原因有较大浮动，仅供参考）

设计注意事项 | DESIGN KEY POINTS

U 形玻璃表面有很多处理方式，例如普通细纹型纹路、透明型、彩色等。设计时除了普通细纹型纹路外，其余型号均需要标注。U 形玻璃属于不燃烧材料，可以达到很好的防火效果，如有特殊要求则根据相关规范设计标注。同时组合的双层 U 形玻璃保温性能良好，比同等厚度墙体节能效率更高，可完全满足保温节能要求。同时还可通过表面喷涂特殊保温涂层的方式，进一步提高保温性能。

（施工及安装要点内容仅代表部分厂家做法，供示意参考，不作为通用施工标准及节点做法）

品牌推荐 | BRAND RECOMMENDATION

品牌详细信息，请参见附录品牌索引：F05。
（以上推荐仅为市场少数优秀品牌，供设计师参考学习。同一品牌实际可能涉及多种产品，更多详细内容可登录随书小程序）

施工及安装要点 | CONSTRUCTION INTRO

U 形玻璃的安装方式详见以下安装组合方式。其中较为常用的是双排翼在接缝处成对排列中空安装，或者单排翼朝内或外安装。使用于外墙的 U 形玻璃，安装长度取决于当地的风荷载，玻璃距离地坪的高度等。

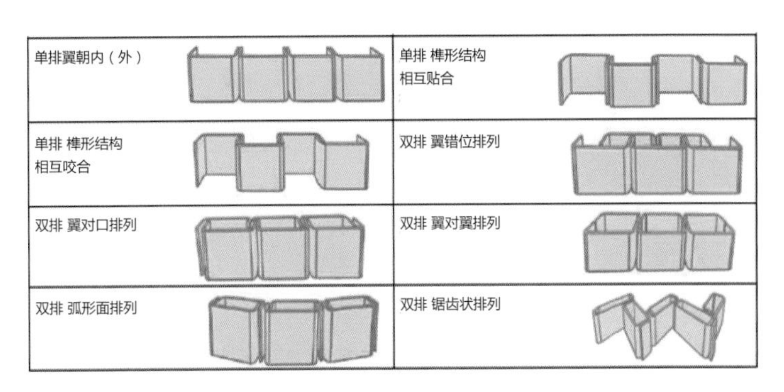

U 形玻璃现场安装步骤主要如下：①用膨胀螺栓或射钉将边框料固定在建筑洞口中，边框可用直角或料角连接。边框每侧应至少有 3 个固定点。上下框料每隔 400 ~ 600mm 应有 1 个固定点。②将起稳定作用的塑料件截成相应长度，放入框中上下型材内。③ U 形玻璃装入框架时，应将玻璃内面仔细擦洗干净。④将 U 形玻璃依次插入，当 U 形玻璃插至最后一块，洞口宽与玻璃宽不一致时，则沿长度方向裁切玻璃。同时将塑料件截成相应长度，放入边框一侧。⑤在边框与玻璃间的缝中塞入弹性垫条。⑥在边框与玻璃、玻璃与玻璃、边框与建筑结构体的接缝中，填入玻璃胶类弹性密封材料（或称硅酮胶）密封。⑦玻璃全部安装完，将表面的污垢清除干净。

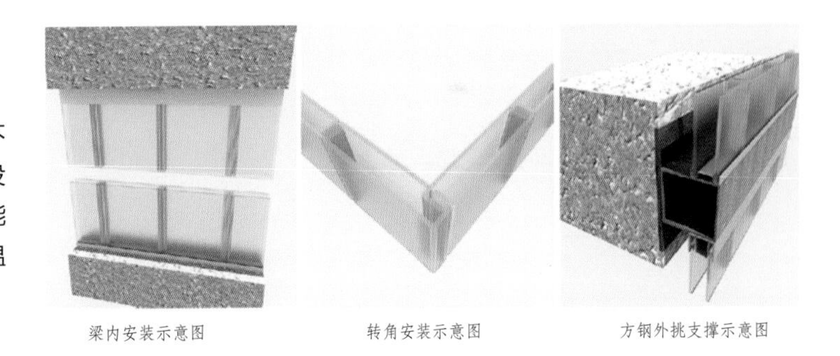

梁内安装示意图　　转角安装示意图　　方钢外挑支撑示意图

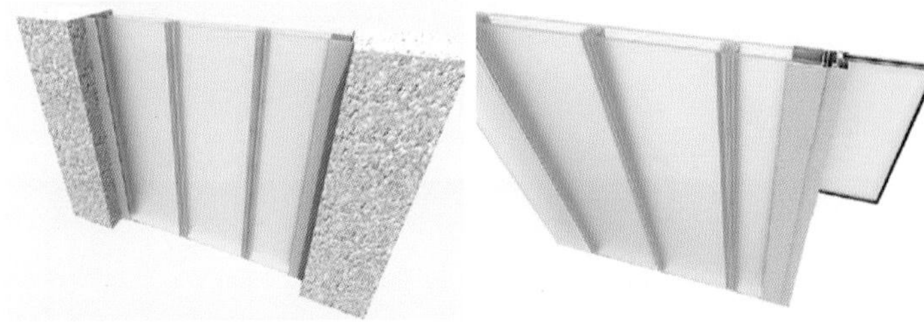

两侧收口示意图　　与门窗结合示意图

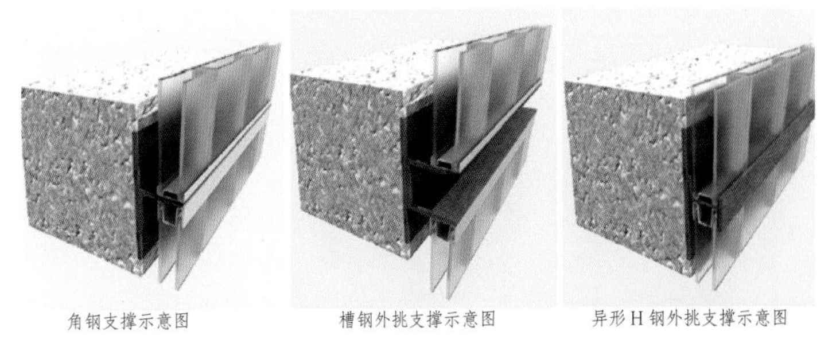

角钢支撑示意图　　槽钢外挑支撑示意图　　异形 H 钢外挑支撑示意图

美国纳尔逊阿特金斯艺术博物馆新馆

设计：Steven Holl Architects

材料概况：白色的 U 形玻璃在夜晚灯光作用下将建筑转化为纯净的发光体。

韩国当代历史国家博物馆

设计：JUNGLIM 建筑事务所

材料概况：U 形玻璃巧妙排列作为建筑表皮使用。

同济大学建筑与城市规划学院 C 楼

设计：张斌

材料概况：国内最早大面积使用 U 形玻璃作为建筑立面元素的案例。

成都三瓦窑社区体育中心

设计：中国建筑西南设计研究院有限公司

材料概况：U 形玻璃的半透明性很好地满足体育场馆透光不透视的功能要求。

有色 / 夹胶玻璃 | Coloured / Laminated Glass

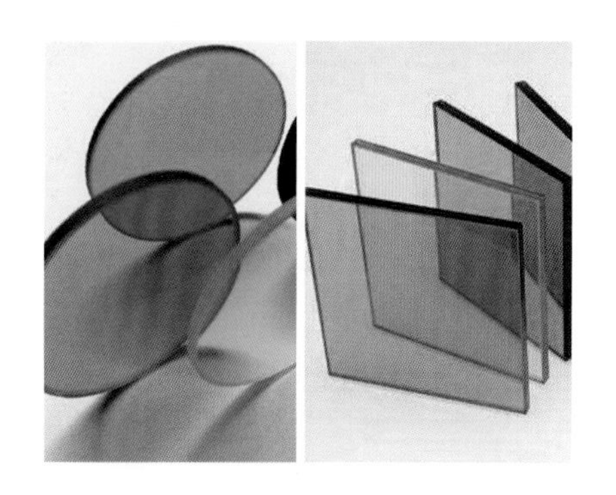

材料简介 | INTRODUCTION

彩色玻璃广泛应用于建筑立面和室内装饰。市场上宽泛的彩色玻璃制品除去一些贴膜装饰和表面涂装产品外，主要还有两种产品：有色玻璃和彩色夹胶玻璃。有色玻璃又名有色玻璃，是玻璃中加入着色剂后呈现不同颜色的玻璃。彩色夹胶玻璃也叫彩色夹层安全玻璃，是在两片或多片浮法玻璃中间夹以强韧 PVB（乙烯聚合物丁酸盐）胶膜，经热压机压合并尽可能地排出中间空气，然后放入高压蒸汽釜内利用高温高压将残余的少量空气溶入胶膜而成的彩色玻璃。

材料性能及特征 | PERFORMANCE & CHARACTER

玻璃在吸收太阳光线的同时自身温度升高，容易产生热胀裂，有色玻璃能够吸收太阳可见光，减弱太阳光的强度。有色玻璃具有以下特性：

（1）吸收太阳光辐射，又如 6mm 蓝色有色玻璃能挡住 50% 左右的太阳辐射能，吸收可见光；又如 6mm 普通玻璃可见光透过率为 78%，而同样厚度的古铜色玻璃仅为 26%。有色玻璃能使刺目的阳光变得柔和，起到反眩作用。特别是在炎热的夏天，能有效地改善室内光照，使人感到舒适凉爽。

（2）有机材料，如塑料和家具油漆等，在紫外线作用下易产生老化及褪色。有色玻璃能吸收太阳光紫外线，有效减轻紫外线对人体和室内物品的损害。

（3）玻璃色泽经久不变，有色玻璃已广泛用于建筑工程的门窗或外墙以及车船的挡风玻璃等，起到采光、隔热、防眩作用。

彩色夹胶玻璃中间膜可以有多种颜色供设计师选择，同样具有较强的装饰性外，也具有以下特征：

（1）安全性高：由于中间层的胶膜坚韧且附着力强，受冲击破损后不易被贯穿，碎片不会脱落，与胶膜紧紧地黏合在一起。与其他玻璃相比，具有耐震、防盗、防弹、防爆的性能。

（2）节能：中间膜层可减低太阳辐射，防止能源的流失，节省空调的用电量、防紫外线。中间膜能阻隔 99% 的紫外线，延缓室内家具窗帘的褪色。中间膜还能对声音的音波振动产生缓冲作用，从而达到隔音效果。

产品工艺及分类 | TECHNIC & CATEGORY

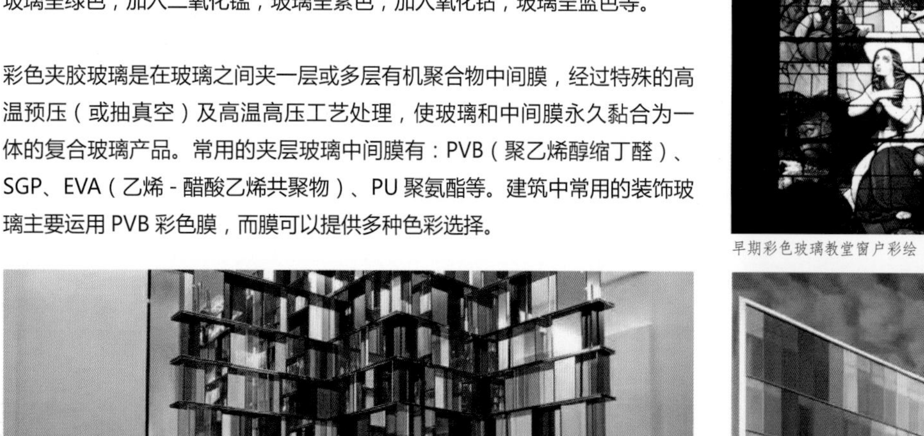

彩色玻璃兴起于 10 世纪，现存最古老的完整彩色玻璃窗可追溯到 12 世纪早期。早期的哥特式窗户画的都是简单的单个肖像，并且使用鲜明的色彩。

有色玻璃主要是在炼制过程中加入专门的矿物原料，并且通过熔炼的温度及炉焰的性质来调节元素的化合价，使玻璃呈现不同的颜色。例如加入氧化铬，玻璃呈绿色；加入二氧化锰，玻璃呈紫色；加人氧化钴，玻璃呈蓝色等。

彩色夹胶玻璃是在玻璃之间夹一层或多层有机聚合物中间膜，经过特殊的高温预压（或抽真空）及高温高压工艺处理，使玻璃和中间膜永久黏合为一体的复合玻璃产品。常用的夹层玻璃中间膜有：PVB（聚乙烯醇缩丁醛）、SGP、EVA（乙烯 - 醋酸乙烯共聚物）、PU 聚氨酯等。建筑中常用的装饰玻璃主要运用 PVB 彩色膜，而膜可以提供多种色彩选择。

早期彩色玻璃教堂窗户彩绘

现代教堂彩色玻璃组合

现代建筑室内有色玻璃隔断

现代建筑彩色夹胶玻璃幕墙

常用参数 | COMMON PARAMETERS

夹胶玻璃最大尺寸为 2 440mmx5 500mm；最小尺寸 250mmx250mm;常用玻璃厚度 3 ~ 19mm。PVB 膜厚度与基片厚度关系如下：

玻璃基片厚度（mm）	PVB 膜厚度（mm）
≤ 6	0.38
8	0.38
10	0.76
12	1.14
15/19	1.52

（以上数据为市场部分厂家产品参数，不同厂家各有差别，仅供参考）

价格区间 | PRICE RANGE

150 ~ 300 元 /m²

彩色夹胶玻璃的价格主要包括不同层数基片，玻璃钢化以及中间膜的价格。根据基片的厚度和层数不同略有差别。以双层 6mm 夹胶为例，价格在 200 元 / ㎡左右。

（以上价格仅为市场普通中端产品价格，材料价格会因不同项目、不同品牌以及订制等多方原因有较大浮动，仅供参考）

设计注意事项 | DESIGN KEY POINTS

有色玻璃还可按不同的用途进行加工，制成磨光玻璃、钢化玻璃、夹层玻璃、镜面玻璃及中空玻璃等玻璃深加制品。无色磷酸盐有色玻璃能大量吸收红外线辐射热，可用于电影拷贝和放影以及彩色印刷等。

夹胶玻璃准确来说属于夹层玻璃的一种。采用不同玻璃夹层复合的还有 SGX 类印刷中间膜夹胶玻璃、XIR 类 LOW-E 中间膜夹胶玻璃等。内嵌装饰件（金属网、金属板等）夹胶玻璃、内嵌 PET 材料夹胶玻璃等装饰及功能性夹胶玻璃，详见《设计师的材料清单》室内篇分册。

（施工及安装要点内容仅代表部分厂家做法，供示意参考，不作为通用施工标准及节点做法）

品牌推荐 | BRAND RECOMMENDATION

市场厂家较多，故不做推荐。

施工及安装要点 | CONSTRUCTION INTRO

夹胶玻璃的基片既可以是普通玻璃，也可以是钢化玻璃、半钢化玻璃、镀膜玻璃、有色玻璃、热弯玻璃等；中间有机材料最常用的是聚乙烯醇缩丁醛（PVB），也有甲基丙烯酸甲酯、有机硅、聚氨酯等。当外层玻璃受到冲击发生破裂时，玻片被胶粘住，只形成辐射状裂纹，不致因碎片飞散造成人身伤亡事故。目前夹胶工艺主要生产方法有两种：胶片法（干法）和灌浆法（湿法），目前干法生产是主流。

通常 PVB 膜本身色彩选择有限，订制加工成本加高，但为了获得设计师无限的色彩要求，通常可以采用多张不同膜复合的方法来产生需要的色彩。

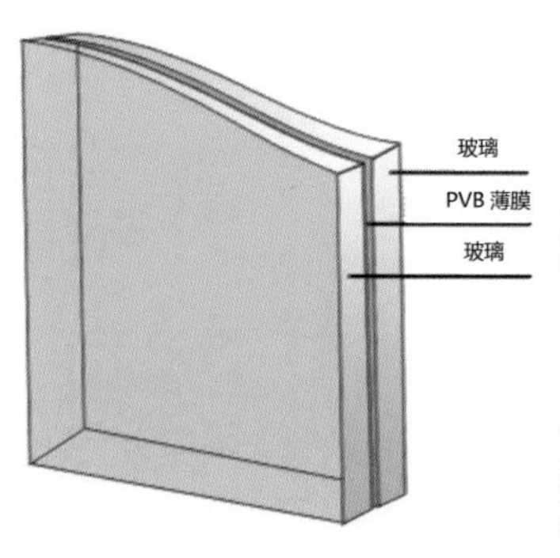

夹胶玻璃示意图

彩色 PVB 膜

PVB 中间膜是半透明的薄膜，是由聚乙烯醇缩丁醛树脂经增塑剂塑化挤压成型的一种高分子材料。外观为半透明薄膜，无杂质，表面平整，有一定的粗糙度和良好的柔软性，对无机玻璃有很好的黏结力，具有透明、耐热、耐寒、耐湿、机械强度高等特性，是当前世界上制造夹层、安全玻璃用的最佳黏合材料，在建筑幕墙、遮罩棚、橱窗、银行柜台、监狱探视窗、炼钢炉屏幕及各种防弹玻璃等领域有广泛的应用。

彩色玻璃可以获得多彩的室内光环境

彩色夹胶玻璃作为百叶使用

新加坡碧山社区图书馆

设计：LOOK Architects

材料概况：彩色玻璃成为建筑立面和室内空间最活跃的元素。

智利 Los Heroes 基金公司办公楼

设计：Murtinho y Asociados Arquitectos

材料概况：彩色夹胶玻璃作为建筑表皮异常醒目。

上海爱庐彩虹礼堂

设计：协调亚洲 & 罗昂建筑设计咨询有限公司

材料概况：通过 PVB 夹胶膜精心裁切组合形成绚丽彩色的玻璃图案。

北京 21Cake 公司总部办公室

设计：众建筑

材料概况：彩色玻璃隔断让室内空间个性鲜明。

彩釉玻璃 | Ceramic Fritted Glass

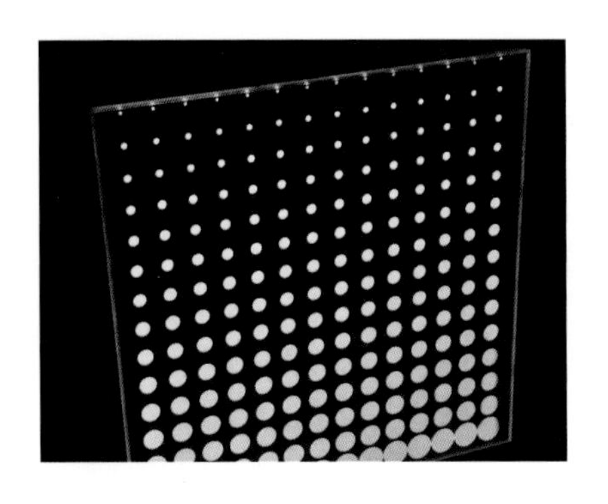

材料简介 | INTRODUCTION

彩釉玻璃是将无机釉料（又称油墨）印刷到玻璃表面，然后经烘干、钢化或热化加工处理，将釉料永久烧结于玻璃表面而得到的一种耐磨、耐酸碱的装饰性玻璃产品。彩釉玻璃具有很好的功能性和装饰性，传统印刷技术有多种颜色和花纹选择，如条状、网状等图案。最新的数码打印技术更是可以提供设计师任何想要的图案和无与伦比的高精度画面表现，完全实现设计师的无限创意。

材料性能及特征 | PERFORMANCE & CHARACTER

彩釉玻璃已经是一种相对成熟的玻璃加工产品，其使用已十分普遍。它的装饰功能被广泛应用于建筑室内外装饰空间。其主要性能特征：

（1）比其他材料如砖，石或木材便宜而且容易安装。

（2）色彩、图案多样（一般可根据客户要求定做），选择面广。在幕墙组合中它适宜反衬其他玻璃或进行色彩搭配。

（3）彩釉玻璃能安装于支撑结构。釉面能吸收并反射部分太阳热能，具有节能的功效，遮阳效果明显。

（4）具有无吸收，无渗透之特性、并易于清洁。彩釉跟玻璃材料一样为无机色釉，不褪色，不剥落，因此可使原有的色调与大楼寿命保持一致。

（5）可进行镀膜、夹层、合成中空等复合加工，获得其他用途的特殊性能。

（6）经钢化处理，最终的产品具有良好的机械性能，如抗打击性能和抗热冲击性能，安全性能更高。

产品工艺及分类 | TECHNIC & CATEGORY

随着人们对彩釉玻璃工艺了解程度的加深。设计师对彩釉玻璃的运用也增加成熟。最早的建筑彩釉玻璃是单色满涂的钢化彩釉玻璃，继而出现套色多次印刷仿大理石或花岗石外观效果的彩釉钢化玻璃，后逐渐推出条纹、点状、块状等简单几何图案的丝印彩釉钢化玻璃。随后将彩釉玻璃的产品形式扩大到彩釉镀膜、彩釉中空等复合玻璃的形式，大大扩展了彩釉玻璃的产品范围。在注重装饰功能的基础上，也开始重视彩釉玻璃的节能遮阳功能。全面复合特征出现在 Low-E 中空玻璃日渐普及的今天。设计师可通过计算确定彩釉玻璃的覆盖率、点的大小、颜色等，并适当调整后得到合适的彩釉玻璃效果，从而全面提升彩釉玻璃对于建筑的整体效果。

彩釉玻璃技术的发展主要依赖印刷技术的不断发展。传统的孔板原理是印版（纸膜版或其它版的版基上制作出可通过油墨的孔眼）在印刷时，通过一定的压力使油墨通过孔版的孔眼转移到承印物（纸张、陶瓷等）上，形成图象或文字。这种方式设备简单、操作方便，成本低廉，一般使用于较为简单的图案印刷要求。

现代化的数码打印技术则是一种高科技的免制版全彩色数码印刷技术，不受材料限制，可以在T恤、移门、柜门、推拉门，玻璃 PVC、亚克力、金属、塑料、石材、皮革等表面进行彩色照片级印刷。其无需制版一次印刷完成，色彩靓丽丰富，耐磨损，防紫外线，操作简单方便，印刷图像速度快，完全符合工业印刷标准。这种全面区别于传统印刷原理的技术，我们统称为数码印刷。应用于建筑玻璃上的彩釉玻璃技术我们称之为数码彩釉玻璃。

单层彩釉玻璃

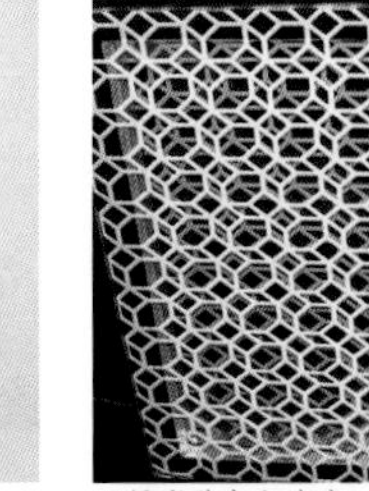

双层彩釉中空玻璃

双层彩釉玻璃叠加效果

数码彩釉玻璃立面实例 1

数码彩釉玻璃立面实例 2

常用参数 | COMMON PARAMETERS

最新全球领先的数码打印技术参数：
最大玻璃尺寸 (mm) ：2 800 / 3 300 x 4 000 或 2 800 / 3 300 x 6 000
打印分辨率 (DPI) 高达：1410；
最小玻璃尺寸 (mm)： 400 x 400；玻璃厚度 (mm)： 2 ~ 19；
常用图片格式包括 :PDF, PS, EPS, Tiff, BMP 和 JPEG。

（以上数据为市场部分厂家产品参数，不同厂家各有差别，仅供参考）

价格区间 | PRICE RANGE **100 ~ 400 元 /m²（加工）**

彩釉玻璃的费用主要包括玻璃原片价格及彩釉加工费用两部分。普通丝网印刷工艺根据图案复杂程度决订制版的难度和数量。通常普通图案印刷价格约为 100 ~ 150 元 / ㎡。对于图案复杂和精度要求较高的印刷，建议使用最新的数码印刷技术，根据图案表面覆盖率不同价格有所差别，大致在 300 ~ 400 元 / ㎡。

（以上价格仅为市场普通中端产品价格，材料价格会因不同项目、不同品牌以及订制等多方原因有较大浮动，仅供参考）

设计注意事项 | DESIGN KEY POINTS

彩釉玻璃的彩釉面通常不能位于室外的表面，最好位于中空玻璃的密封腔内或夹层玻璃的室内面，这对彩釉也是一种保护。彩釉玻璃一般是指高温釉玻璃，釉料印刷后需在 600 ~ 700℃的温度下烧结在玻璃表面。而低温釉也叫低温油墨，是把低温油墨印刷到玻璃表面进行烘干后的产品，烘干温度一般不超过 200℃。低温釉由于不需要经过高温，其颜料中可以使用一些有机色料，因此颜色更加丰富，选择性更多。但低温釉与玻璃的附着力比高温釉差，颜色耐久度还是高温釉较好。

（施工及安装要点内容仅代表部分厂家做法，供示意参考，不作为通用施工标准及节点做法）

品牌推荐 | BRAND RECOMMENDATION

品牌详细信息，请参见附录品牌索引：F04。
（以上推荐仅为市场少数优秀品牌，供设计师参考学习。同一品牌实际可能涉及多种产品，更多详细内容可登录随书小程序）

数码打印玻璃流程

施工及安装要点 | CONSTRUCTION INTRO

油墨是玻璃印刷最重要的原料，同时必须经高温烧结才能将颜料固着在玻璃上。因此印墨的颜料只能用无机金属氧化物。一旦经高温烧结，这些金属氧化物与玻璃融为一体，玻璃也就着上了颜色。将易熔玻璃同玻璃颜料混合并研磨成细粉才能用作制墨，也有称这种粉末为玻璃彩釉粉。为了显示各种不同的过渡色相和明暗不同的亮度，常常是将多种色料适当调配使用。

人工丝网印刷技术

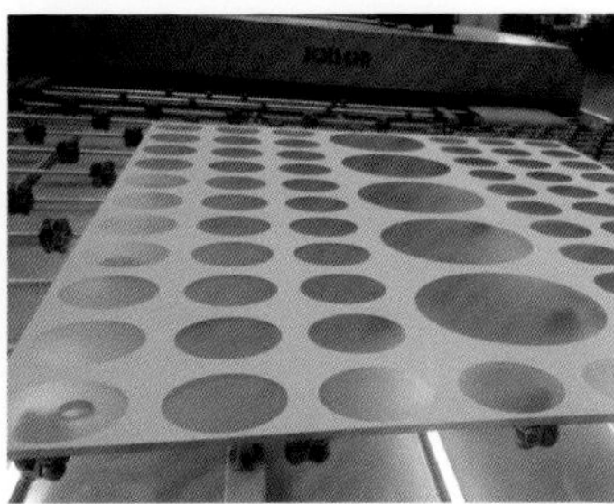
网版印刷玻璃

彩釉玻璃丝网印刷是指把所要印刷的图案（或单色全幅版）在丝网上做成漏孔版，并用刮板压力把釉料通过网孔转移到玻璃表面上，形成所需要的完整图案(或单色)。它具备五个基本要素：丝网印版、釉料、刮板、承印物(玻璃)、印刷机（台）。采用网版印刷的方法是在玻璃上直接印刷彩釉油墨，可根据玻璃承印物的形状，选择不同的网印机。像玻璃杯、玻璃瓶一类圆形玻璃体，采用承印物体旋转括印的方式；对于平面玻璃体，则采用平面括印的方式。

数码彩釉玻璃结合灯光

目前世界上最先进的数码打印技术，以特别设计的数码陶瓷油墨喷头配合最先进的数码印刷机，采用多色一次印刷，同时能够任意控制图像的透明度、半透明度和不透明度，颜色及遮阳率，可实现高分辨率 (1 410dpi) 的高精度图像品质。机器可打印最大玻璃尺寸：3.3mx18m。特殊油墨含有高度稳定的无机颜料和特殊亚微米玻璃粉微粒。经高温钢化后，可对玻璃再进行夹胶、弯钢、中空，以及 Low-E 离线镀膜加工。

全自动数码彩釉印刷机

经典案例 | APPLICATION PROJECTS

瑞尔森大学学生学习中心

设计：Zeidler Partnership Architects & Snøhetta

材料概况：看似随机的数码彩釉图案创造了丰富的立面层次，同时在面向街道开放策略上与内部私密之间取得了很好的平衡。

荷兰 Schijndel 小镇玻璃农场

设计：MVRDV

材料概况：利用数码彩釉打印，将砖墙与茅草图案复制于全玻璃立面，与周边环境取得惊人的和谐效果。

澳门星际酒店

设计：严迅奇

材料概况：依靠不同肌理的彩釉玻璃堆叠组合出惊人的绚丽效果。

郑州郑东新区城市规划展览馆

设计：张雷

材料概况：不同角度排列的白色彩釉玻璃百叶使建筑显得更加轻盈。

超白玻璃 | Ultra Clear Glass

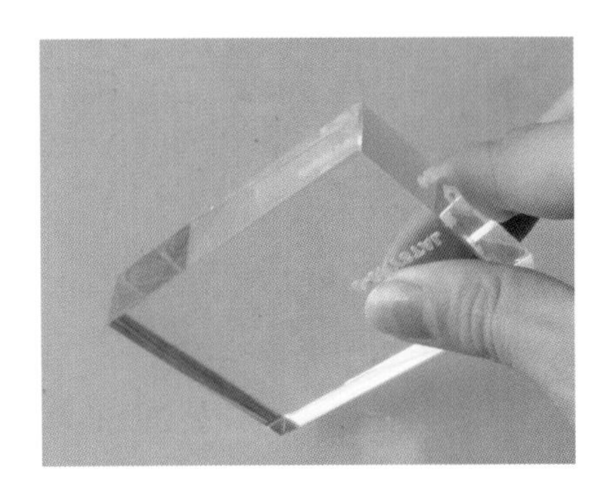

材料简介 | INTRODUCTION

超白玻璃是一种超透明玻璃，也称低铁玻璃、高透明玻璃。它是一种高品质、多功能的新型高档玻璃品种，透光率可达 91.5% 以上，具有晶莹剔透、高档典雅的特性，有玻璃家族 “水晶王子” 之称。超白玻璃同时具备优质浮法玻璃所具有的一切可加工性能，具有优越的物理、机械及光学性能，可像其他优质浮法玻璃一样进行各种深加工。优越的质量和性能使其拥有广阔的应用空间和光明的市场前景。

材料性能及特征 | PERFORMANCE & CHARACTER

超白玻璃因其水晶般光泽、清晰的亮度，好的光折射率，也被广泛应用于高端市场，比如高档建筑物的室内空间装修、高档园艺建筑、高档玻璃家具、各种仿水晶制品以及文物保护展示、高档黄金珠宝首饰展示、品牌专卖店等等。同时还应用于一些科技产品、电子产品、高档轿车玻璃、太阳能电池等行业。

（1）玻璃的自爆率低：由于超白玻璃原材料中一般含有的 NiS 等杂质较少，在原料熔化过程中控制得精细，使得超白玻璃相对普通玻璃具有更加均匀的成分，其内部杂质更少，从而大大降低了钢化后可能自爆的几率。

（2）颜色一致性：由于原料中的含铁量仅为普通玻璃的 1/10 甚至更低，超白玻璃相对普通玻璃对可见光中的绿色波段吸收较少，确保了玻璃颜色的一致性。

（3）可见光透过率高，通透性好：6mm 厚度的超白玻璃有着 91% 的可见光透过率，具有晶莹剔透的水晶般品质，让展示品更显清晰，更能突显展品的真实原貌。其紫外线透过率要比普通玻璃高。

（4）市场大，技术含量高，具有较强获利能力：超白玻璃科技含量相对较高，生产控制难度大，其具有较强的获利能力。较高的品质决定了其不菲的价格，超白玻璃售价是普通玻璃的 1~2 倍，成本相对普通玻璃提高不多，但技术壁垒相对较高，具有较高的附加值。

产品工艺及分类 | TECHNIC & CATEGORY

超白透明平板玻璃是运用高技术手段，在原材料的优选和加工过程中将氧化铁有效地将低，经平板玻璃的熔制和成型工艺生产出来的一种铁化合物含量极低的平板玻璃。超白透明平板玻璃具有与无色水晶类似的外观特性，无论从正面还是从侧面观察，都没有普通平板玻璃那样偏绿的视觉效果，同时还具有比普通透明平板玻璃更高的可见光透射率和透明度。

超白玻璃可像其他优质浮法玻璃一样进行各种深加工。如钢化、镀膜、彩釉、热弯、夹胶、中空装配等。超白玻璃优越的视觉性能，将大大提高这些加工玻璃功能和装饰效果。因此，超白玻璃具有广泛的用途及广阔的市场前景。

世界最大超白浮法玻璃原片

普通玻璃与超白玻璃颜色对比

苹果店标志性超大规格超白玻璃运用

常用参数 | COMMON PARAMETERS

超白玻璃产品规格： 厚度：2 ~ 25mm，最小规格：920mmx1016mm，最大规格：3 660mm×8 000mm，可少量生产 3 660mm×18 000mm 以上特大板。不同厚度透明浮法玻璃与超白玻璃透光率对比：

厚度（mm）	3	4	5	6	8	10	12	15	19
浮法玻璃	89%	88%	87%	85%	83%	82%	79%	77%	73%
超白玻璃	92%	92%	91%	91%	91%	91%	91%	91%	90%

（以上数据为市场部分厂家产品参数，不同厂家各有差别，仅供参考）

价格区间 | PRICE RANGE

50 ~ 300 元 /m²

根据玻璃厚度不同：3mm，60 元 / ㎡左右;4mm，70 元 / ㎡左右;5mm，75 元 / ㎡左右;6mm，80 元 / ㎡左右;8mm，90 元 / ㎡左右;10mm，100元/㎡左右;12mm，110元/㎡左右;15mm，160元/㎡左右;19mm，260 元 / ㎡左右；每个地方的超白玻璃价格都不一样，存在一定的差异。

（以上价格仅为市场普通中端产品价格，材料价格会因不同项目、不同品牌以及订制等多方原因有较大浮动，仅供参考）

设计注意事项 | DESIGN KEY POINTS

超白玻璃由于科技含量高，国外只有美国 PPG、法国圣戈班、英国皮尔金顿、日本旭硝子等少数企业掌握超白玻璃的生产技术。这些玻璃巨头为了保证对市场的相对垄断，大都采取技术封锁手段。国内少数大型玻璃企业也掌握了超白玻璃的生产技术，目前已实现大批量生产，相信不久的将来，超白玻璃的运用会越来越普遍。

（施工及安装要点内容仅代表部分厂家做法，供示意参考，不作为通用施工标准及节点做法）

品牌推荐 | BRAND RECOMMENDATION

品牌详细信息，请参见附录品牌索引：F01，F02 ，F03。
（以上推荐仅为市场少数优秀品牌，供设计师参考学习。同一品牌实际可能涉及多种产品，更多详细内容可登录随书小程序）

施工及安装要点 | CONSTRUCTION INTRO

超白浮法玻璃生产线主要由原料配料系统、玻璃熔化系统、锡槽成板系统、退火系统、检验裁切系统、精加工系统、动力供应系统、控制系统等几个部分组成。原片生产工艺过程分为以下几个步骤：原料配合→熔化→澄清→冷却成型→退火→裁切→检查包装→精加工。

（1）配料系统

超白浮法玻璃的第一个技术难点就是原料的配合，对配料的要求远远高于普通浮法甚至 CRT 玻壳玻璃原料，与 PDP 玻璃的要求基本相当，其难点在于配合料中铁含量的控制。原料的配料系统将完成各种原材料的称量、除铁、混合搅拌、输送等过程，为熔窑提供优质、合格的配合料。

（2）熔化系统工艺

将合格的配合料经过高温加热熔融，形成透明、纯净、均匀且适合于成型的玻璃液的过程，叫做玻璃的熔制。玻璃的熔制是一个非常复杂的过程，它包括一系列物理和化学的现象和变化。

（3）锡槽成型系统

锡槽是浮法玻璃的关键成型设备，其结构大致分为三部分：进口端、主体部分、出口端，锡槽是形成玻璃板的关键工序，决定玻璃板的质量。

（4）退火系统

退火窑壳体采用全钢全电结构，由若干节组成，分为封闭和敞开两部分，玻璃板刚出锡槽的部分是封闭的，后面则是敞开的。将锡槽成型好的玻璃板按照玻璃的热力学特性进行退火处理，满足玻璃的应力要求。

（5）原片玻璃的检验、切割、包装系统

从退火炉出来的连续玻璃基板，经过检验、切边、掰边、横向切割、包装等工序，为精加工提供符合质量要求的原片超白浮法玻璃基板。同时在这里还要对玻璃的厚度、应力、尺寸、玻璃缺陷、锡槽缺陷等进行测定，把玻璃的性能参数及其他不良因素及时反馈给熔化等前道工序。

（6）精加工系统

将原片玻璃运到精加工区，对玻璃进行后续加工，包括：玻璃按用户要求的尺寸或 TCO 玻璃尺寸精密切割；玻璃边、角部分进行研磨、倒角；对研磨后的玻璃表面残存的异物及颗粒进行清洗；自动化检测；成品玻璃包装入库。

超白玻璃让建筑立面实现最大化透明

经典案例 | APPLICATION PROJECTS

罗浮宫金字塔

设计：贝聿铭

材料概况：超白玻璃的运用让这座建筑被誉为消失的玻璃金字塔。

布鲁塞尔苹果店

设计：Jony Ive

材料概况：全新一代苹果店面设计以超大尺寸玻璃立面延续苹果开放透明的形象气质。

上海中心大厦

设计：Gensler

材料概况：最外层超白玻璃不仅让建筑立面更加通透，也最大限度降低了玻璃自爆系数。

百度总部大厦

设计：中国建筑设计研究院

材料概况：超白玻璃广泛应用于顶级企业总部。

6 金属 METAL

随着我国经济的不断发展，城市建设日新月异，许多大型公共建筑物屹立在各大城市中，金属及金属复合装饰材料被大量应用，从传统的铝塑板、铝单板、彩钢板、铝蜂窝板、铝型材等，到近年新兴的金属装饰保温板、泡沫铝板、钛锌复合板、铜塑复合板、遮阳板等，给城市增添了一道道亮丽的风景线。大量研究表明，与其他建筑材料相比，新型金属及金属复合材料产品更符合国家产业发展要求，顺应绿色建材发展趋势，属于朝阳产业，大有可为。

目前，金属幕墙占幕墙工程的1/3，约3 000万m²。金属单板主要以铝单板为主，铝单板是近几年发展最快的建筑装饰材料之一，主要用于建筑物外墙、吊顶及公共建筑的室内外装饰装修中。我国20世纪90年代初引进第一条生产线，经过20多年的发展，形成了华南、华东及京津经济发达地区的集散地，成为世界上最大的铝单板生产制造及应用中心，目前年平均递增率在50%以上。

据统计，2012年铝单板行业规模以上企业1 700余家，以内资企业为主，中、小型企业占绝大部分。从国内行业本身发展来看，铝单板行业整体的技术装备水平虽然比较高，但企业之间的整体水平仍良莠不齐，

其中规模小、设备简陋、管理粗放、标准质量意识差的企业占相当比例，甚至个别企业仍停留在家庭作坊式的生产阶段，质量难以保证，更谈不上规模效应。此外，市场不规范、无序竞争、个别不法厂商以次充好等问题，极大地搅乱了市场秩序。再有，在行业快速发展过程中还出现了盲目的低水平重复建设现象。最近几年新增生产能力过多，且大多数为低水平重复建设，导致市场失衡、价格扭曲。

同时市面上大量涌现的金属复合装饰材料，具有低成本、高性能等特点，符合国家节约能源和建筑材料节能的相关政策，因此拥有广阔的发展空间。其中主要包括铝塑复合板和蜂窝板等。

铝塑复合板装饰效果丰富多彩、耐久性好，是可回收利用的绿色环保产品，广泛应用于建筑幕墙、室内外装饰装修、广告板等。据中国建筑材料联合会金属复合材料分会统计，2013 年中国铝塑板制造企业 250 余家，年产量占世界总产量的 95% 以上，出口量约 1.5 亿㎡，占世界进出口贸易量中的 90% 以上。铝塑复合板行业在取得上述成绩的同时，防火规范对幕墙用铝塑复合板造成了巨大冲击。但即将实施的 GB50016《高层设计防火规范》中的条款规定："建筑外墙的装饰层应采用燃烧性能为 A 级的材料，但建筑高度不大于 50m 时，可采用 B1 级材料"，这项规定为铝塑板行业的再次发展创造了条件。

蜂窝铝板是结合航空工业复合蜂窝板技术而开发的金属复合板产品系列。"蜂窝式夹层"结构，即以表面涂覆耐候性极佳的装饰涂层的高强度合金铝板来作为面、底板，铝蜂窝芯经高温高压复合制造而成的复合板材。该产品系列具有选材精良、工艺先进和构造合理的优势，不仅在大尺度、平整度等方面有出色的表现，而且在形状、表面处理、色彩、安装系统等方面也有众多的选择。此外，面板除采用铝合金外，还可根据客户需求选择其它材质，例如：铜、锌、不锈钢、纯钛、防火板大理石、铝塑板等。铝蜂窝板和瓦楞复合板具有高平整度、抗高风压、减震、隔音、保温、阻燃等优良性能，可与金属、石材复合，因此被大量应用于建筑幕墙、内墙、隔断、吊顶、飞机、列车及家具中。

大量研究表明，与其他建筑材料相比，新型金属及金属复合材料产品更符合国家产业发展要求，顺应绿色建材发展趋势，属于朝阳产业。在国家建筑节能政策的促进下，隔热铝合金型材、铝木复合型材等高性能的型材产品也将会有广阔的发展空间。

铝单板 | Aluminum Veneer

材料简介 | INTRODUCTION

铝单板是采用铝合金板材为基材，经过铬化等处理后，再经过数控折弯等技术成型，采用氟碳或粉末喷涂技术，加工形成的一种新建筑装饰材料。因其表面光滑、耐候性较好、便于清洁，被作为墙面及屋面材料，广泛应用于建筑室内外环境中。

材料性能及特征 | PERFORMANCE & CHARACTER

铝单板一般采用 2 ~ 4mm 厚的 AA3 000 纯铝板或 AA5 000 等优质铝合金板，国内一般使用 3.0mm 厚 AA3003 铝合金板用作建筑外墙装饰。相比传统建筑装修材料，铝单板具有以下优点：

（1）重量轻，钢性好、强度高：3.0mm 厚铝板每平方板重 8kg，抗拉强度 100 ~ 280N/ ㎡。

（2）耐久性和耐腐蚀性好：采用 pvdf 氟碳漆，或者粉末喷涂，保证耐候性耐腐蚀极佳。

（3）工艺性好：采用先加工后喷漆工艺，铝板可加工成平面、弧型和球面等多种几何形状，满足建筑复杂的造型要求。

（4）抗涂层均匀、色彩多样：先进静电喷除技术使得油漆与铝板间附着均匀一致，颜色多样，选择空间大，符合建筑学的要求。

（5）不易沾污，便于清洁保养：氟涂料膜的非黏着性，使表面很难附着污染物，具有良好的自洁性。

（6）安装施工，方便快捷：铝板在工厂成型，施工现场不需裁切，固定在骨架上即可。

（7）可回收再利用，有利环保：铝板不同于玻璃、石材、陶瓷、铝塑板等装饰材料，可 100% 回收，回收残值高。

产品工艺及分类 | TECHNIC & CATEGORY

普通铝单板其构造主要由面板、加强筋和角码组成。表面一般经过铬化等处理后，再采用氟碳或粉末喷涂处理。一般分为二涂、三涂或四涂。氟碳涂层具有卓越的抗腐蚀性和耐候性，能抗酸雨、盐雾和各种空气污染物，耐冷热性能极好，能抵御强烈紫外线的照射，长期保持不褪色、不粉化，使用寿命长。

经过多年的发展，铝单板能呈现多样化的表面形式，主要表面处理方式主要有以下几类：

（1）喷涂处理：在铝单板外表喷涂颜色涂料后经烘干而成，可分两涂、三涂等。好的喷涂板色彩散布均匀，差的板子从侧面会看到涂层波纹状散布。

（2）辊涂处理：铝单板外表进行脱脂和化学处置后，辊涂优质涂料，枯燥固化而成。辊涂铝单板外表漆膜的平整度要高于喷涂铝单板。辊涂板最大特征在于色彩的仿真度极高，可实现各种仿石仿木纹等效果。

（3）阳极氧化处理：使铝板具有更高的硬度和耐磨性、附着性能、抗蚀性、电绝缘性、热绝缘性、抗氧化性能。

（4）覆膜处理：选用高光膜或幻彩膜，板面涂覆专业黏合剂后复合而成。覆膜铝单板光泽鲜艳，可选择花色品种多，防水、防火，具有优秀的耐久性和抗污能力，防紫外线性能优越。

（5）金属拉丝处理：以铝板为基材，选用进口金刚石布轮外表拉纹，经压型、滚涂等多种化学处理而成。外表色泽光亮、均匀，时尚感强，给人以强烈的视觉冲击。

铝单板也大量应用于建筑室内吊顶，结合恰当的穿孔表面处理，可以作为很好的吸声材料。

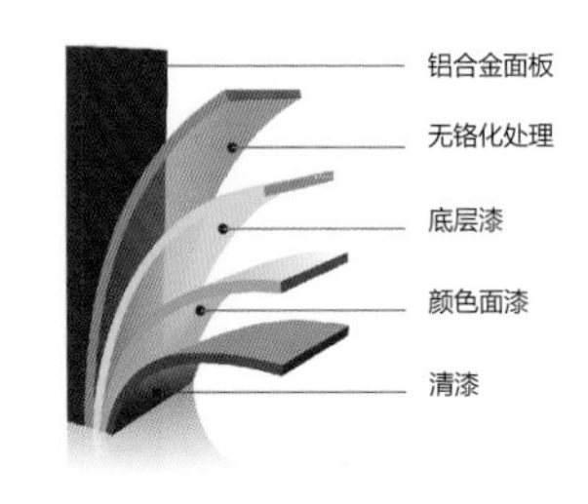

铝单板表面涂层示意

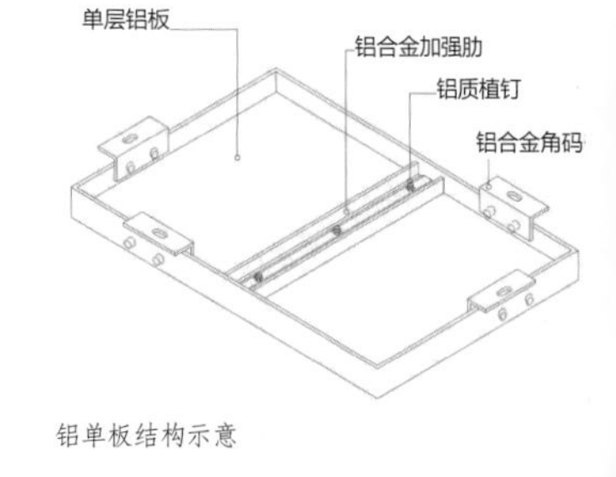

铝单板结构示意

热转印仿木纹铝单板

辊涂仿石材铝单板

不同颜色阳极氧化铝单板

单曲异形铝单板

常用参数 | COMMON PARAMETERS

铝单板采用优质高强度铝合金板材，型号为 3003 或 5005，状态为 H24。成型最大工件尺寸可达 6 000mm×2 000mm。常规厚度：2.5mm、3.0mm、4.0mm ,有特殊需求的可以做更薄(1.5mm、2.0mm)或者更厚。常用规格：600mmx600mm、600mmx1 200mm，常用宽度为 1 220mm 或 1500mm，一些特殊尺寸可做至 8 000mm(L)×1 800mm(W)。表面涂层厚度：30 ~ 50μm。
颜色：需要提供色卡样本给厂商以确定颜色。

（以上数据为市场部分厂家产品参数，不同厂家各有差别，仅供参考）

价格区间 | PRICE RANGE

250 ~ 350 元 /m²

铝单板价格主要包括铝板成本、钣金加工、表面喷涂等部分。主要受品种、品牌、规格、制作工艺的影响；不同项目的根据施工难度及面积数量又各有差别。常规铝单板材料，以市场上 3.0mm 厚铝板为例，平均价格为 250 ~ 300 元 / ㎡。

（以上价格仅为市场普通中端产品价格，材料价格会因不同项目、不同品牌以及订制等多方原因有较大浮动，仅供参考）

设计注意事项 | DESIGN KEY POINTS

金属单板的表面工艺多样，设计师需视项目需求进行比较后选取合适的工艺效果。不同工艺表面处理价格有差异，比如阳极氧化对铝基材要求较高，处理价格也较贵。另外，由于完成面的平整度会受板材厚度和尺寸的影响，设计师需控制合理的板材的分割尺寸，以达到最理想的效果。

（施工及安装要点内容仅代表部分厂家做法，供示意参考，不作为通用施工标准及节点做法）

品牌推荐 | BRAND RECOMMENDATION

品牌详细信息，请参见附录品牌索引：G01、G02 。
（以上推荐仅为市场少数优秀品牌，供设计师参考学习。同一品牌实际可能涉及多种产品，更多详细内容可登录随书小程序）

北京望京 SOHO 铝单板幕墙

施工及安装要点 | CONSTRUCTION INTRO

铝单板安装工艺流程：
铝单板应用于建筑幕墙安装主要有两种固定方式，一种是利用板型本身的挂钩设计固定，另外一种主要采用螺钉月龙骨固定方式。

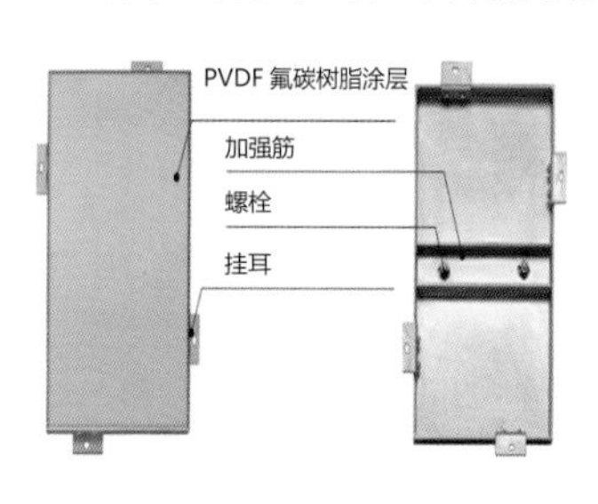

铝单板结构图示

铝单板安装示意图

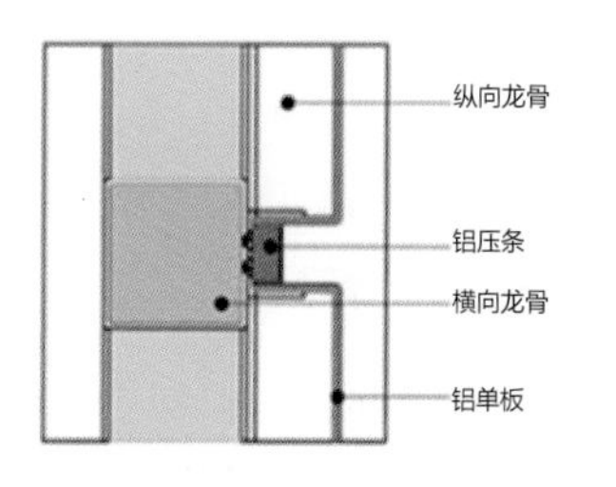

铝单板金属压条明缝处理剖面

铝单板金属压条明缝处理平面

其主要步骤如下：放线→固定骨架的连接件→固定骨架→安装铝板→收口构造处理→检验铝单板。

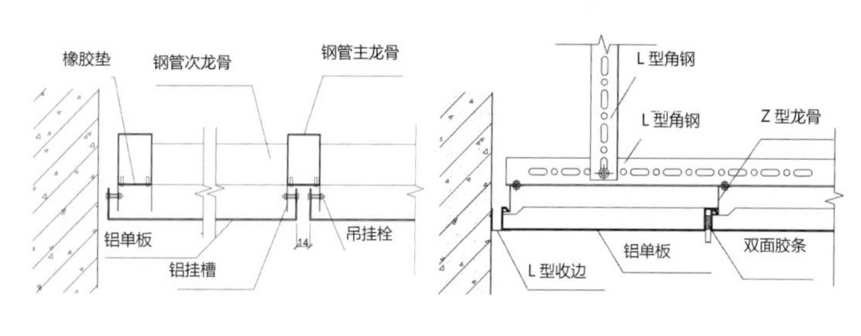

铝单板挂耳式安装剖面　　铝单板螺钉安装式剖面

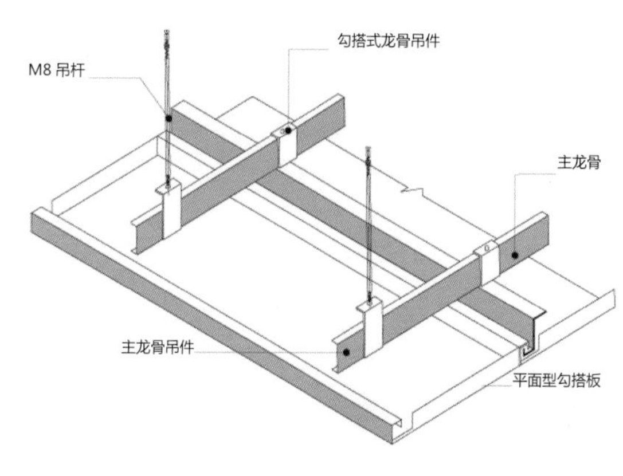

铝单板天花吊顶安装图示

首尔东大门设计广场

设计： Zaha Hadid Architects

材料概况：铝板的双曲异形能力很好地实现了高难度曲线形体塑造。

墨西哥城 Soumaya 博物馆

设计：Fernando Romero Enterprise

材料概况：特殊加工的六边形铝板单元如一件华丽闪亮的建筑礼服。

大连国际会议中心

设计：Coop Himmelblau

材料概况：阳极氧化铝板的特殊金属质感为整个建筑带来十足的科技感。

哈尔滨大剧院

设计：马岩松

材料概况：铝单板幕墙在完成曲线造型的同时还具备抵御严寒气候的能力。

铝塑复合板 | Aluminum-Plastic Composite Panel

材料简介 | INTRODUCTION

铝塑复合板（又称铝塑板）是以经过化学处理的涂装铝板为表层材料，用聚乙烯塑料或高矿物为芯材，在专用铝塑板生产设备上加工而成的复合材料。它由性质截然不同的两种材料（金属和非金属）组成，它既保留了原组成材料（金属铝、非金属聚乙烯塑料）的主要特性，又克服了原组成材料的不足，进而获得众多优异的材料性能，如豪华性、艳丽多彩的装饰性、耐候、耐蚀、耐创击、易加工成型、易搬运安装等特性。因此，铝塑复合板被广泛应用于各种建筑装饰的方方面面，已成为金属幕墙的代表之一。

材料性能及特征 | PERFORMANCE & CHARACTER

铝塑复合板在国内建筑利于有广泛应用。自 20 世纪 80 年代末 90 年代初从德国引进到中国，以其经济性、多样性、易施工、易加工、防火性好等特点，迅速受到人们的青睐。其性能如下：

（1）强剥离度：铝塑板采用了新工艺，将铝塑复合板最关键的技术指标 - 剥离强度，提高到了极佳状态，使铝塑复合板的平整度、耐候性等性能都相应提高。

（2）材质轻易加工：铝塑板每㎡的重量仅在 3.5 ~ 5.5kg 左右，易于搬运， 其具有优越的施工性，只需简单的木工工具即可完成切割、裁剪、刨边，做出各种的变化，也可以冷弯、冷折、冷轧，还可以铆接、螺钉连接或胶合黏结等。因其安装简便，可减少施工成本。

（3）耐冲击性：耐冲击性强、韧性高、弯曲不损面漆、抗冲击力强，在风沙较大的地区也不会出现因风沙冲击造成的磨损。

（4）耐候性：由于采用 PVDF 的氟碳漆、耐候性方面有独特的优势，无论在炎热的阳光下或严寒的风雪中都无损漂亮的外观，可达 20 年不褪色。

（5）涂层均匀色彩多样：经过化成处理及汉高皮膜技术的应用，使油漆与铝塑板间的附着力均匀一致，颜色多样。

产品工艺及分类 | TECHNIC & CATEGORY

铝塑复合板按照不同标准有如下分类。

1. 按产品功能分类：

（1）防火板：选用阻燃芯材，产品燃烧性能达到难燃级（B1 级）或不燃级（A 级）。

（2）抗菌防霉铝塑板：将具有抗菌杀菌作用的涂料涂覆在铝塑板上。

（3） 抗静电铝塑板：采用抗静电涂料涂覆铝塑板，因此不易产生静电，空气中的尘埃也不易附着在其表面。

2. 按表面装饰效果分类：

（1）涂层装饰铝塑板：在铝板表面涂覆各种装饰性涂层。常用的有氟碳、聚酯、丙烯酸涂层。

（2）氧化着色铝塑板：采用阳极氧化及时处理铝合金面板，拥有红、古铜等颜色。

（3） 贴膜装饰复合板：将彩纹膜按设定的工艺条件，依靠黏合剂的作用，黏合在涂有底漆的铝板上或直接贴在经脱脂处理的铝板上。

（4）彩色印花铝塑板：将不同的图案通过计算机照排印刷技术，将彩色油墨在转印纸上印刷出各种仿天然花纹，然后通过热转印技术间接地在铝塑板上复制出各种仿天然花纹。

（5） 拉丝铝塑板：采用表面经拉丝处理的铝合金面板，常见的是金银拉丝产品。

（6）镜面铝塑板：铝合金面板表面经磨光处理，宛如镜面。

铝塑板外观

氟碳喷涂铝塑板

铝塑板应用于室内装修

镜面铝塑板

幻彩铝塑板

彩色印花铝塑板

常用参数 | COMMON PARAMETERS

铝塑板建筑幕墙用板：其上、下铝板的最小厚度不小于 0.50mm，总厚度应不小于 4mm。涂层一般为氟碳树脂涂层。户外墙装饰与广告铝塑板：上、下铝板厚度不小于 0.20mm 的防锈铝，总厚度应不小于 4mm，涂层一般为氟碳涂层或聚酯涂层。室内用铝塑板：上、下铝板一般采用厚度为 0.20mm，最小厚度不小于 0.1mm 的铝板。一般为 3mm 聚酯涂层或丙烯酸涂层。

市场上常用的铝塑板总厚度有 ：3mm、4mm、6mm；

宽 度 ：1 220mm、1 500mm； 长 度：1 000mm、2 440mm、3 000mm、4 000mm、6 000mm。尺寸 1 220mmx2 440mm 为标准板。

（以上数据为市场部分厂家产品参数，不同厂家各有差别，仅供参考）

价格区间 | PRICE RANGE

150 ~ 400 元 /m²

铝塑板因为其采用复合结构，整体价格相较铝单板便宜。常规品牌材料（4mm 板）市场价格在 150 ~ 250 元 / ㎡，外加龙骨构件等及安装费用，综合成本在 400 ~ 500 元 / ㎡。国外高端品牌材料价格为 300 ~ 500 元 / ㎡。

（以上价格仅为市场普通中端产品价格，材料价格会因不同项目、不同品牌以及订制等多方原因有较大浮动，仅供参考）

设计注意事项 | DESIGN KEY POINTS

铝塑复合板的表面色彩质感可供选择，同时不同芯材对应不同性能防火等级，设计师根据不同情况选用。另外市场上存在以不同表面金属结合高压低密聚乙烯（LDPE）芯材的各类金属塑复合板，比如铜塑复合板，不锈钢塑复合板等，其原理均相同，主要目的都在于复合两种材料的不同优点，提高整体性能，同时达到节约表面金属造价的目的，设计师可以举一反三。

（施工及安装要点内容仅代表部分厂家做法，供示意参考，不作为通用施工标准及节点做法）

品牌推荐 | BRAND RECOMMENDATION

品牌详细信息，请参见附录品牌索引：G03、G04。

（以上推荐仅为市场少数优秀品牌，供设计师参考学习。同一品牌实际可能涉及多种产品，更多详细内容可登录随书小程序）

施工及安装要点 | CONSTRUCTION INTRO

铝塑板墙面安装主要有木质基层黏贴及干挂两种方式。

黏贴适用于室内：安装龙骨→安装基层板→用万能胶把铝塑板粘贴在基层板上→接缝打玻璃胶→撕保护膜→完成（注意外墙面基层板要防水，玻璃胶要是耐候胶）。此方法与很多室内材料安装共通，不做过多介绍。

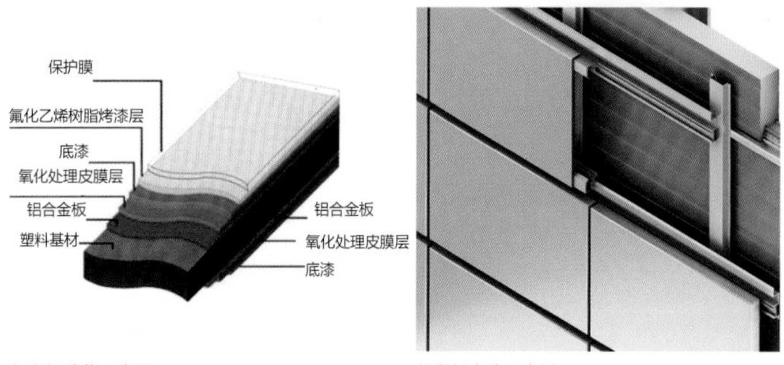

铝塑板结构示意图　　铝塑板安装示意图

干挂适用于建筑外墙：焊接基层骨架（角铁或方管）→铝塑板折边安角码或吊勾（角铝或专用配件）→用穿心螺钉把铝塑板固定在基层骨架上面→接缝安填充条→打玻璃胶→撕保护膜→完成（注意外墙面玻璃胶要是耐候胶）

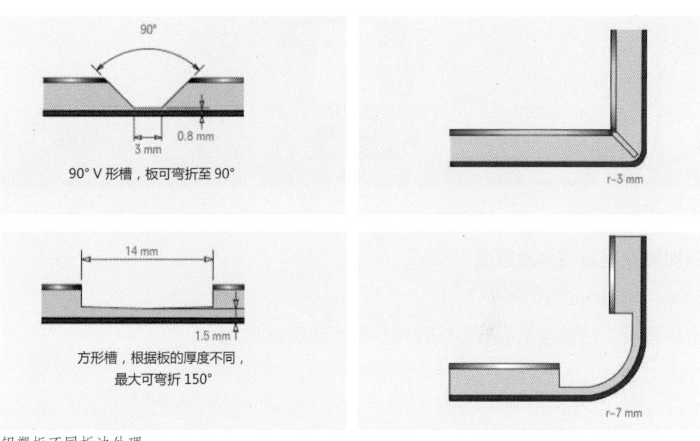

铝塑板不同折边处理

铝塑板的不同干挂处理

巴林世贸中心

设计： Shaun Killa

材料概况：铝塑复合板应用于超高层建筑立面，质轻高强，风格华丽。

新加坡碧滨海湾金沙酒店

设计：Moshe Safdie

材料概况：铝塑复合板打造的独特船身让建筑充满力量。

法国乔治—弗兰彻酒店管理学院

设计： Massimiliano & Doriana Fuksas

材料概况：三角形铝塑复合板完成曲面造型。

杭州西溪首座

设计：浙江绿城建筑设计有限公司

材料概况：平整度高且光泽度好的的铝塑复合板与玻璃形成强烈对比。

蜂窝复合板 | Honeycomb Composite Panel

材料简介 | INTRODUCTION

蜂窝复合板是根据蜂窝结构仿生学的原理开发的高强度新型环保建筑复合材料。蜂窝结构板材强度大、重量轻、平整度高、不易传导声和热等特点，是建筑及制造航天飞机、宇宙飞船、人造卫星等的理想材料。市面上常见蜂窝结构板材主要包括装饰性蜂窝板及功能性蜂窝板两类。

材料性能及特征 | PERFORMANCE & CHARACTER

蜂窝板内的蜂窝芯是根据蜂巢的原理开发而成，每个小蜂房的底部由 3 个相同的菱形组成，是最节省材料的结构，且容量大、极坚固。蜂窝复合板采用蜂窝夹层式结构，外侧是高强度的铝合金面板和背板，中间是经过防腐处理的铝蜂窝芯，通过专用黏结剂高温高压复合而成。其具有以下优势：

（1）重量轻，平整度高：厚度为 25mm 厚的蜂窝板板每m²仅重 6kg，与 6mm 厚的玻璃相当，仅是同厚度石材重量的 1/5，相同厚度平整度远超实心铝板。

（2）板幅大，强度高：是优异的建筑室内装饰材料。抗冲击强度比 3mm 厚的花岗岩大 10 倍，而且冲击后不会整块破碎，经过酸冻融测试 (-25~50°C) 循环 120 次，强度没有降低，是良好的装饰材料。

（3）表面材料可复合不同材料，选择面广：如涂装铝板、不锈钢、纯铜、钛、天然石材、木板、软装等。

（4）安装方便，同时可加工成异形板：一般情况不需要大型安装设备，适于单元式幕墙安装。材料重量轻，采用普通黏结剂就可以固定，从而降低安装成本。

（5）隔声、隔热好：其隔声、隔热效果均好于 30mm 厚的天然石材板。石材铝蜂窝复合板的规格可以改变，标准板规格 1 200mm x 2 400mm。厚度为：标准板 20mm，石材厚 4mm，铝蜂窝厚度为 14mm，高强度过渡层和胶层厚度共 2mm。

（6）抗风压性好：25mm 总厚，1mm 厚双面铝板，负风压测试通过 9 100MPa, 而板面回弹后仍平整如初，是沿海地带建筑和机场航站楼的合适材料。

产品工艺及分类 | TECHNIC & CATEGORY

目前，市场上以蜂窝芯为结构板的不同表面复合板主要有以下几种：

（1）石材蜂窝板复合板：表面为 3 ~ 5mm 厚度的天然石材，衬以轻质铝蜂窝为基材。其保持了天然石材的自然纹理效果，又克服了天然石材易碎，重量大等缺点。在石材超薄片与铝蜂窝的中间介质为高强度纤维过渡层，使产品具有更强的耐冲击性和抗弯强度。板材内部充满空气，重量特轻，隔声隔热效果良好。

（2）铝合金复合板：以高强度合金铝板作为面、底板，与铝蜂窝芯经高温高压复合制造而成的复合板材，具有重量轻、强度高、刚度好、耐蚀性强、性能稳定等特点。

（3）木质蜂窝板复合板：采用厚度为 0.3 ~ 0.4mm 天然木皮与高强度铝蜂窝板通过航空复合技术进行复合成型。木质蜂窝板特点是保留天然木材的装饰质感，重量轻，木材用量少，耐腐蚀，抗压，还能实现木材镶花、拼花、穿孔等特殊工艺。

（4） 不锈钢蜂窝复合板：面板为为各种彩色不锈钢，背板为本色不锈钢，芯层为铝蜂窝。彩色不锈钢的表层不是涂料，是一层抗蚀性极强的氧化膜，不会脱落，无任何毒性。

（5）钛锌蜂窝复合板：以钛锌板为面材，涂有防锈漆的铝合金为背材，铝蜂窝为芯层。它集钛锌板的特点（金属质感强、具有表层自我修复功能、使用寿命长等）与蜂窝板的优点（轻质高强）于一体。

市场上较好的蜂窝产品均加工成右图整体封闭式盒式板，安装方便，装饰效果效果更好。

铝蜂窝芯结构

天然石材蜂窝复合板

铝蜂窝复合板

木纹蜂窝复合板

不锈钢蜂窝复合板

钛锌板蜂窝复合板

常用参数 | COMMON PARAMETERS

蜂窝复合板表面面材有所不同，但部分常规数据可通用：
常规厚度：10mm、12mm、20mm、25mm、30mm、36mm、50mm（可订制其他厚度）；
常规尺寸：宽度≤ 2000mm 长度≤ 12000mm（可协商）；
面板：铝合金 AA3003 厚度 0.7 ~ 1.0mm;
黏结剂：双组分聚氨酯胶 芯材：正六边形蜂窝芯、经防腐处理；铝合金 AA3003/ 厚度 0.07mm/ 孔径 :19mm;
背板：铝合金 AA3003 厚度 0.5 ~ 0.7mm, 防火等级：可达 A2 级以上。

（以上数据为市场部分厂家产品参数，不同厂家各有差别，仅供参考）

价格区间 | PRICE RANGE

400 ~ 800 元 /m²

蜂窝复合板表面根据面层材料选择价格有较大差异，面层材料决定蜂窝复合板整体价格。以市场上 25mm 铝蜂窝复合板为例，价格在 600 ~ 700 元 / ㎡。

（以上价格仅为市场普通中端产品价格，材料价格会因不同项目、不同品牌以及订制等多方原因有较大浮动，仅供参考）

设计注意事项 | DESIGN KEY POINTS

蜂窝复合板最大的特点就是质量轻、强度高、刚度大。不同蜂窝板根据不同建筑、地区、幕墙的高低、风压的大小进行设计计算，然后再按设计要求选用不同厚薄和蜂巢的厚度，以及根据设计要求制造出不同类型的大小板块。其主要满足以下几项指标：风压指标、气密性指标、水密性指标、抗冲击性能指标、平面变形、保温、隔声等指标 。

（施工及安装要点内容仅代表部分厂家做法，供示意参考，不作为通用施工标准及节点做法）

施工及安装要点 | CONSTRUCTION INTRO

蜂窝板的安装具有共通性，此处以金属铝蜂窝为例介绍安装方法，如下图：

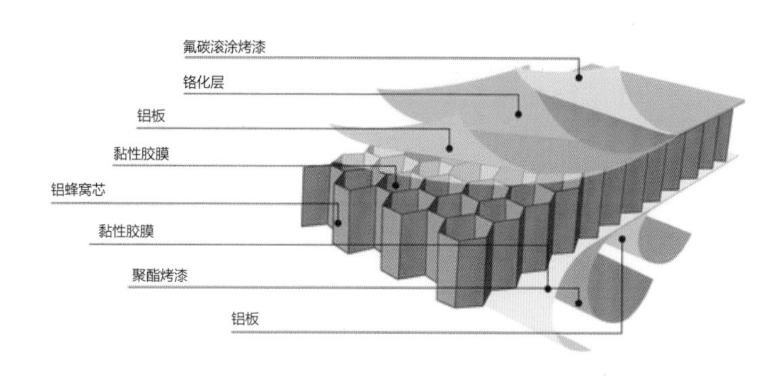

铝蜂窝复合板结构示意图

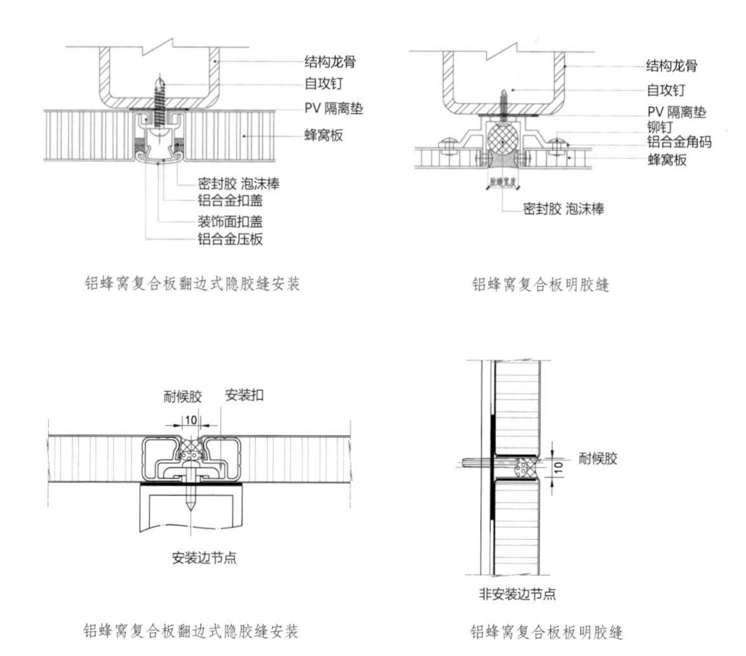

铝蜂窝复合板翻边式隐胶缝安装　　铝蜂窝复合板明胶缝

铝蜂窝复合板翻边式隐胶缝安装　　铝蜂窝复合板板明胶缝

品牌推荐 | BRAND RECOMMENDATION

品牌详细信息，请参见附录品牌索引：G01、G06。
（以上推荐仅为市场少数优秀品牌，供设计师参考学习。同一品牌实际可能涉及多种产品，更多详细内容可登录随书小程序）

木饰面铝蜂窝应用于室内装饰

经典案例 | APPLICATION PROJECTS

马德里 BBVA 银行总部

设计： Herzog & de Meuron

材料概况：金属蜂窝板作为外墙和百叶装饰，外观效果好，整体强度高。

澳大利亚 Woolworths 全球连锁超市

材料概况：预辊涂工艺的彩色一体式连续无缝转角蜂窝百叶，创造绚丽建筑遮阳立面。

上海世博演艺中心

设计： 华东建筑设计研究院

材料概况：三角形蜂窝复合板塑造完美建筑曲面。

天津大学新校区图书馆

设计： 周恺

材料概况：木质铝蜂窝复合板大面积应用于建筑室内墙面装饰，效果好，且满足防火等级要求。

耐候钢板 | Weathering Steel Panel

材料简介 | INTRODUCTION

耐候钢，即耐大气腐蚀钢，是介于普通钢和不锈钢之间的低合金钢系列。耐候钢由普碳钢添加少量铜、镍等耐腐蚀元素而成，具有优质钢的强韧、塑延、成型、焊割、磨蚀、高温、抗疲劳等特性；耐候性为普碳钢的 2~8 倍，涂装性为普碳钢的 1.5~10 倍。同时，它具有耐锈性能，使构件具有抗腐蚀延寿、减薄降耗，省工节能等特点。

材料性能及特征 | PERFORMANCE & CHARACTER

耐候钢最早起源于北美的考顿钢（Corten Steel），广泛用于火车车厢、集装箱及桥梁的制作。耐候钢被用做建筑立面材料，在北美、西欧、澳洲及亚洲的日本、韩国都有一定历史。其具体性能如下：

（1）独特的表现特性：首先，它具有突出的视觉表现力。锈蚀钢板会随着时间而发生变化。其色彩明度和饱和度比一般的构筑物材料要高，因此在园林绿植背景下容易突显出来。

（2）很强的形体塑造能力：如同其他金属材料，锈蚀钢板比较容易塑造成丰富变化的形状，能保持极好的整体性，这一点是木材、石材以及混凝土都很难达到的。

（3）鲜明的空间界定能力：由于钢板的强度与韧度很大，不像砖石材料会因结构导致很多的厚度局限。因此可以利用很薄的钢板对空间进行非常清晰、准确地分隔，使场地变得简练而明快，又充满了力量。

产品工艺及分类 | TECHNIC & CATEGORY

耐候钢形成是通过加入铜、铬、镍等耐候性元素，使钢铁材料在锈层和基体之间形成一层约 50 ~ 100μm 厚的致密且与基体金属黏附性好的氧化物层，这一特殊致密氧化层具有稳定、均匀的自然锈红色特征。其中使用耐候钢生锈液是利用化学（生锈液）的方法在其表面形成一层均匀的锈层。此锈层有保护作用，可抑制钢铁使用初期所流出的锈，此法即称为锈安定化处理法。人工处理一般 1~2d 即可完成。通常一般涂装处理若局部破坏，即引起涂料剥脱现象，由此生锈，为维持美观不得不再涂装。然而，锈安定化处理法是将皮膜慢慢溶化，使所产生的锈安定，逐渐扩大到全部，在钢表面覆盖一层皮膜， 不须在保养。

至于生锈液，水腐蚀较慢，周期较长。而化学溶液腐蚀虽然较快速，但锈层中会有残存溶液，在后期使用过程中残液会加速耐候钢腐蚀，效果也不理想，所以选择合适的生锈液以及合适的加工方式是很关键的。耐候钢的锈蚀分以下几个阶段：

（1）初期阶段：正品耐候钢与普通钢板差别不大，甚至因为初期阶段正品耐候钢的耐蚀性不如普通钢材，可观察到普通钢锈点较正品耐候钢锈点更疏松。

（2）中期阶段：正品耐候钢锈水较少，锈点较小厚密；普通钢板的锈水比较多，锈点较大薄疏；普通钢板的锈柱、泪痕比较严重，工件底部有发黑迹象。

（3）稳定化阶段：正品耐候钢有清晰的致密的锈核层，锈点之间紧密粘连成保护层，用手擦几乎不掉锈；普通钢板掉锈量较多，甚至整块锈皮剥落，锈穿。正品耐候钢是偏向暗黑色（普通环境约 7~8 年，沿海环境约 2 年），普通钢板是偏向红褐色或黄褐色。

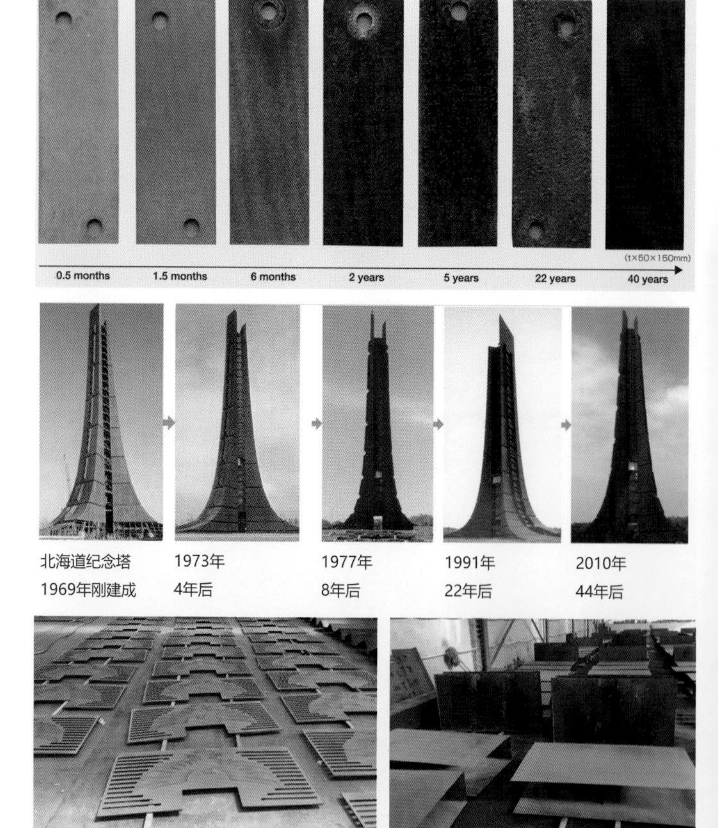

耐候钢板在工厂预处理

常用参数 | COMMON PARAMETERS

耐候钢的合金成分及重量百分比含量为：C：0.12 ~ 0.21；Si：0.2 ~ 2.0；Mn：0.7 ~ 2.0；S ≤ 0.036；P ≤ 0.034；Cu：0.10 ~ 0.40；Al<0.2；其余为Fe和微量杂质。耐候钢板薄钢板通常在0.2 ~ 4mm之间，宽度在500mm ~ 1 400mm之间。

（以上数据为市场部分厂家产品参数，不同厂家各有差别，仅供参考）

价格区间 | PRICE RANGE

200 ~ 400元/m²

耐候钢价格主要包括钢板原材料价格及锈蚀处理价格。锈蚀处理根据工艺不同，约为90 ~ 200元/㎡。耐候钢材约4600元/吨，以3mm厚耐候钢板为例，原材料约110元/㎡，经锈蚀处理加工及折边安装等处理，幕墙综合约500元/㎡左右。

（以上价格仅为市场普通中端产品价格，材料价格会因不同项目、不同品牌以及订制等多方原因有较大浮动，仅供参考）

设计注意事项 | DESIGN KEY POINTS

耐候钢结构最好自然暴露于阳光、风、雨水环境中，若因建筑造型或朝向因素，耐候钢表面无阳光接触，则会产生明显色差，甚至产生分层现象。耐候钢需避免积水，处于水环境下其锈层易分层腐蚀。耐候钢的样板参考性不大，初期有均匀的土黄色或者红棕色即可，即使有些微划损，因其材料特性，划痕也会随着时间可自我修复。耐候钢并非不腐蚀，而是腐蚀较慢，设计时需考虑少许的厚度腐蚀余量。稳定化保护性锈层在自然环境下需3~5年才能形成。

（施工及安装要点内容仅代表部分厂家做法，供示意参考，不作为通用施工标准及节点做法）

品牌推荐 | BRAND RECOMMENDATION

市场厂家较多，故不做推荐。

施工及安装要点 | CONSTRUCTION INTRO

耐候钢在室外景观及一些简易装置中多采用焊接工艺，需要注意以下事项：

（1）焊接点的腐蚀：焊接点的氧化速率必须和其他用料相同，这需要特殊的焊接材料和技术。

（2）积水腐蚀：耐候钢并非不锈钢，如果耐候钢的凹位中有积水，该处的腐蚀速率将变快，因此必须做好排水。

（3）富盐空气环境：耐候钢对富盐空气环境较敏感，在这样的环境中，表层保护膜可能阻止不了内部的进一步氧化。

（4）掉色：耐候钢表面的锈层可使它附近的物体表面变得锈迹斑斑。

耐候钢板经常采用镂空雕刻

耐候钢异形件切割

耐候钢板在室外景观应用

现代耐候钢作为建筑装饰幕墙大量使用，厚度一般3mm左右，其安装方式与铝板外墙安装类似。厚层5mm及以上耐候钢板幕墙多采用单元外挂方式。

耐候钢板建筑幕墙单元安装

西班牙贝尔洛克 Bell-Lloc 酿酒厂

设计： RCR Arquitectes

材料概况：尽管钢材是一种现代工业材料，它仍然通过作品中的光感完美地呈现出陈旧的氛围，而且同时可以经得起时光的打磨。

英国利兹广播大厦

设计： Feilden Clegg Bradley Studios

材料概况：高层建筑立面大面积使用耐候钢，建筑如雕塑般的存在，引人注目。

上海世博会卢森堡馆

设计：Francois Valentiny

材料概况： 开放式结构表皮由 500 t 4mm 厚的耐候钢材构成。

同济大学中法中心

设计：张斌

材料概况：国内耐候钢建筑立面开先河作品。

彩涂 / 搪瓷钢板 | Color Coated / Enamelled Steel Sheet

材料简介 | INTRODUCTION

钢板是建筑工程中广泛使用的材料，其中彩涂钢板是在连续机组上以冷轧带钢，镀锌带钢（电镀锌和热镀锌）为基板，经过表面预处理（脱脂和化学处理）、用辊涂的方法，涂上一层或多层液态涂料，化经过烘烤和冷却所得的板材。由于涂层可以有各种不同的颜色，习惯上把涂层钢板叫做彩色涂层钢板。

搪瓷钢板则是在钢板表面进行瓷釉涂搪以防止钢板生锈，使钢板在受热时不至于在表面形成氧化层，并且能抵抗各种液体的侵蚀。搪瓷制品不仅安全无毒，易于洗涤洁净，可以广泛地用作日常生活中使用的饮食器具和洗涤用具，同时也使用于地铁车站装饰墙板、建筑内外墙、隧道用装饰墙板、无菌手术室墙面等地方。

材料性能及特征 | PERFORMANCE & CHARACTER

彩涂钢板的涂层既具备保护作用又增加了装饰性，且色泽持久不易褪色，不同的彩涂板品种表面还可增加压花、印花不同类型的色彩和表面结构。虽然传统钢板的价格比彩涂板要低一些，但由于在成形后还需进行装饰保护工序，因此，相比之下彩色涂层钢板的性价比还是存在明显优势。彩色涂层钢板与传统的钢板相比，具有安装便捷、施工速度快（无湿作业）、连接牢固可靠、施工季节不受限制、不做二次装修等优点。传统的钢板要达到彩色涂层钢板同样的装饰效果，需要对钢板作涂装处理，因而彩涂板施工速度快。彩涂板在建筑及室内装饰方面还有一个非常重要的优点，即能防火。

搪瓷钢板的瓷釉层在金属坯体上表现出的硬度高、耐高温、耐磨以及绝缘等优良性能，这些性能使搪瓷制品有更加广泛的用途。搪瓷钢板硬度达莫氏 6.0，高于钢铁，低于宝石。耐刮擦、易于清洁、耐磨性强，远高于氟碳喷涂和粉末喷粉。表面不褪色，耐候性强，在阳光直射下，颜色不会改变。耐酸碱性强，绝缘，不可燃 A 级。搪瓷钢板也可用作建筑内外墙装饰，采用干挂系统，安装方便。使用寿命长达 50 年，理化性能稳定，产品表面艺术表现力强。

产品工艺及分类 | TECHNIC & CATEGORY

国内彩涂钢板一般有背（底）漆和面（正面）漆涂层，一般是背漆一层，面漆两层，国外业务面漆背漆均是两层。常见的二涂二烘型连续彩色涂层工艺流程主要生产工序为：开卷机→缝合→压辊→涨力→开卷活套→碱洗脱脂→清洗→烘干→钝化→烘干→初涂→初涂烘干→面漆精涂→面漆烘干→风冷降温→收卷活套→收卷机→下卷打包入库。

彩涂钢板按照采用基板的不同，主要分为：冷轧基板彩色涂层钢板，热镀锌彩色涂层钢板，热镀铝锌彩涂板和电镀锌彩涂板。不同厂家涂烘次数不一样，有的达到三涂三烘，但原理大致类似。表面图案均通过辊涂印刷工艺制成的，涂层一般有聚酯漆 (RMP)、聚氨酯漆 (PU) 和氟碳漆 (PVDF)。此处重点介绍的是带装饰效果的印花彩涂钢板。

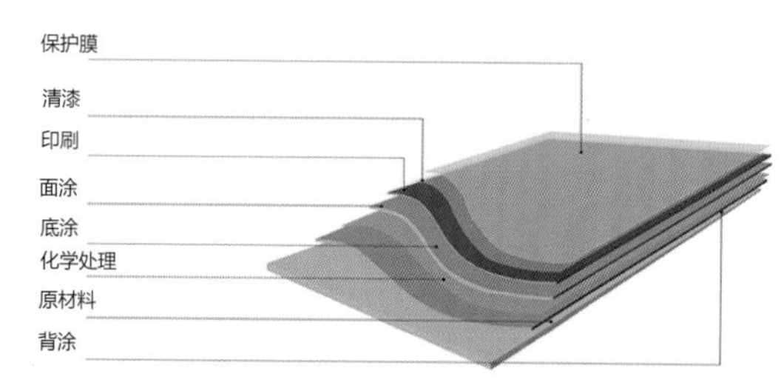

彩涂钢板构造示意图

现代最新的搪瓷钢板采用干法工艺，代表国际搪瓷行业最高工艺水平。工艺的突出特点是借助先进的静电设备，将不低于 320 目的超细磨釉粉在特别温度的控制的静电喷涂室内，通过静电高压自动喷枪将釉粉达到雾化状态，使连续通过室内的坯件与雾化状态的釉粉的正负电子相吸，将釉粉均匀地吸附在坯件表面，形成细薄而致密的涂层。再经过恒定约 830℃的高温形成平整光滑，且致密性极高的瓷层。

静电干法，两喷一烧工艺主要优点在于：瓷层厚度均匀，耐冲击性能好；理化性能优越，耐酸达到 AA 级，颜色稳定，色差小，瓷面细腻光滑，二喷一烧，烧成次数少，平整度好，比照传统三喷两烧工艺，节省了约 50% 的能源消耗，促进了节能降耗指标，更有利于社会环保。

彩涂钢板工厂加工

彩涂钢板装饰木纹

搪瓷钢板

地铁搪瓷钢板应用

常用参数 | COMMON PARAMETERS

彩涂钢板公称厚度：0.22 ～ 2.0mm; 公称宽度：700 ～ 1 550 mm ；
公称长度：1 000 ～ 4 000mm 涂层厚度：应不小于 20μm；
涂层光泽使用 60°镜面光泽表示，光泽分为低、中和高三级。

搪瓷钢板屈服极限 98 ～ 284MPa，抗拉强度 275 ～ 412MPa；
延伸率 30% ～ 40%，杯突深度 >7mm，不可燃 A1 级

（以上数据为市场部分厂家产品参数，不同厂家各有差别，仅供参考）

价格区间 | PRICE RANGE

60 ～ 650 元 /m²

彩涂钢板价格较为便宜，市场上有一定印花效果的彩涂钢板，通常 0.4 ～ 0.8mm 价格在 60 ～ 130 元 / ㎡不等。搪瓷钢板价格较贵，厚度也较厚，以 1.5mm 为例，价格在 500 ～ 700 元 / ㎡不等。

（以上价格仅为市场普通中端产品价格，材料价格会因不同项目、不同品牌以及订制等多方原因有较大浮动，仅供参考）

设计注意事项 | DESIGN KEY POINTS

现代彩涂钢板相对花纹颜色更加多样，同时相较铝板有价格优势，但在使用过程中，涂层相对容易发生老化，出现失光、变色、粉化、起泡、开裂、剥落和生锈等状况。
当下市场上烤瓷铝板开始出现，是在普通铝板上用无机烤瓷涂料进行表面处理后的复合材料。具有与搪瓷钢板类似的优良性能，同时烤瓷铝板具有质轻、高温不崩裂等性能，加上其价格优势使得传统装饰领域必选的搪瓷钢板逐渐的在被烤瓷铝板所替代。

（施工及安装要点内容仅代表部分厂家做法，供示意参考，不作为通用施工标准及节点做法）

品牌推荐 | BRAND RECOMMENDATION

品牌详细信息，请参见附录品牌索引：G08、G09。
（以上推荐仅为市场少数优秀品牌，供设计师参考学习。同一品牌实际可能涉及多种产品，更多详细内容可登录随书小程序）

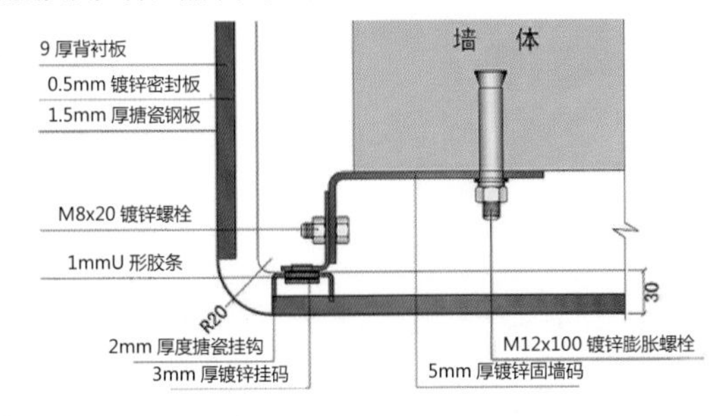

搪瓷钢板转角安装示意

施工及安装要点 | CONSTRUCTION INTRO

传统彩涂钢板色彩花纹选择相对较少，造价便宜，施工方便，广泛应用于临时建筑或质量要求不高的简易型建筑。随着彩涂技术的不断发展，彩涂钢板的装饰性及性能都得到加强，价格优势突出，开始广泛应用于建筑室内与外墙面装饰。其安装方式大多采用干挂，也常被作为复合墙体一体化使用。

彩涂钢板建筑外立面装饰

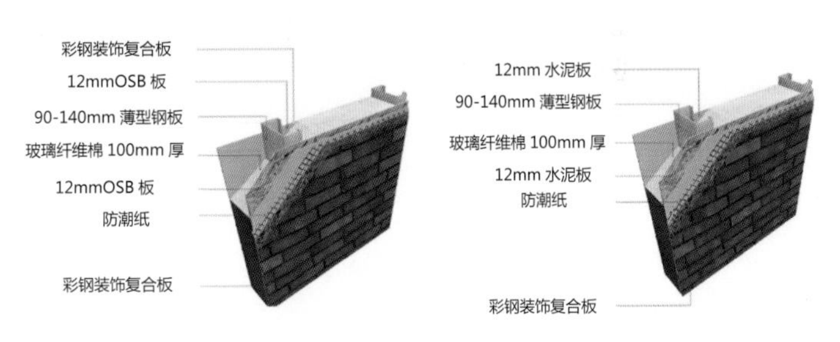

彩钢装饰复合板墙体系统　　彩钢装饰复合板水泥板墙体系统

搪瓷钢板通常厚度较厚，其折边通常为圆弧状。同时其抗冲击能力强，用在人流较大的公共场所较为常见。其安装方式与一般铝板幕墙类似。

搪瓷钢板地铁内墙面应用

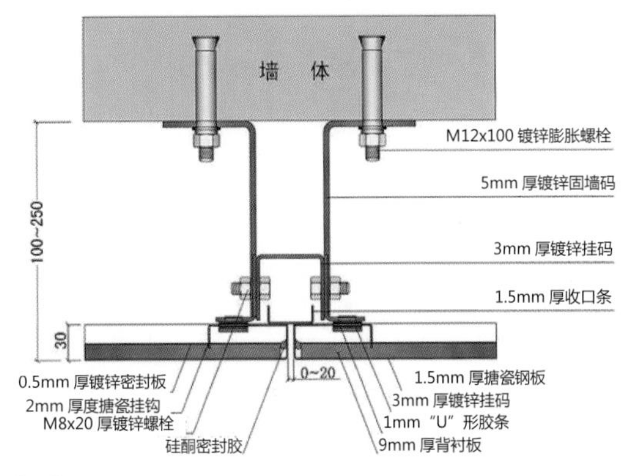

搪瓷钢板墙面安装示意

重庆财富中心接待中心

材料概况：最新的彩涂钢板图案能力强，效果逼真，可很好地表现木纹、石材等质感纹理。

崇明桃源水乡度假大酒店

材料概况：木纹彩涂钢板广泛应用关于建筑室内木装饰，效果佳。

澳洲德黑兰商业中心

材料概况：色彩鲜艳的搪瓷钢板不仅抵抗风沙侵袭，且极具地域特色。

上海当代艺术博物馆室内

设计： 章明

材料概况：洁白的搪瓷钢板在建筑室内墙面使用，与建筑灰色外立面形成鲜明对比。

不锈钢 | Stainless Steel

材料简介 | INTRODUCTION

不锈钢，通俗地说就是不容易生锈的钢铁。是在普通碳钢的基础上，加入一组质量分数大于 12% 的合金元素铬（Cr），使钢材表面形成一层不溶解于某些介质的氧化薄膜，使其与外界介质隔离而不易发生化学作用，保持金属光泽，具有不生锈的特性。铬含量越高，钢的抗腐蚀性越好。

材料性能及特征 | PERFORMANCE & CHARACTER

不锈钢以其漂亮的外观、耐腐蚀的特性、不易损坏的优点，不但在我们的日常生活厨具中较为常见，在建筑中越来越多地被使用到，常作为钢构件、室外墙板、屋顶材料、幕墙装饰等。其性能特点如下：

（1）具有良好的耐腐蚀性和耐久性：不锈钢材料是克服钢结构锈蚀问题的理想选择，可以延长结构使用寿命。

（2）良好的加工性能：优良的力学性能、高强度、高硬度，并具有优异的延展性、成型性，易于加工和焊接。

（3）优良的耐高温性能和低温韧性：不锈钢在高温条件下的残余强度和刚度均优于普通碳素钢，可以应用于防火设计，在低温下的冲击韧性也优于普通碳素钢。

（4）抗冲击性能好，循环利用简单：在受到冲击时，其良好的延性可以吸收大量的能量。能 100% 再生，可循环利用，便于可持续发展。

（5）符合建筑和美学的要求：固有的漂亮外观，形式多样的肌理，与石材、木材、玻璃等材料有良好的搭配性，可以将建筑美学融入结构之中。

（6）初期成本较高：不锈钢结构的初期成本约为相同普通碳素钢结构的 4 倍，但如果考虑材料成本、维护费用、防锈处理和防火处理的全寿命周期成本，不锈钢结构具有较大的优势。

产品工艺及分类 | TECHNIC & CATEGORY

实际上不锈钢有 100 多种，特性和功能也不一样。根据金相组织的不同可以分为 5 大类：奥氏体型、奥氏体 - 铁素体（双相）型、铁素体型、马氏体型和沉淀硬化型。一般做装饰、景观、雕塑时选用奥氏体不锈钢，因为奥氏体不锈钢导热率低，用它做水壶、炒锅、饭锅就不合适，会多用不少的能源。用铁素体不锈钢做炒锅、饭锅、不仅有优良的耐蚀性，而且其导热性比奥氏体不锈钢高近一半。洗衣机内桶、热水器、洗菜盆等，只要与水接触的器皿都应选用铁素体不锈钢。

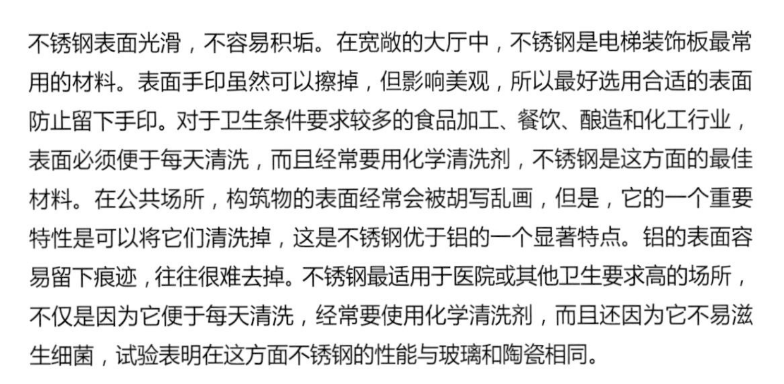

不锈钢表面光滑，不容易积垢。在宽敞的大厅中，不锈钢是电梯装饰板最常用的材料。表面手印虽然可以擦掉，但影响美观，所以最好选用合适的表面防止留下手印。对于卫生条件要求较多的食品加工、餐饮、酿造和化工行业，表面必须便于每天清洗，而且经常要用化学清洗剂，不锈钢是这方面的最佳材料。在公共场所，构筑物的表面经常会被胡写乱画，但是，它的一个重要特性是可以将它们清洗掉，这是不锈钢优于铝的一个显著特点。铝的表面容易留下痕迹，往往很难去掉。不锈钢最适用于医院或其他卫生要求高的场所，不仅是因为它便于每天清洗，经常要使用化学清洗剂，而且还因为它不易滋生细菌，试验表明在这方面不锈钢的性能与玻璃和陶瓷相同。

不锈钢的表面处理形式大致有五种，分别为轧制表面加工、机械表面加工、化学表面加工、网纹表面加工和彩色表面加工。形成的产品常有镜面（抛光）、拉丝、网纹、蚀刻、电解着色、涂层着色等；也可轧制、冲孔成各种凹凸花纹、穿孔板、加工成各种波形断面板，在建筑中根据不同的部位，不同的要求可供设计师选用。

彩色不锈钢

镜面不锈钢

拉丝不锈钢

蚀刻不锈钢

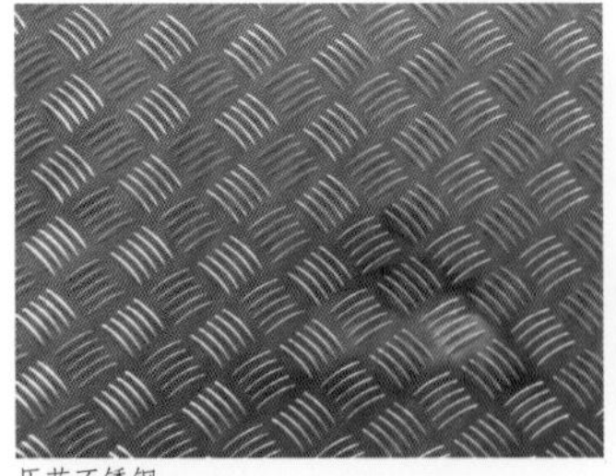

压花不锈钢

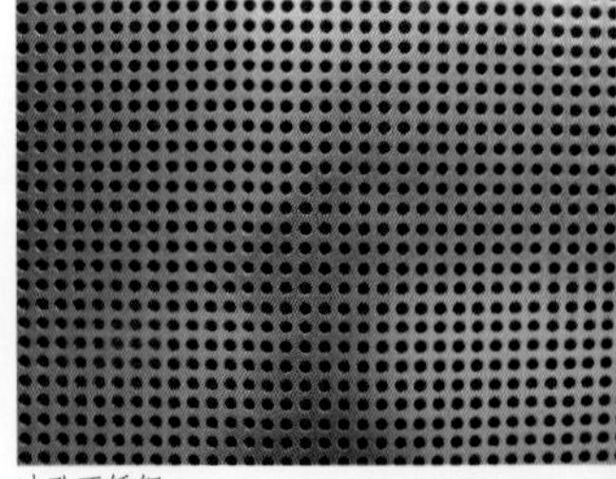

冲孔不锈钢

常用参数 | COMMON PARAMETERS

304 不锈钢是不锈钢中常见的一种材质，密度为 7.93 g/cm³，业内也叫做 18/8 不锈钢。具有耐高温 800° C，具有加工性能好、韧性高的特点，广泛使用于工业和家具装饰行业和食品医疗行业。

抗拉强度 :520MPa；条件屈服强度 :205 MPa；

伸长率：40 %；断面收缩率 :60%；

硬度：≤ 187HBW ≤ 90HRB ≤ 200HV ；熔点：1 398~1 454℃；

比热容：0.50；电阻率 :20℃，10-6Ω·m：0.73。

（以上数据为市场部分厂家产品参数，不同厂家各有差别，仅供参考）

价格区间 | PRICE RANGE

150 ~ 300 元 /m²

不锈钢价格主要跟不锈钢板厚度成正比。以市场上常用的 304 型号不锈钢为例，厚度为 1mm、2mm、3mm 居多。1mm 厚度不锈钢市场价格约在 150 元 / ㎡，建筑外墙常用 2mm 左右，所以面板原材料价格约 300 元 / ㎡。不锈钢蜂窝复合板大致价格在 500 ~ 700 元 / ㎡左右。

（以上价格仅为市场普通中端产品价格，材料价格会因不同项目、不同品牌以及订制等多方原因有较大浮动，仅供参考）

设计注意事项 | DESIGN KEY POINTS

不锈钢具有抵抗大气氧化的能力，即不锈性；也具有在含酸、碱、盐的介质中耐腐蚀的能力，即耐蚀性。但其抗腐蚀能力的大小是随其钢质本身化学组成、加互状态、使用条件及环境介质类型而改变的。如 304 钢管，在干燥清洁的大气中，有绝对优良的抗锈蚀能力，但将它移到海滨地区，在含有大量盐份的海雾中，很快就会生锈了。因此，不是任何一种不锈钢在任何环境下都能耐腐蚀，不生锈的。另外不锈钢的磁性是与内部组织结构和工艺有一定关系的，不能简单地以有无磁性来判断是否为不锈钢。

（施工及安装要点内容仅代表部分厂家做法，供示意参考，不作为通用施工标准及节点做法）

品牌推荐 | BRAND RECOMMENDATION

市场厂家较多，故不做推荐。

施工及安装要点 | CONSTRUCTION INTRO

不锈钢的施工主要与不锈钢的性能有很大关系。因为其价格较高，通常采用厚度较薄的不锈钢面板， 所以通常需要内置基层板（木工板基层板或镀锌钢板）来保证不锈钢板的表面平整度，其原理大致如下：

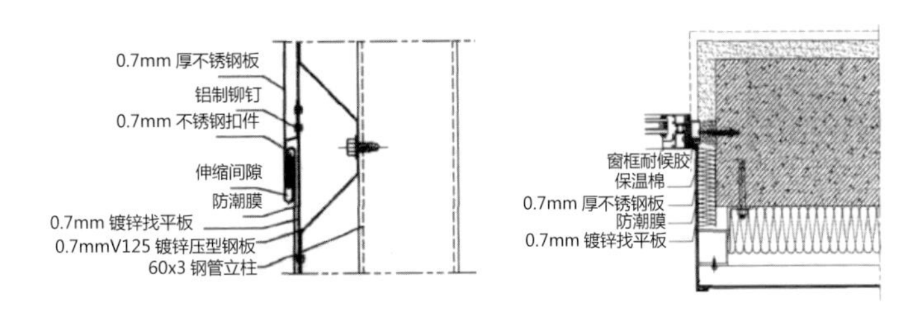

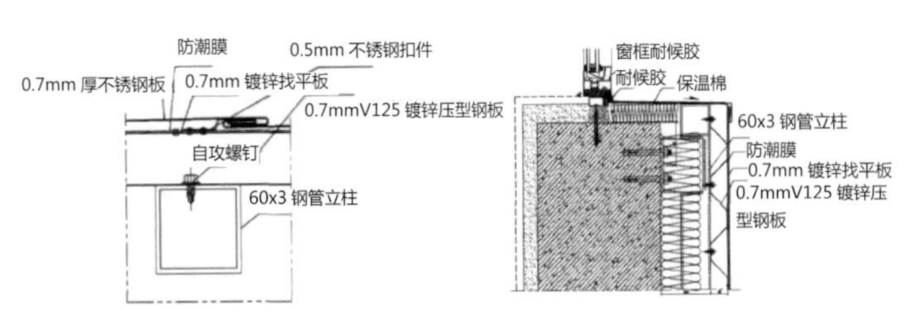

不锈钢板常用安装方式

不锈钢应用于建筑外幕墙装饰，也多采用不锈钢复合板的方式。其中不锈钢蜂窝板就是最常用的一种形式。其蜂窝结构减少构造做法的同时，极大地提高了不锈钢板的表面平整度和施工便捷性。

不锈钢蜂窝板结构示意图

切口式不锈钢蜂窝板

密封式不锈钢蜂窝整板

美国加州华特·迪士尼音乐厅

设计：Frank Gehry

材料概况：原设计为石材幕墙，由于造价原因换成了不锈钢外幕墙，却也意外地给建筑的形体增添了一份高科技的华丽气质。

加拿大多伦多大学中的健康中心

设计： Kongats Architects

材料概况：不锈钢百叶通过不同角度的排布反射了周边环境，给方盒子建筑表面增添了丰富的建筑表情。

2010 年上海世博会主题馆

设计：曾群

材料概况：表面做蓝色氧化处理的不锈钢板同时结合打点工艺，提高不平整度降低造价的同时，突显独特的上海蓝主题。

中国木雕博物馆

设计：马岩松

材料概况：银色不锈钢板所覆盖的外表皮，戏剧性地在建筑上反映着周边的环境和变幻的光线。

冲压网 / 金属网帘 | Perforated Mesh / Metal Curtain

材料简介 | INTRODUCTION

金属冲压网是以常见金属或金属合金材料进行机械压力（冲压和切割）加工形成的具有一定透视效果和一定装饰效果金属板材。其中穿孔是最为常见的方式，其图案根据加工方式的不同可以订制各种不同效果。

金属网帘是采用优质铝合金丝、铜丝、不锈钢丝等经过经纬交错编织或螺旋编织而成具有一定的柔韧性的金属网。编织帘根据编织方式和工艺的不同，可以形成多种多样的不同效果的供设计师选择，是现代建筑很好的柔性装饰界面材料。

材料性能及特征 | PERFORMANCE & CHARACTER

冲压网是一种降低噪音并兼有装饰作用的新产品，常用作室内吊顶。其具有以下特征：

（1）材质轻、耐高温、耐腐蚀、防火、防潮、防震、化学稳定性好，造型美观，色泽幽雅，立体感强，装饰效果好，且工艺简单，安装、维修方便。

（2）立面简洁生动，通过有规律的穿孔形成图案，能使简洁的立面造型丰富、活泼生动。

（3）穿孔板大大降低了玻璃的遮阳系数，起到了很好的遮阳作用，从而减少了太阳辐射对室内的影响，阻挡了直射阳光，防止眩光，使室内照度分布均匀，有助于视觉的正常工作。

金属网帘广泛应用于空间分割、墙体装饰、屏风、橱窗等等、是宾馆，酒店等室内装饰的理想材料。其具有以下特征：

（1）金属下垂度好，能打褶，像布艺窗帘一样活动自如。具有金属丝和金属线条特有的柔韧性和光泽度，颜色多变，在光的折射下，色彩斑斓，艺术感很强，能够显著提升空间品质。

（2）相比布艺窗帘，金属网帘可以让光和空气进入到室内，视觉感受和舒适度更好。金属网帘不易燃，也就是说它的燃点非常高，不会成为火灾的隐患。

（3）耐用性极好，可回收性强。使用时间相对于别的产品来说更长久，而且不易损坏。且安装特别快捷，没有太多的繁琐程序，省时省力。

产品工艺及分类 | TECHNIC & CATEGORY

冲压网根据加工方式的不同，主要有模具冲孔及拉伸扩张两种方式。模具冲孔主要采用冲孔机在不同材料上打出不同形状的孔，对应原材料大多有：不锈钢板、低碳钢板、 镀锌板、 PVC 板、冷轧卷、热轧板、铝板、铜板等。其加工结构简单，操作方便。通过更换不同模具实现不同几何形状图案冲孔。模具冲孔通常以简单图形为主，难以加工较为复杂的图案。扩张网是对常用金属采用切割穿孔的同时施以压力拉伸的方式，形成于原面积几倍的金属板网，市场上称也为钢板网或金属扩张网。与穿孔板相比，是一种利用材料效率更高的方式，其效果也独具特色，深受设计师的青睐。

市场上的金属网帘产品主要分为金属帘、金属网带、金属绳网、金属环网及金属布。金属网带一般分为扁丝型网带，乙型网带和人字型网带。金属帘又可分为金属网帘，金属钩帘和金属珠帘。金属绳网一般分为用金属丝和钢丝绳经纬交叉编织而成的钢丝绳网和卡扣与钢丝绳固定编织而成的钢丝绳网。金属环网是由铝合金，铜，碳钢等材料制作而成，再以金属扣或环环相扣的方式连接成片状结构，颜色各异。多以垂直悬挂的方式作为隔断使用。金属布是由多个单独铝片咬合卡扣所组成，铺平后像竹席般平整。通过电镀工艺可以做出不同的颜色，在光线和角度的变化下呈现出鱼鳞般迷幻的色彩，多用在酒店舞厅等娱乐场所，是一种时尚的装饰材料。

冲压网和金属网帘表面均可采用多样处理方式来提升产品的表观形式，如：阳极氧化、粉末喷涂（氟碳）、喷漆处理，此类方法多应用于铝制原材料产品处理。针对不锈钢材质的产品如：电解抛光、电镀、表面做旧处理等。不同处理方式针对不同材质和使用环境，可获得不同表观效果。

方形穿孔金属板

花形彩色穿孔金属板

金属扩张网

金属帘

金属网带

金属绳网

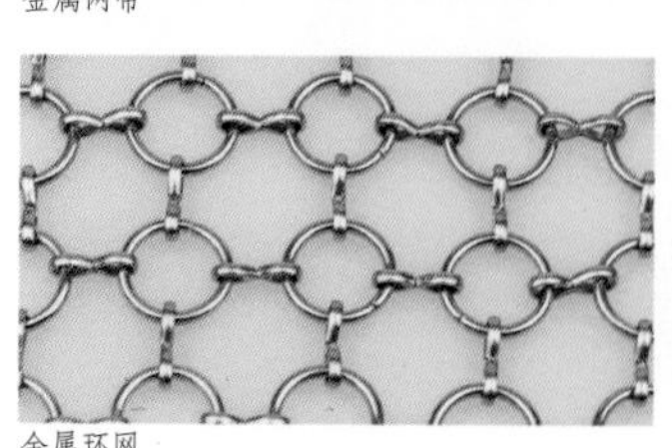

金属环网

金属布

常用参数 | COMMON PARAMETERS

穿孔板厚度：薄板（0.15 ~ 2.0mm）、常规板（2.0 ~ 6.0mm）。扩张网厚度一般：0.3 ~ 8mm，尺寸宽度在2m内，长度根据客户需求订做。最常见的是孔径为6mm，间距15mm。根据目前机械设备，最高穿孔率能达到65%左右，并要求穿孔板尺寸在1 500mmx3 000mm范围内。如果超出此范围，穿孔就需要二次定位。

（以上数据为市场部分厂家产品参数，不同厂家各有差别，仅供参考）

价格区间 | PRICE RANGE

200 ~ 600元/m²

穿孔板和扩张网的价格主要与原材料相关，金属成分与价格本身起决定作用。以3mm室外穿孔铝板穿孔率30%为例，价格在250元/㎡左右，加上外氟碳处理，价格在320元/㎡左右。
金属网帘价格同样与原材料和编织工艺，表面处理等相关。常规编织产品价格在200 ~ 600元/㎡。部分表面处理价位在80-180元/㎡左右。部分高端产品则价格上千元。

（以上价格仅为市场普通中端产品价格，材料价格会因不同项目、不同品牌以及订制等多方原因有较大浮动，仅供参考）

设计注意事项 | DESIGN KEY POINTS

冲压网孔隙率越高，对成形后的平整度影响越大，检验标准要低于正常铝板的相应规定。同时孔隙率的大小会直接影响建筑立面的通透性和室内视线和采光，设计师需要根据不同项目和需要的效果谨慎选择。
金属网帘在国内的应用还不普及。但其选择多样，采用人工与机械相结合的方式可实现设计师的订制化需求。国内金属网帘的主要生产地主集中在素有中国“丝网之乡”美誉的河北省安平县，产品远销国内外。国内市场的提高还有待设计师加深对金属网帘产品的认识。

（施工及安装要点内容仅代表部分厂家做法，供示意参考，不作为通用施工标准及节点做法）

品牌推荐 | BRAND RECOMMENDATION

品牌详细信息，请参见附录品牌索引：G05。
（以上推荐仅为市场少数优秀品牌，供设计师参考学习。同一品牌实际可能涉及多种产品，更多详细内容可登录随书小程序）

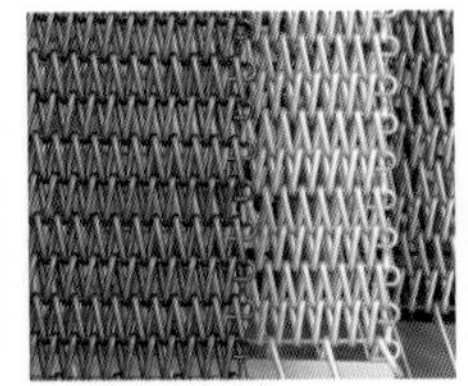
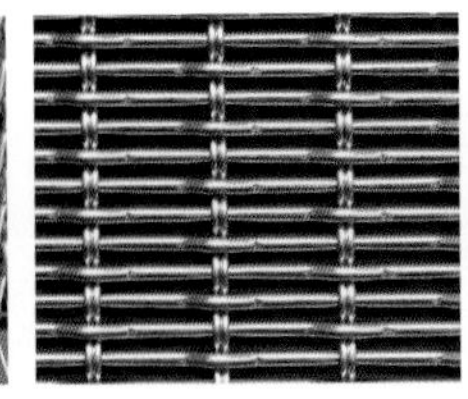
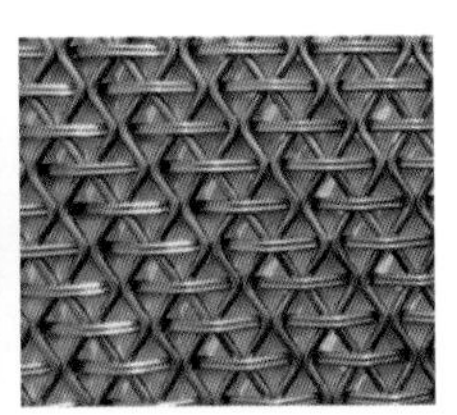

不同样式金属网帘

施工及安装要点 | CONSTRUCTION INTRO

冲压网一般应用于建筑室内吊顶和外立面幕墙装饰居多，深受建筑师喜欢。其施工简单，方便快捷，主要采用常规金属龙骨固定方式。以室内金属吊顶施工为例，与主要施工步骤如下：弹标高水平线→划分龙骨分档线→安装龙骨吊杆→安装主龙骨→安装副龙骨→安装金属扩张网→清理表面。

扩张网应用于室内分隔及吊顶

工厂设备冲压

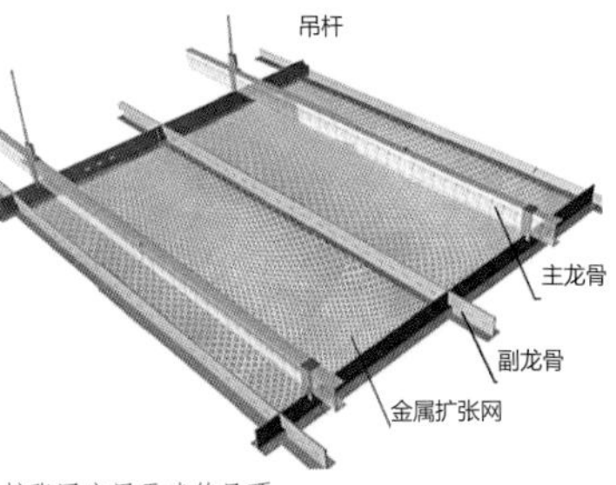

扩张网应用于建筑吊顶

波浪形穿孔金属网

金属网帘的生产采用特殊的金属编织机，类似布匹编织原理。安装方式主要采用特殊金属配套夹具张拉受力的方式。

编织网机械加工

编织机编织加工

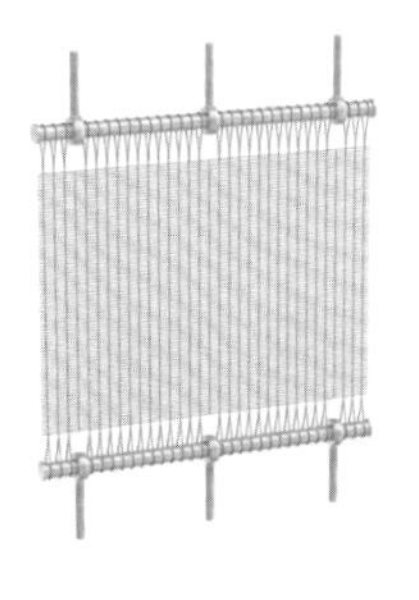
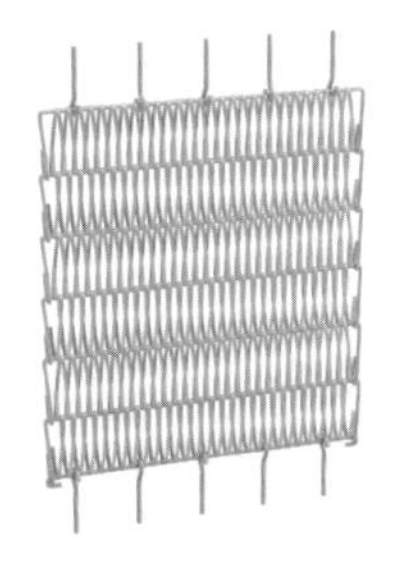
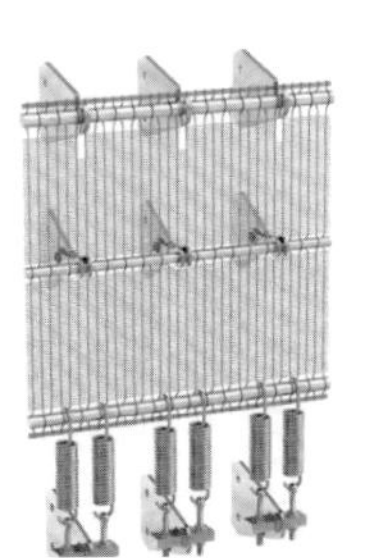

金属网帘张拉固定示意

经典案例 | APPLICATION PROJECTS

纽约新当代艺术博物馆

设计：SANAA

材料概况：扩张网包裹下的几个白色盒子体量，创造了一种独特的轻盈蒙胧感。

法国阿尔比大剧院

设计：Dominique Perrault Architecture

材料概况：采用整体如布料一般的红铜色不锈金属网帘装饰建筑两个立面，与内部实体形成鲜明对比。

北京木木美术馆入口改造

设计：董功

材料概况：利用金属网的半透明性，既避免了对旧建筑较大改动，又与城市建立起新的平衡。

苏州钟书阁

设计：俞挺

材料概况：带有花瓣图案的彩色穿孔铝板配合五彩的颜色组成一道室内绚丽的彩虹。

铜 | Copper

材料简介 | INTRODUCTION

铜是人类最早使用的金属之一。早在史前时代，人们就开始采掘露天铜矿，并用获取的铜制造武器和各种器皿。铜的使用对早期人类文明的进步影响深远。铜是一种过渡元素，化学符号 Cu，英文 copper。纯铜是柔软的金属，表面刚切开时为红橙色带金属光泽，单质呈紫红色。纯铜的新鲜断面是玫瑰红色的，但表面形成氧化铜膜后，外观呈紫红色，故常称紫铜（纯铜）。铜延展性好，导热性和导电性高，因此在电缆和电气、电子元件中是最常用的材料，也可用作建筑材料，可以组成众多种合金。铜合金机械性能优异，电阻率很低。此外，铜也是耐用的金属，可以多次回收而无损其机械性能。

材料性能及特征 | PERFORMANCE & CHARACTER

铜是一种存在于地壳和海洋中的金属。铜在地壳中的含量约为 0.01%，在个别铜矿床中，铜的含量可以达到 3% ~ 5%。自然界中的铜，多数以化合物即铜矿石存在。铜也是无磁性金属，其性能特征如下：

（1）导电导热性：铜的导电导热性仅次于银，位居第二，而价格远低于金、银。纯铜可拉成很细的铜丝，制成很薄的铜箔。

（2）耐蚀性：一般而言，铜的耐蚀性低于金、铂、银和钛，而金、铂、银属贵金属，实际应用规模很小；相比铁、锌、镁等金属，铜的耐蚀性很强。与铝相比，铜更耐非氧化性酸、碱和海水等的腐蚀，但在大气、弱酸等介质中铝的耐蚀性强于铜。

（3）易加工成形性：铜的强度适中（200 ~ 360MPa），变形抗力大于铝而远小于钢铁和钛。铜的塑性很好，可以承受大变形量的冷热压力加工，如轧制、挤压、锻造、拉伸、冲压、弯曲等，轧制和拉伸的变形程度可达 95% 以上而不必进行中间退火等热处理。

（4）色泽：纯铜为古朴典雅的紫色（亦称古铜色），铜合金则有各种美丽的色泽，如金黄色（H65 黄铜）、银白色（白铜、锌白铜）、青色（铝青铜、锡青铜）等，或华丽、或端庄，很受人们的喜爱。

（5）抑菌性：铜能抑制细菌等微生物的生长，水中 99% 的细菌在铜环境里 5h 就会全部被灭杀。这对饮用水传输、食品器皿、海洋工程等非常重要。

产品工艺及分类 | TECHNIC & CATEGORY

含铜的矿物比较多见，大多具有鲜艳而引人注目的颜色，这些矿石在空气中焙烧后形成氧化铜 CuO，再用碳还原，就得到金属铜。纯铜制成的器物太软，易弯曲。人们发现把锡掺到铜里去，可以制成铜锡合金——青铜。铜与金的合金，可制成各种饰物和器具。加入锌则为黄铜；加入锡即成青铜。

（1）黄铜——铜锌合金：颜色随含锌量的增加而由黄红色变到淡黄色。黄铜力学性能比纯铜高，在一般情况下不生锈也不会被腐蚀；塑性较好，被广泛应用于机械制造业中制作各种结构零件。

（2）青铜——铜锡合金（除了锌镍外，加入其他元素的合金均称青铜）：具有良好的耐磨性、力学性能、铸造性能和耐蚀性。合金中锡的含量一般不超过 10 %，过高则降低其塑性。

（3）白铜——铜镍合金：分为结构铜镍合金和电工铜镍合金。结构铜镍合金力学性能高，耐蚀性较好。电工铜镍合金一般具有特别的热电性能，工业上有名的锰铜、康铜、考铜就是不同含锰量的锰白铜，它们是制造精密电工测量仪器、变阻器、热电偶、电热器等不可缺少的电工材料。

由于铜价格相对较高，现代建筑上的用铜运用主要集中在两大方面：一是高档酒店商场别墅的入户大门，以彰显尊贵华丽质感。另一方面集中在建筑外幕墙或者屋顶，但基本也是在重点部位点缀用铜。另外，少量宗教建筑会大量采用铜做装饰饰面用铜。

耐候钢板随时间的变化

工厂铜板

黄铜佛像

青铜器皿

白铜工艺品

酒店铜门

铜复合板

常用参数 | COMMON PARAMETERS

不同工艺铜性能参数	加工铜	退火铜	铸造铜
弹性极限 (MPa)	280 ~ 300	20 ~ 50	-
屈服强度 (MPa)	640 ~ 350	50 ~ 70	-
抗拉强度 (MPa)	370 ~ 420	220 ~ 240	170
布氏硬度 HBS	110 ~ 130	35 ~ 45	40
冲击韧性 k (J)	-	16 ~ 18	-
抗压强度 y (MPa)	-	-	157

(以上数据为市场部分厂家产品参数，不同厂家各有差别，仅供参考)

价格区间 | PRICE RANGE

2 000 ~ 6 000 元 /m²

同属于有色贵金属，价格会根据市场波动。不同的铜 (合金) 对应不同的铜含量，价格也有所差异。其中以紫铜铜含量最高，价格最高。不同的工艺和表面处理也会对铜价格有较大影响。以 1mm 光面铜板为例，每平方米价格在 2 000 元左右。

(以上价格仅为市场普通中端产品价格，材料价格会因不同项目、不同品牌以及订制等多方原因有较大浮动，仅供参考)

设计注意事项 | DESIGN KEY POINTS

铜的装饰效果好，并带有很强的文化历史气质，且会随着时间的推移表面产生变化，深受普通大众和设计师的喜欢。但普遍市场价格较高，所以市场上存在大量的仿铜效果制品，比如不锈钢仿铜和表面镀铜工艺，效果也较为接近，市场应用也较多。设计师可根据项目情况选择和灵活变通，达到更好的最终效果。

(施工及安装要点内容仅代表部分厂家做法，供示意参考，不作为通用施工标准及节点做法)

品牌推荐 | BRAND RECOMMENDATION

品牌详细信息，请参见附录品牌索引：G07、G10。
(以上推荐仅为市场少数优秀品牌，供设计师参考学习。同一品牌实际可能涉及多种产品，更多详细内容可登录随书小程序)

施工及安装要点 | CONSTRUCTION INTRO

铜的加工使用具有几千年的历史，建筑上的铜的应用归纳起来主要分两大体系：铜艺和铜幕墙产品。
铜艺是以装饰性为主的铜艺术加工，包括建筑上的铜门，屏风壁画扶手，等等。这些装饰作品主要依靠经验丰富的专业铜艺制作师的手工打造，可以说每件都具有极高的艺术价值。

"江南铜屋"室内外铜艺装饰

铜幕墙和屋面的使用与不锈钢等金属类似，包括铜塑复合蜂窝板等产品。铜幕墙产品订制化程度高，可制作为不同单元构件并采用对应幕墙体系安装，比如菱形、盒式及直立锁边等方式。如果项目要求不高，也可采用较为简易的背后加强筋或镀锌钢板支撑的方式来提高平整度。

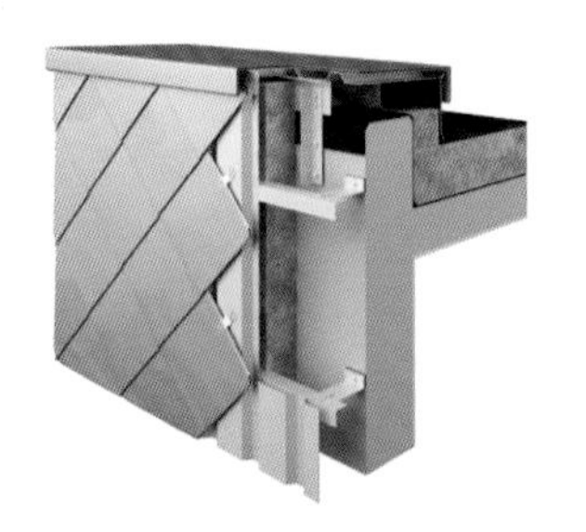

不同铜幕墙安装方式

波浪形铜单元构件局部装饰

屋面铜瓦

哈佛大学人类学系馆

设计： Kennedy & Violich Architecture

材料概况：利用巨大的天窗铜屋顶增加两层的空间并制造出明亮的共享空间，同时铜的颜色和质感又与砖墙一起很好地营造出静谧的学术气氛。

柏林北欧五国大使馆

设计： Berger + Parkkinen Architectkten

材料概况：铜绿色的建筑外幕墙让建筑与周边的环境更亲和地融合在一起。

天津博物馆

设计： 华南理工大学建筑设计研究院

材料概况：建筑入口大门采用铜装饰幕墙，与石材幕墙形成强烈对比，突出建筑的文化历史感。

南京佛手湖四方当代艺术区“舟泊”

设计：Sanaksenaho Architects

材料概况：铜绿色建筑外表皮幕墙完美融入周边自然环境。

钛锌板 | Titanium Zinc Panel

材料简介 | INTRODUCTION

钛锌板材料的应用已有将近两百年的历史，在欧洲的大城市使用非常普遍，如巴黎、伦敦、罗马等城市，不少建筑都采用钛锌板作为屋面材料。而钛锌板在亚洲地区的应用也正在飞速发展。钛锌板以主体材料锌为基材，在熔融状态下，按照一定比例添加铜和钛金属而合成生产的板材。独特的颜色具有很强的自然生命力，能够很好地应用在多种环境下而不失经典。材料独特的自修复力和颜色的稳定性，更加彰显了建筑物本体的强大活力。

材料性能及特征 | PERFORMANCE & CHARACTER

钛锌板为高级金属合金板，依照欧洲标准 EN988 制造。材料纯度高达 99.995% 的高品质电解锌，与 0.06% ~ 0.11% 的钛和 0.11% ~ 0.17% 的铜混合，品质更为优良。钛锌板是为满足建筑之具体要求开发出的钛锌合金产品，从而将锌的应用向前推进了一大步。钛锌板氧化表层呈悦目的天然灰色，与大多数材料十分协调。其自愈能力强，氧化层随着时间之推移不但能增添结构上的魅力，且具有维修费用低的优点。更多其他性能如下：

（1）钛锌板拥有完美的自然色彩：可与其他任何建筑材料完美搭配（铜板、铝板、玻璃等）。

（2）不需要上漆：具有杰出的沉稳色彩和独特的金属质感。

（3）永久的寿命：假设当金属板的厚度只剩下原来的一半算作材料寿命终结的话，在阿尔卑斯区域，钛锌板的寿命约为 100 年，在矿厂、重工业区等高污染环境下的寿命约为 80~100 年。

（4）最适宜恶劣环境下的自洁功能：应用在风沙大、雨水不均、雾霾严重等环境中更能体现其材料的独特优势。

（5）板材具良好的延伸率和抗拉强度，可塑性好：可在现场三维弯弧异型，充分满足业主和建筑师丰富的创作想象力和灵感要求。

（6）环保性：锌 100% 可回收，也是其一切生物机体的基本元素，可在 LEED 认证上加分。

产品工艺及分类 | TECHNIC & CATEGORY

锌是一种卓越耐久的金属材料，它具有天然的抗腐蚀性。可在表面形成致密的钝化保护层，从而使锌保持一个极慢的腐蚀率。其主要的加工步骤包括：

（1）制作合金：生产过程的第一步是将在电解过程阴极沉淀的锌溶解，再加入一定数量的铜和钛，在一系列的感应炉中获得液态合金。

（2）浇铸：将液态金属输送到一个连续浇铸设备中固化成一块大约厚 12mm 宽 1m 的平板。对冷却过程的精密控制确保了细小而均匀的颗粒组织的形成 。

（3）辊轧：三至五次辊轧使平板变成所需厚度的薄板。在整个辊轧过程中，对温度、辊轧速度和冷轧压缩量进行严格的监控和调整，以获得所需的工艺性能和尺寸。

（4）切割成板材和卷材：最后的加工工艺之一是根据需要的重量，宽度和厚度将辊轧好的锌板在专门的成品流水线上切割成板材或者卷材。

少量颜色钛锌板

其次钛锌板并非一贯的灰色，其也有少量色彩选择。市场上常规的有原锌（类似不锈钢）和预钝化钛锌板，部分厂家可以提供的 6 ~ 8 种其他颜色选择。

钛锌板在建筑上的产品形式主要包括屋面系统、墙面系统、落水系统以及一些装饰构件系统。屋面、墙面系统用钛锌板的厚度在 0.7 ~ 1.0mm 之间，重量为 5.04~7.2kg/ ㎡，如 0.82mm 厚的钛锌板屋面板重量仅为 5.7kg/ ㎡，是一种质量极轻的屋面材料，对屋面结构基本没有任何影响。钛锌板延伸率为 15% ~ 18%。

水墨黑色钛锌板

常用参数 | COMMON PARAMETERS

钛锌板出厂为卷材，宽 1m 或其他定做规格，厚度包括 0.7mm 、0.8mm、0.9mm、1.0mm、1.2mm、1.5mm 等规格，材料密度为 7.2 g/m³；
导热系数 109W/（m · K），熔点 418° C；
纵向热膨胀系数 0.022mm/(m · K)；概约重量为 5kg/ ㎡ (0.7mm 厚度)。

（以上数据为市场部分厂家产品参数，不同厂家各有差别，仅供参考）

价格区间 | PRICE RANGE

600 ~ 900 元 /m²

钛锌板材料目前主要依赖进口，国内没有厂家。原材料价格通常 5 ~ 6 万元 /t。折合板材单价 500 元 / ㎡左右，根据不同板型成品差异及损耗，产品价格在 500 ~ 700 元 / ㎡。考虑不同安装系统差别，以及各地人工差异，综合价格大概在 1 000 ~ 1 500 元 / ㎡。

（以上价格仅为市场普通中端产品价格，材料价格会因不同项目、不同品牌以及订制等多方原因有较大浮动，仅供参考）

设计注意事项 | DESIGN KEY POINTS

钛锌板易于成型、焊接，对周围环境不会造成污染，废物回收再利用率高。当然价格也相对较高，适用于使用寿命品质要求高且预算充裕的建筑，比如机场、会展中心、文化中心等公共建筑。
设计师常听到钛板及钛合金板的说法。钛板实际上是一种银白色稀有过渡金属，其特征为重量轻、强度高、具金属光泽，耐湿氯气腐蚀，主要应用于航空军事等领域。因为价格较高，在建筑上的应用相对较少，此处不做过多介绍，代表项目如 Frank Gehry 的毕尔巴鄂古根海姆博物馆。

（施工及安装要点内容仅代表部分厂家做法，供示意参考，不作为通用施工标准及节点做法）

品牌推荐 | BRAND RECOMMENDATION

品牌详细信息，请参见附录品牌索引：G11、G12。
（以上推荐仅为市场少数优秀品牌，供设计师参考学习。同一品牌实际可能涉及多种产品，更多详细内容可登录随书小程序）

西班牙毕尔巴鄂古根海姆博物馆钛板外墙

施工及安装要点 | CONSTRUCTION INTRO

钛锌板通常作为完整的屋面墙面系统使用，同时也提供不同产品形式产品供设计师选择。

其中最成熟、运用最广泛的系统要属直立锁边系统。通常屋面用双锁边，墙面用单锁边。此系统特别适合大面积的屋面和墙面，以及恶劣气候地区的建筑，安装快速，简单经济。

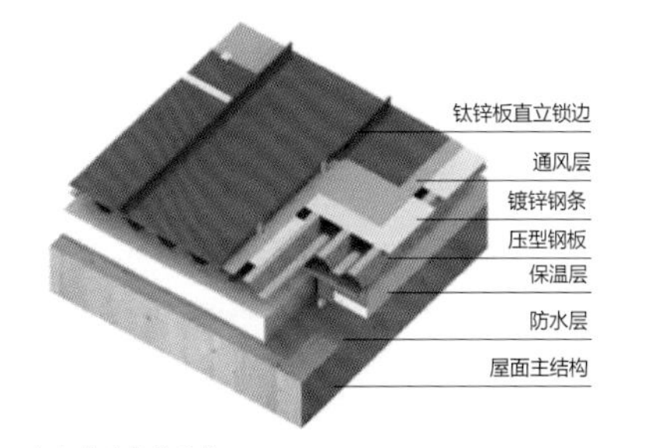

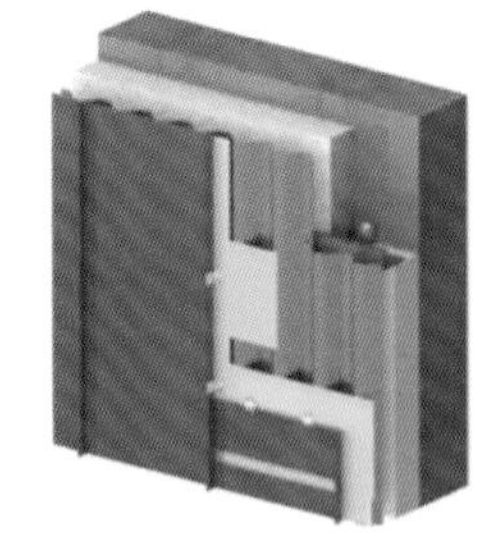

直立锁边安装系统

平锁扣系统采用简单的折边相互咬合，使用隐蔽式的扣件和螺钉安装。通常运用在墙面和坡度超过 60°的屋面。此系统板型不同方式的排布能够表达出不同的美学形式。

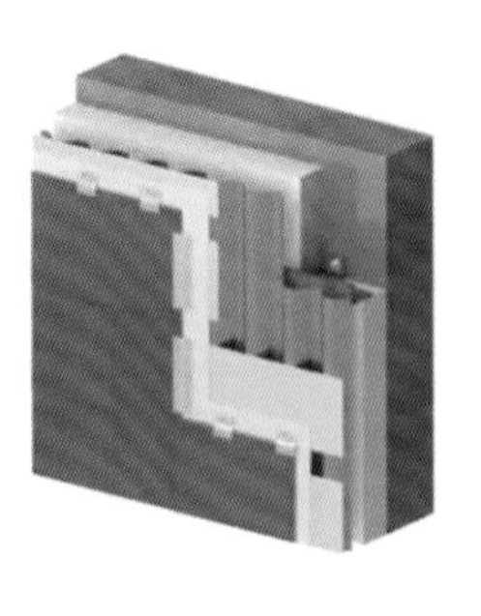

平锁扣安装系统

内锁扣系统属于开放式雨幕系统，墙板用隐藏的扣件和螺钉安装于框架结构之上，通常运用在墙面较多。

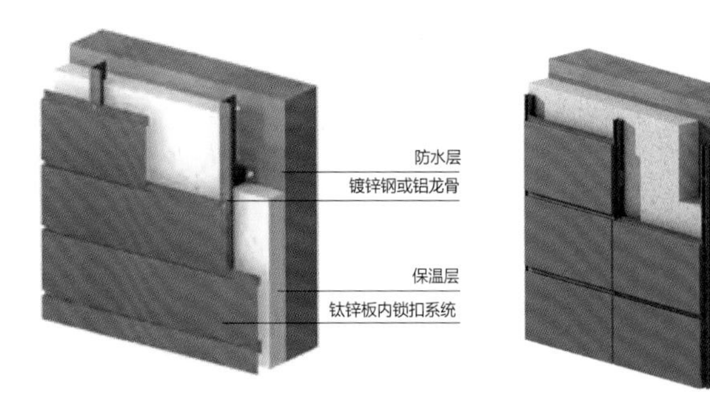

内锁扣安装系统　　盒形板安装系统

以上为钛锌板安装最常用安装系统，根据设计师的不同设计要求，钛锌板还有很多相应的解决方案，比如波纹板系统、盒式系统、预制菱形板系统，以及披叠系统等。

英国滨江交通博物馆

设计：Zaha Hadid Architects

材料概况：钛锌板很好地跟随了建筑整体的造型，表达了一个面连续移动的状态，形成一道城市景观。

德国柏林犹太人博物馆

设计：Daniel Libeskind

材料概况：冲突和对立是这个博物馆的主题和气质，钛锌板的包裹让建筑的锐利和撕裂在整体的表达上得到了进一步体现。

上海当代艺术博物馆

设计：章明

材料概况：钛锌板用于旧建筑改造，很好地延续了工业历史沧桑感。

上海松江名企艺术产业园区

设计：上海创盟国际建筑设计有限公司

材料概况：钛锌板很好的延展性在曲面异形屋面上展现得淋漓尽致。

木材
WOOD

木材是一种传统材料，一种可再生的材料，从人类钻木取火、原始筑屋，直至永远，人类都离不开木材。木材产业是传统的长青产业。尽管经营木材利润不太高，但从长远战略来讲是稳定的。在当今的四大材料（钢材、水泥、木材、塑料）中，木材是唯一可再生的资源，可以通过人类自己的努力进行大量生产、永续利用。将来，现今的矿物资源逐渐退出历史舞台时，木材仍然会保持着旺盛的生命力。有些领域可以用木材来代替不可再生的矿物资源。

木材等林产品已达 10 万种，不同树种木材性能有很大差异，最硬最重木材的密度可达最轻、最软木材的 4 ~ 5 倍，从大型承重结构，到吸收能量的减震部件，都可以用木材制作，是重要的生产资源。木材有很强的装饰效果和保健功能，广泛用于家具、装饰等，又是重要的生活资料。目前 9 ~ 10 层木建筑已经在世界各地出现，更高的木建筑也在规划中，瑞典已批准在斯德哥尔摩建一栋 34 层高的木建筑，温哥华建筑师迈克尔 • 格林希望建一栋 30 层高的木质大楼，芝加哥的建筑商最近公布将采用 CLT 建造一栋 42 层高的大楼。

现在社会上有一种舆论，认为应该少使用木材及其制品以减少森林

采伐从而保护环境，其实这不是科学的发展观。不要被动限制使用木材，合理积极使用木材可以促进林业发展。世界森林总面积约40亿hm^2，占陆地总面积的31%，人均森林面积为0.6hm^2，5个森林最丰富的国家（俄罗斯、巴西、加拿大、美国和中国）占森林总面积的一半以上。中国森林2.08亿hm^2，人均森林面积0.15hm^2，占世界人均的25%。

同时今后20年乃至数十年，世界人工林木材产量将大幅增加，一半左右的工业用原木将由人工林提供。近年来，人工林资源逐渐成熟，人工林用材林面积正以年均300万hm^2左右的速度持续增长，人工林每年增量2500万m^3;左右，与消费年增量大体相当。

木材产业涵盖面宽，产业链长，包括了第一、第二和第三产业，即造林营林、木材加工和木材及木制品流通贸易及服务。第二产业中又分为终端产品和中间产品，终端产品如家具、木地板、木门窗和室内装潢等，是传统产业，劳动密集型产业，产品个性化强，直接面对消费者，对品牌、质量、服务要求更为严格，企业规模化相对困难，上市公司较少。中间产品如锯材、各类人造板、工程木等，企业规模相对较大，自动化生产较强，这样才能降低成本，有利于产品质量稳定和提高。中间产品上市企业较前类企业多，但木材行业总体上市较其他行业少，在国内上市大约不到20家，在香港上市10家左右。

2014年中国人造板产量2.74亿m^3，居世界第一位，其中胶合板1.5亿m^3，纤维板0.65亿m^3；刨花板0.21亿m^3，其中胶合板发展最快。中国也是世界最大的家具生产国、消费国和出口国。据有关资料，德国人年消费家具550美元，美国350美元，英国250美元，中国人均消费约100美元左右，远低于世界平均消费水平，还有很大发展空间。我国城镇现有住宅存量234亿㎡，乡村住宅存量278亿㎡，合计472亿㎡，二次装修和家具更新数量非常巨大。

木结构建筑在世界大部分国家是很普遍的，例如北美90%以上的住宅为木结构建筑，日本、欧洲、澳洲木结构建筑也都在50%以上。但我国新建住宅绝大部分为钢筋混凝土结构，只有不到2‰为现代木结构建筑。今后木结构建筑将会迎来高速发展，或许抓住木结构发展的机遇是木材行业最重要的契机。

防腐木 / 炭化木 | Antiseptic / Carbonized wood

材料简介 | INTRODUCTION

在自然界中存在一些天然木材，因其自身独特的化学成分本身具有显著地防腐性能，比如印茄木（俗称菠萝格）、巴劳木、加拿大红雪松等，我们称之为天然防腐木。但天然树种的存量越来越少，不利于森林和社会资源的可持续发展利用。所以此处讨论的均为人工改性的防腐木产品。

防腐木是将普通木材经过人工添加化学防腐剂之后，使其具有防腐蚀、防潮、防真菌、防虫蚁、防霉变以及防水等特性。随着科学技术的发展，防腐木已经非常环保，故也经常使用在室内装修、地板及家具中。

炭化木又称热处理木，是一种不含防腐剂的防腐木。炭化木是将木材的有效营养成分炭化，通过切断腐朽菌生存的营养链来达到防腐的目的。炭化木是一种更加环保绿色的健康产品。

材料性能及特征 | PERFORMANCE & CHARACTER

防腐木能够直接接触土壤及潮湿环境，是户外地板、园林景观、木秋千，娱乐设施、木栈道等的理想材料，其具体性能特征表现如下：

（1）防腐木与其他木材相比，具有密度高、强度高、握钉力好等优点。防腐木纹理清晰，装饰效果非常好。

（2）可以抗拒恶劣的户外环境，能够防止和减少腐烂，抗击白蚁等害虫及抗真菌生物的侵蚀。

（3）能够防止水生寄生虫的寄生，而且维护起来比较方便。 所以，相比起其他原材料来讲，防腐木经济耐用，得体美观。

炭化是将木材放入一个相对封闭的环境中，对其进行高温（180 ~ 230℃）处理，而得到的一种拥有部分碳特性的木材，其性能如下：

（1）较高的尺寸稳定性（不易开裂变形）。木材中吸水的基团在热处理过程中断裂，降低木材的吸湿性，减少了膨胀与收缩。

（2）在炭化过程中，内部的可作为腐朽菌生存的营养成分被降解或重组，腐朽菌类因失去维持生命的水分和养分而无法存活，不易发生腐朽、霉变。

（3）断热性提高，木材本身就是热的不良导体，热处理后，细胞中水分减少，空气增多，断热性进一步得到提高。

（4）天然环保、色泽高雅。不添加任何化学试剂。经过高温处理，炭化木的颜色会变深，接近热带硬阔叶材的颜色，适合室内及外墙、景观装饰。

产品工艺及分类 | TECHNIC & CATEGORY

按木材改性工艺原理不同，防腐木主要分为防腐药剂注入处理的人工防腐木、热处理木材、含浸层积材等产品。人工防腐木因为化学处理的缘故一般呈略微绿色，化学处理工艺流程如下：首先将经过窑干的木材放入加压处理罐；然后罐内抽真空，形成负压状态； 注入防腐药剂；真空加压（保压）使木材从里到外都能吸收到防腐药剂，从而达到深度防腐的效果；减压排出多余防腐剂；再次抽真空，排除多余防腐剂；防腐木制成出罐，再进行二次窑干或充分自然干燥。

炭化木从炭化深度的角度，可分为表面炭化木和深度炭化木。表面炭化木是用氧焊枪烧烤，使木材表面具有一层很薄的炭化层，对木材性能的改变可以类比木材的油漆。应用方面集中在工艺品、装修制品，也称为工艺炭化木、炭烧木。

深度炭化木是将木材快速加热至 100℃，经过干燥过程使木材含水率干燥至 3% ~ 4%，并根据不同的炭化等级要求，木材的温度加热到 190~212℃。随后干燥窑内温度下降到低于 100℃，用水蒸气取代空气充斥整个干燥窑内。经过炭化和冷却过程后，让木材吸收水蒸气，含水率有所提高，达到稳定后降温冷却，形成深度炭化木。不同厂家，高温热处理阶段的温度有所不同，决定炭化木的防腐性能和尺寸稳定性。

高耐久环保物质含浸层积材，是将一种特殊的环保材料浸渍到木材单板中，然后将多张同样处理的单板按照一定排序规则涂胶组坯，再热压而成的多层实木复合高品质防腐木。这种产品由于采用了固形技术，既保留了木材特质，又提高了防腐性能和尺寸稳定性。

印茄木天然防腐木

巴劳木天然防腐木

俄罗斯樟子松材质人工防腐木

美国南方松材质人工防腐木

表面炭化木

深度炭化木

常用参数 | COMMON PARAMETERS

防腐木防腐等级 ：

（1）天然防腐木：C1、C2、C3、C4A ，不同防腐等级要求达到不同的天然耐腐性等级和天然抗白蚁性等级。

（2）人工防腐木：C1、C2、C3、C4A、C4B、C5，根据防腐等级的不同，选用合适的防腐剂及防腐处理工艺。

（3）炭化木：C1、C2、C3 ，根据炭化温度的不同，可分为不同等级，适用于不同用途 。

不同防腐等级，适用于不同环境情况。

（以上数据为市场部分厂家产品参数，不同厂家各有差别，仅供参考）

价格区间 | PRICE RANGE　　3 000 ~ 20 000 元 /m³

天然防腐木根据树种价格差别较大，通常价格在万每立方米元以上。而市面上最为常见的樟子松 CCA 防腐木价格为 3 000 ~ 6 000 元 /m³。一般来讲，国产人工防腐木价格为 3 000 ~ 6 000 元 /m³。进口防腐木价格为 6 000 ~ 8 000 元 /m³。而进口炭化木产品价格为一般为 16 000 ~ 20 000 元 /m³。高端产品市场价在 65 000 ~ 70 000 元 /m³。

（以上价格仅为市场普通中端产品价格，材料价格会因不同项目、不同品牌以及订制等多方原因有较大浮动，仅供参考）

设计注意事项 | DESIGN KEY POINTS

天然防腐木是指芯材的天然耐腐性达到防腐等级 2 级以上的木材。不同树种的木材由于其芯材中抽提物的不同，天然耐腐性有很大差别。市场上常见的防腐木，比如俄罗斯樟子松材质防腐木主要是进口原木在国内做防腐处理， 多为 CCA 药剂处理。这种药剂处理的材料不得用于家居结构、人体常接触的部位（座椅、栏杆等）以及河水、海水浸泡的地方。北欧赤松材质防腐木是由国外做好防腐处理，进口到国内直接销售的防腐木材，均为 ACQ(烷基铜铵化合物)药剂处理，且通常被成为“芬兰木”。以 ACQ 药剂深浸润是一种人畜无害的环保型防腐剂。

（施工及安装要点内容仅代表部分厂家做法，供示意参考，不作为通用施工标准及节点做法）

品牌推荐 | BRAND RECOMMENDATION

品牌详细信息，请参见附录品牌索引：H01、H02。

（以上推荐仅为市场少数优秀品牌，供设计师参考学习。同一品牌实际可能涉及多种产品，更多详细内容可登录随书小程序）

炭化木室外景观建筑应用

施工及安装要点 | CONSTRUCTION INTRO

生活中室外防腐木景观平台较为常见，以此为例，介绍主要施工步骤如下：

（1）先按需求放好定位位置线。

（2）使用的防腐木及木龙骨，要烘烤干，用防腐液浸泡得到防腐的效果。防腐木使用之前油工先上好色，刷好油，再使用。

（3）用电锤在混凝土上打眼，用膨胀螺栓把防腐木龙骨固定在地坪，同时找平。相邻龙骨间距与平台板厚成正比，但最大不超过 1 m 为宜。

（4）防腐木龙骨固定完成找平后，结合高度用镀锌连接件或不锈钢连接件及五金制品 将防腐木固定在木龙骨上。

（5）安装完成，为了保护板面清洁美观，宜用木油涂刷表面形成保护层。

防腐木除用作景观铺地外，也广泛应用于建筑外墙装饰，其构造形式主要有几种比较有代表性的方式：搭接式、锁扣平接式、格栅式和板条式，固定木板材的金属构件有露明式及暗藏式两种，如下图所示。

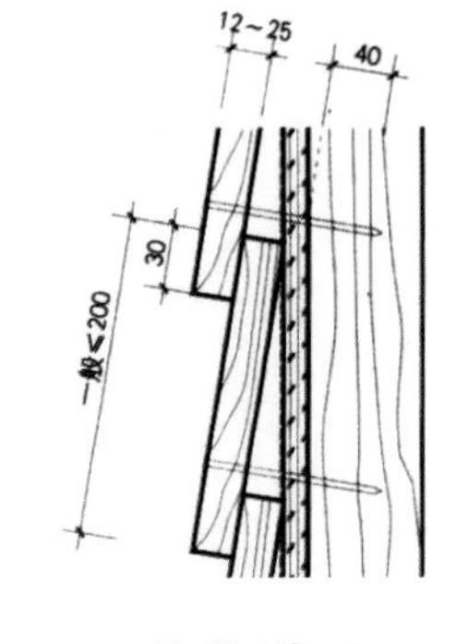

搭接式

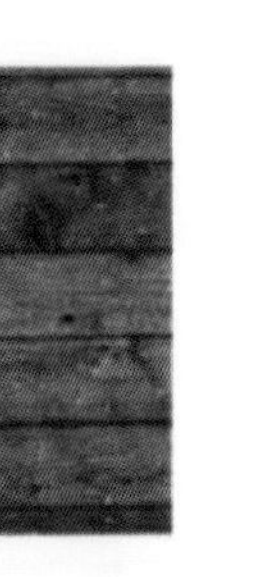

锁扣平挂式

格栅式

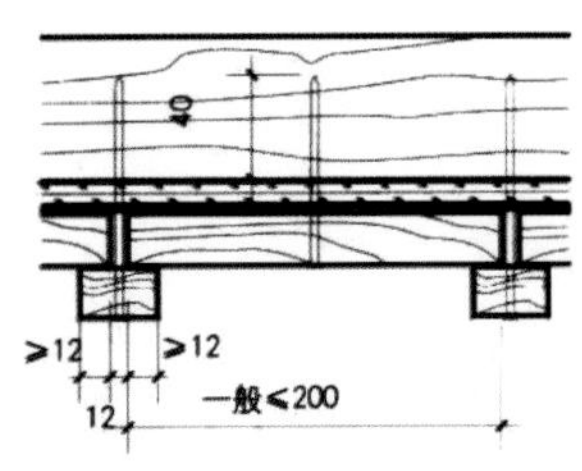

板条式

东京帝京大学附属小学

设计： 隈研吾

材料概况：深度炭化木很好地保留了木材的天然质感，沉稳厚重的同时对儿童更加安全。

阿姆斯特丹 WoZoCo 老年公寓

设计：MVRDV

材料概况：建筑立面大面积使用防腐木饰面，与彩色玻璃搭配，形成温暖的质感。

上海世博会加拿大馆

设计： SNC- 兰万灵公司

材料概况：来自加拿大的天然红雪松防腐木组成的立面，展现了国家丰富的自然资源和环保理念。

赫尔辛基海边桑拿房

设计：Avanto Architects

材料概况：热处理碳化木作为户外景观平台材料使用，融健康与环保理念为一体。

塑木 | Wood-Plastic

材料简介 | INTRODUCTION

塑木，又叫木塑，即木塑复合材料，指利用聚乙烯、聚丙烯和聚氯乙烯等，代替通常的树脂胶黏剂，与超过 35% ~ 70% 以上的木粉、稻壳、秸秆等废植物纤维混合成新的木质材料，再经挤压、模压、注塑成型等塑料加工工艺，生产出的板材或型材，主要用于建材、家具、物流包装等行业。将塑料和木质粉料按一定比例混合后经热挤压成型的板材，称之为挤压塑木复合板材。

材料性能及特征 | PERFORMANCE & CHARACTER

塑木复合材料内含塑料，因而具有较好的弹性模量。此外，由于内含纤维并经与塑料充分混合，具有与硬木相当的抗压、抗弯曲等物理机械性能，并且耐用性明显优于普通木质材料，其更多性能特征如下：

（1）产品具有与原木相同的加工性能，可钉、可钻、可切割、可黏结，可用钉子或螺栓连接固定。表面光滑细腻、无需砂光和油漆，其油漆附着性好，亦可根据个人喜好上漆。

（2）产品具有比原木更优良的物理性能，比木材尺寸稳定性好，不会产生裂缝、翘曲。无木材节疤、斜纹，加入着色剂、覆膜或复合表层可制成色彩绚丽的各种制品，因此无需定时保养。

（3）能够满足多种规格、尺寸、形状、厚度的需求，也包括提供多种设计、颜色及木纹的成品，给顾客更多的选择。

（4）产品具有防火、防水、耐潮湿、不被虫蛀、不长真菌、耐酸碱等优良性能，维护费用低。

（5）产品有类似木质的外观，比塑料硬度高。寿命长，可热塑成型，强度高，节约能源。

（6）产品质坚、量轻、保温、表面光滑平整，不含甲醛及其他有害物质，无毒害、无污染。

产品工艺及分类 | TECHNIC & CATEGORY

国内塑木主要分为 PE 塑木和 PVC 塑木两大类。

PVC 塑木又称作生态木，其特点：①使用 PVC 新料进行加工（而 PE 用新料做则成本太高，主要使用回收 PE 料）；② 可做成微发泡产品，表面硬度高，密度小，木质感较强；③与油漆的附着力强，可涂敷油性漆及 UV 漆，同时可做出木纹效果，装饰效果好且色牢度好；④制品具有优秀的防水防腐性，抗霉菌性强；⑤ PVC 树脂本身难燃，所以 PVC 塑木具有难燃性，适宜使用在高层建筑及公共场所等有阻燃要求的场所。

PE 塑木的特点：①有优秀的防水性和防腐性，密度大，易加工，吨价低；②受制于使用回收 PE 料，产品质量波动大，重金属含量较难控制；③ 从分子结构和原料性能来说热稳定性高，优于 PVC 塑木；④产品外表颜色单一，但往往经过打磨、拉丝等后处理后，表面的触感更接近于木材；⑤易燃，不宜用于外墙、室内天花等部位。

PE 塑木和 PVC 塑木的差别：

（1）制法不同：PE 塑木产品的制备主要采取冷推法；PVC 塑木产品的制备可分真空成型、冷推法和三辊遏抑。

（2）原料不同：PE 塑木的材料主要是二、三级 PE 回收料加木粉、钙粉和少量改性剂；PVC 塑木的材料主要是 PVC 树脂粉、PVC 回收料、木粉、石粉和部分改性剂等等。

（3）性能不同：PE 塑木产品重，硬度高、脆性大、蠕变也大。PVC 塑木产品重量轻、硬度差、韧性好，有蠕变，没有 PE 塑木产品大。

（4）用途不同：PE 塑木耐候性强， 主要用于户外领域。PVC 塑木具有其密度低、阻燃、表面效果好等优点，但其耐候性相对较差，多用于室内装饰。

空心塑木制品

实心塑木

塑木应用于室外地坪

塑木应用于公园座椅

塑木应用于室内吊顶

常用参数 | COMMON PARAMETERS

实心塑木复合材料的密度较高,一般为 1.1 ~ 1.3g/m³, 由聚烯烃制造的发泡塑木复合型材密度在 0.6~0.8g/m³。塑木材料浸泡水中 24h 吸水率一般在 0.3%~3%。塑木复合材料的抗拉强度为 22~33MPa, 抗弯强度为 26~35MPa。

（以上数据为市场部分厂家产品参数，不同厂家各有差别，仅供参考）

价格区间 | PRICE RANGE

80 ~ 300 元 /m²

塑木板国内厂家较多，需求用量也较大。根据品牌及质量差别，价格约为 80 ~ 300 元 / ㎡，部分产品价格在 300 元以上。

（以上价格仅为市场普通中端产品价格，材料价格会因不同项目、不同品牌以及订制等多方原因有较大浮动，仅供参考）

设计注意事项 | DESIGN KEY POINTS

塑木复合材料在建筑上的损耗和环保性质都比防腐木要有优势。在同等施工面积或体积条件下，塑木比防腐木损耗少。
共挤塑木是国际塑木产品的发展新趋势。共挤成型主要是把抗氧化剂和紫外线剂在成型时附着在产品表面，形成全方位的包裹层保护。这样处理后的塑木产品耐候性更强，表面硬度高，不易刮花，吸水率更低，克服了大多数普通塑木地板的缺点，业内称为第二代塑木产品。

（施工及安装要点内容仅代表部分厂家做法，供示意参考，不作为通用施工标准及节点做法）

品牌推荐 | BRAND RECOMMENDATION

品牌详细信息，请参见附录品牌索引：H03。
（以上推荐仅为市场少数优秀品牌，供设计师参考学习。同一品牌实际可能涉及多种产品，更多详细内容可登录随书小程序）

施工及安装要点 | CONSTRUCTION INTRO

塑木可用于室外地坪的铺设，也可以用于建筑外墙的幕墙饰面，以及用于建筑吊顶。采用龙骨挂装的方式较多，安装方便简易。
（1）塑木可像普通木材一样进行木工切割、锯、钻孔、开榫头。
（2）塑木与塑木之间可以使用自攻螺钉紧固（户外使用不锈钢自攻螺钉）；塑木与钢板要使用自钻自攻螺钉。
（3）塑木与塑木之间使用自攻螺钉紧固的时候应先行引孔，也就是预钻孔。预钻孔的直径应小于螺钉直径的 3/4。

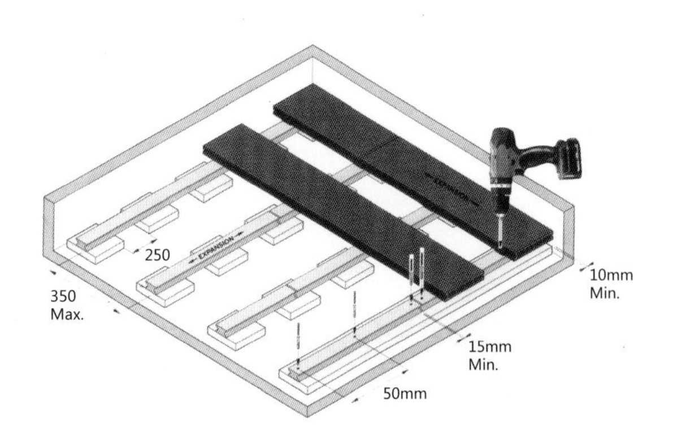

塑木地坪铺装安装

室外墙板与室内墙板的使用情况相比，室外的材质密度要大许多，发泡小，力学强度高。由于室外墙板常年受风吹日晒、风雨侵蚀。因此墙板厚度不能低于 3mm，而室内墙板厚度一般 3mm 就完全可以满足使用条件。

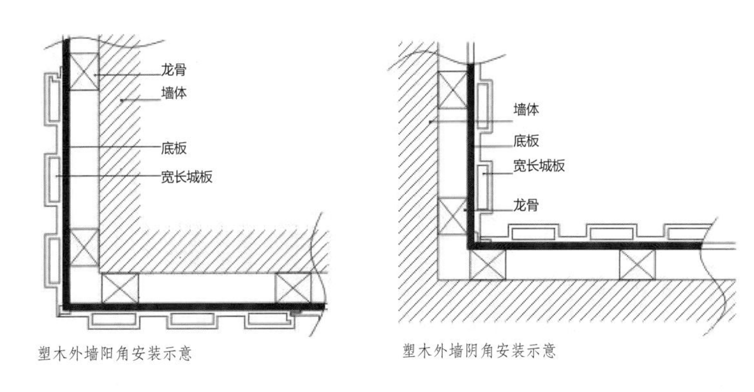

塑木外墙阳角安装示意　　塑木外墙阴角安装示意

塑木外墙板装饰应用

费城 Race Street Pier

设计： James Corner Field Operations

材料概况：塑木作为室外景观铺地耐候性极佳。

海南三亚亚龙湾瑞吉度假酒店

设计：筑博设计

材料概况：塑木广泛应用于建筑立面上。

上海北站社区文化中心

设计： 章明

材料概况：塑木应用于建筑外墙立面，随着时间的变化更有质感。

南京红枫科创园 A1 建筑

设计： 集合设计

材料概况：塑木型材作为立面百叶使用，安装方便，装饰性强。

木饰面树脂板 | Wood Facing HPL

材料简介 | INTRODUCTION

树脂板又名高压装饰板，全名为热固性树脂浸渍纸高压装饰层积板（High-pressure Decorative Laminates-sheet Made from Thermos-settingresins, 英文简称：HPL），是人造装饰板材的一种。其主要采用酚醛树脂与木纤维纸合成为基础，表面加装饰图案处理。树脂板表面处理主要有木饰面和装饰色纸两种方式。木饰面树脂板在树脂板实际应用中最为常见，其最大优点是克服了传统天然材料的不稳定性和耐候性不佳等缺点，节约保护了木材资源，极大地拓宽了木材在建筑室内外装饰使用的范围。

材料性能及特征 | PERFORMANCE & CHARACTER

作为以树脂合成板为基板的装饰板材，具有由树脂原料经加工所具有的优越的物理性能，具有极强的稳定性和耐候性。主要体现在以下几个方面：

（1）防潮耐候性：树脂板材不会受湿气影响而霉变或腐烂。HPL 板的尺寸稳定性和加工性能与硬木相当，可以耐 -30℃严寒至 140℃高温。

（2）表面耐磨和耐刮刻性：特殊的表面结构使其具有绝佳的耐磨性和耐刮刻性，特别适合于使用频率高和要求经常清洗的地方，即使在高负荷的使用中，板 材还可以长期保持良好的外观。

（3）易清洁性：树脂板对很多有机溶剂和类似物质有很强的抗性，板材同样也耐消毒剂、化学清洁剂、果汁和染料侵蚀。同时具有极强的抗撞击能力。可保护墙面，且不附着细菌，便于清洗，非常适合医药卫生行业。

（4）防火性能：板材与燃烧的烟头接触不会损坏，不会起火或剥落。在火中不会融化、滴落、爆炸，能长时间地保持稳定性，属于 B1 级防火材料。

（5）表面装饰膜具有丰富的色彩、纹路，而其中以木纹装饰效果最受设计师欢迎。天然木皮饰面树脂板采用天然木皮表面复合，在保留了与大自然融合性、环保性的同时，拥有着高强度和耐久性。真正的木材表面经过特殊处理，在防潮、抗紫外线，和自洁性等方面表现出众，达到了天然木材户外使用的的耐候稳定性要求。

产品工艺及分类 | TECHNIC & CATEGORY

树脂板依据表面所采用材料的不同，分为装饰色纸树脂板和木饰面树脂板。装饰色纸树脂板采用有特殊物理性能的印刷色纸为装饰图案，可以做出多种效果，有彩色（素色）系列、仿金属系列、仿石材系列、仿混凝土系列、仿木纹系列等。通过丰富多彩的装饰图案，可以大大丰富人造树脂板的应用类型，产品广泛应于室内和外墙面装饰或办公及卫生间隔断、办公家具、橱柜等。木饰面树脂板又可以细分为科技木皮树脂板、天然木皮树脂板和染色树皮树脂板。染色木皮是首先用旋削方式将原木切成薄木片，然后将薄木皮置入染色设备，染色后的木皮再上胶处理，同时放入计算机辅助设计的模具中进行高温热压，使其再成为新的木方， 最后再刨切成新的木皮。通过再生的科技木皮，能再现大自然珍贵稀有木种，同时还能克服天然木皮的固有缺陷。天然木皮和染色木皮饰面树脂板表面的木皮原材料均选自天然木材，直接采用原木旋切的方式，板材呈现出天然木质纹理的美感和多样性，每一块板都是独一无二的，能满足设计师对质感的追求，符合高端项目的需要。

树脂板依据所使用的区域不同，又可以分建筑幕墙用高压热固化木纤维板和室内高级防火装饰板（抗倍特）两大系列。室内用防火装饰板通常用作墙面和天花吊顶装饰面板，其应用区域通常具有一定的防火性要求，因其稳定的树脂板特性，既能满足防火的要求，也适用于卫生间等潮湿环境。建筑幕墙用高压热固化木纤维板因为要长期抵御严酷的自然气候环境，工艺处理更加严格。

天然木皮饰面树脂板经过严格的表面处理，经过多年众多国外项目的实践检验，其耐候性得到验证，不管是用作外墙板还是地板都没有问题，大大地满足了设计师对天然木纹在室外运用的需求。

彩色树脂板

不同色彩树脂板建筑外墙应用

木纹防火树脂板

木纹防火树脂板室内应用

天然木皮树脂板

天然木皮树脂板外墙应用

常用参数 | COMMON PARAMETERS

室内耐火装饰板：薄板系列厚度通常为 1.0mm，但也有一些其他的厚度，如 0.8mm、1.2mm、1.5mm、1.8mm、2.0mm、3.0mm 等等。厚板系列：厚度通常为 8mm，也有其他厚度如：6mm、10mm、12mm 等。

常用规格有：2 440mmx1 220mm、3 050mmx1 220mm、3 660mmx1 220mm、1 525mmx3 050mm 等。

建筑幕墙用高压热固化木纤维板：室外板厚度一般为 6mm、8mm、12mm、14mm、16mm 等。

（以上数据为市场部分厂家产品参数，不同厂家各有差别，仅供参考）

价格区间 | PRICE RANGE

500 ~ 1 000 元 / m²

室内用耐火装饰板价格与厚度相关。装饰色纸薄板系列通常价格在 80 ~ 150 元 / ㎡，厚板系列通常价格为 200 ~ 500 元 / ㎡。科技木及天然木纹系列通常价格为 500 ~ 1 000 元 / ㎡。室外装饰色纸树脂板根据板材厚度不同，价格为 500 ~ 800 元 / ㎡。科技木皮及天然木皮树脂板根据厚度及木种差别，价格为 600 ~ 1 500 元 / ㎡。

（以上价格仅为市场普通中端产品价格，材料价格会因不同项目、不同品牌以及订制等多方原因有较大浮动，仅供参考）

设计注意事项 | DESIGN KEY POINTS

树脂板属于木纤维与树脂的合成制品，在安装工艺上推荐使用通风雨幕体系。开放式幕墙，板与板之间要留出伸缩缝不打胶，幕墙的顶部与底部要留出空气循环通道，墙体内外等压空气流动循环。

装饰色纸树脂板，属于工业化流水线装饰图案，颜色均匀，整体性强，无色差。天然木纹树脂板，属于自然产品，颜色与纹理会随每一批木头的产地与批次，有颜色差异。染色木纹板与科技木纹板，颜色能得到有效控制，色差较小。

（施工及安装要点内容仅代表部分厂家做法，供示意参考，不作为通用施工标准及节点做法）

品牌推荐 | BRAND RECOMMENDATION

品牌详细信息，请参见附录品牌索引：H04、H05。

（以上推荐仅为市场少数优秀品牌，供设计师参考学习。同一品牌实际可能涉及多种产品，更多详细内容可登录随书小程序）

天然木皮树脂板应用于潮湿环境

施工及安装要点 | CONSTRUCTION INTRO

树脂板根据运用于室内和室外的不同，其厚度和安装方式也相应有所不同。以耐火为主要性能的室内木饰面树脂板通常厚度较薄，常外贴于基层板（细木工板、中纤板刨花板、高密度板、蜂窝板）之上，较为常见。其主要步骤如下：

（1）切割防火板：首先用切割工具将防火板裁切成所需要的尺寸。

（2）贴防火板面板：先贴垂直面封边，再贴水平面。采用喷涂和刷涂的方法背面涂胶。待 5 ~ 10min 胶水挥发干后，将板贴到基板上。

（3）加压除空气：用滚轮用力压匀一次或送进冷压机里，或经过旋转滚筒来加压，务必使胶能均匀分布，避免空气残余在里面。

（4）修边：用修边机等工具将多余的边切去，然后再用较锋利的锉刀将接缝处锉得圆滑些。

（5）清洁：用洁净的湿布或海绵沾中性皂液或洗涤剂来清洁防火板表面。

木饰面树脂板可加工成任意形状　　木饰面树脂板可实现较高孔洞率

建筑幕墙用高压热固化木纤维板：多采用龙骨钉挂系统。通过专用细螺钉将面板固定在龙骨上。根据设计师设计效果需要，螺钉可选择明露处理或者填补，或者暗藏处理，不同方式各有不同效果。这种细小的螺钉孔洞在远观上视觉不会特别明显，在较近的距离才会有所察觉。

木龙骨室内明钉安装系统

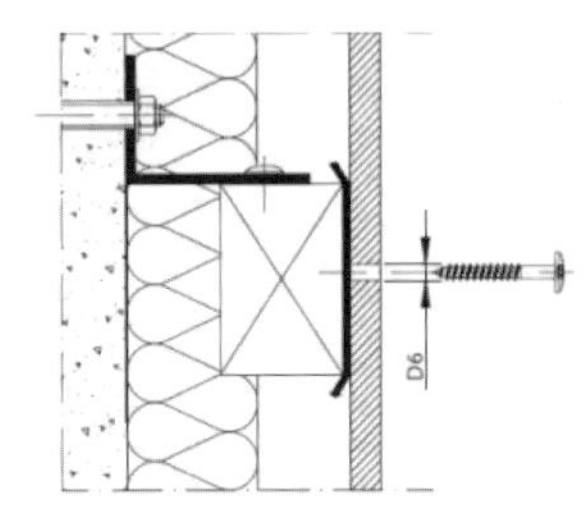

木龙骨室外明钉安装系统

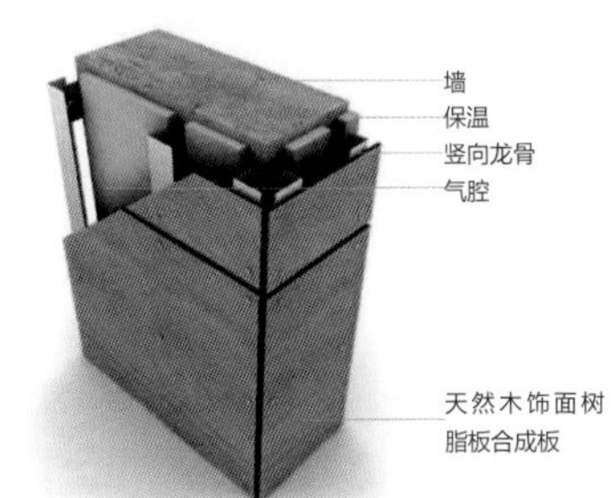

金属龙骨室内明钉安装系统

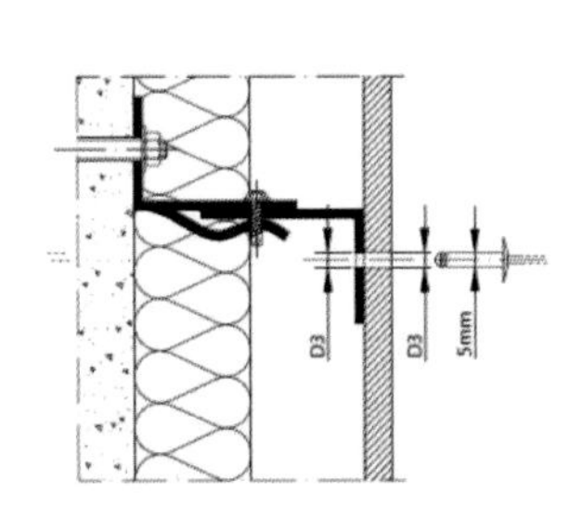

金属龙骨室外明钉安装系统

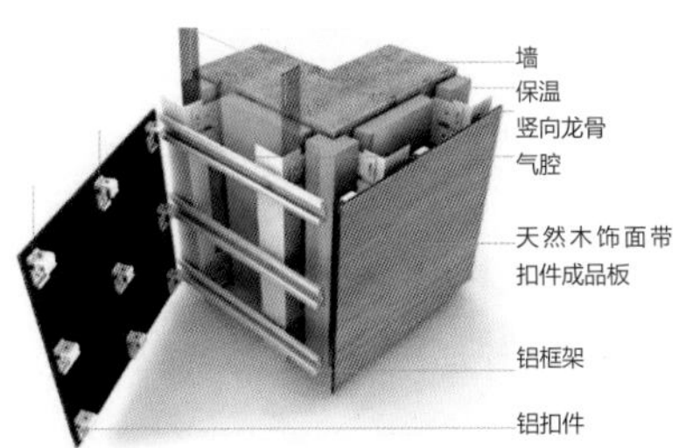

金属龙骨室内背挂安装系统展开

金属龙骨室内背挂安装效果

经典案例 | APPLICATION PROJECTS

阿斯彭艺术博物馆

设计：坂茂

材料概况：细条弯曲状天然木饰面树脂板很好地体现了材料的可加工性。

Surry Hills 图书馆及社区中心

设计： Francis-Jones Morejen Thorp (FJMT)

材料概况：天然木皮树脂板在玻璃对比下展示出天然木材的独特魅力。

SPAR 批发零售连锁公司布达佩斯旗舰店

设计：LAB5 Architects

材料概况：木纹饰面树脂板结合异形切割，创造了天地一体的空间流动效果。

鸟巢文化活动中心室内

设计：李兴钢

材料概况：天然木饰面树脂板作为室内吊顶装饰的同时，还作为吸音功能使用。

木结构 | Timberwork

材料简介 | INTRODUCTION

现代木结构区分于古代木结构，是运用现代的木材工业产品和结构计算理论支持的木结构建筑。现代木结构主要分为轻型木结构、重型木结构和原木结构（原木结构建筑设计中涉及较少，本篇暂不做过多介绍）。轻型木结构是一种利用规格木材搭建的平台式木结构体系，适用于建造中小型的单体或联排低层建筑。重型木结构则是使用胶合木作为主要承重构件，一般为梁柱式结构居多，多用于公共建筑，其特点是美观、设计灵活、木材纹理裸露等。其主要构件材料胶合木（胶合层压木材）是一种将单独的规格材在一定条件下胶结在一起制作而成的结构用材。

材料性能及特征 | PERFORMANCE & CHARACTER

轻型木结构是利用均匀密布的小构件来承受房屋各种平面和空间作用的受力体系，具有产品、构件工业化程度高等特点，同时具有以下主要特征：

（1）结构自重轻，木材的重量仅为混凝土重量的 1/5 ~ 1/4。相同体量的建筑物，结构自重越小，受到的地震作用也越小，所以轻质木结构受到的地震作用比较小。

（2）小断面密布的轻型木结构是柔性结构，有很大的结构冗余度以及一定范围内的变形能力。结构可以通过自身的变形来消耗能量，提高整体安全性。当发生地震时，轻型木结构能够体现出良好的“以柔克刚”的抗震性能。

（3）施工技术简单，施工质量易于控制，现场干法施工、建造速度快，结构整体性好，建筑造型容易实施，建筑效果更加丰富多样，能源利用节约高效，建筑材料生态环保，可回收利用。

重型木结构除具有轻型木结构的部分共同特征外，还因为其外露的木材特性，能充分体现木材天然的色泽和美丽的花纹，被广泛用于一些有高尚、环保追求的建筑中，比如休闲会所、学校、体育馆、展览厅、教堂、火车站、桥梁等等。其节能保温、美观舒适、温暖宜人，同时作为环保建材具有天然、健康、可更新、经久耐用、抗震防火、隔音效果佳等特征。

产品工艺及分类 | TECHNIC & CATEGORY

在北美超过 95% 的低层建筑都采用轻型木结构。轻型木结构一般采用间距较密的规格材(间距为 12"、16"、24" 等)形成轻型框架，外覆盖结构墙面板(OSB 板、胶合板)，共同形成盒子式受力体系，以承担各种荷载。但考虑防火等原因，需在框架内侧或者外侧铺设防火石膏板，无法显露木材的天然纹理材质。这种体系具有良好的抗侧力的木剪力墙结构，其也是主要的抗侧力构件。

胶合木生产过程中，木片的端部互相咬合并水平排布成层。采用层压的方法可以有效利用高强度但小尺寸的木材制作各种形状和尺寸的大型结构构件。胶合木可用作柱或梁，也可用作承受压弯荷载的弧形构件。竖向层结梁，是由规格材通过钉连接或胶结在一起构成，其构成单片的截面短边。胶合木的生产由经过认证的车间按照规范规定，采用相应等级的木材做端接头，夹胶及表面涂装来控制产品质量。如需要，生产厂家应可以提供其产品的合格证。用于生产胶合木的木材是从伐木厂直接订购的特殊等级木材（即“lamstock”级），其含水率已被干燥到 15% 以下。

重型木结构的防火主要是通过对起承重作用的胶合梁和柱的断面尺寸进行计算，使火焰侵蚀胶合木使其丧失结构性能的时间能达到消防规范的要求。同时公共建筑必须要求安装消防喷淋等预防性防火设备。在主动消防方面，要求对建筑的管理和使用单位个人加强消防知识和意识的培训，在木结构建筑内严禁出现明火。

轻型木结构体系

轻型木结构别墅

轻型木结构外墙施工

轻型木结构会所

弧形胶合木结构梁

直线胶合木结构梁

常用参数 | COMMON PARAMETERS

用于承重结构的用材，分为原木、锯材和胶合材。用于普通木结构的原木、方木和板材的材质等级分为三级；胶合木构件的材质等级分为三级；轻型木结构用规格材的材质等级分为七级。在制作构件时，木材含水率应符合下列要求：

（1）对于原木或方木结构不应大于 25%。

（2）对于板材结构及受拉构件的连接板不应大于 18%。

（3）对于木制连接件不应大于 15%。

（4）对于胶合木结构不应大于 15%，且同一构件各木板间的含水率差别不应大于 5%。

（以上数据为市场部分厂家产品参数，不同厂家各有差别，仅供参考）

价格区间 | PRICE RANGE　**根据项目情况不同报价**

木结构建筑较为复杂，通常轻型木结构折合单价造价为 6 000 元/㎡左右。重型木结构根据项目情况不同单独报价。

（以上价格仅为市场普通中端产品价格，材料价格会因不同项目、不同品牌以及订制等多方原因有较大浮动，仅供参考）

设计注意事项 | DESIGN KEY POINTS

根据木结构设计规范，轻型木结构适用于 3 层及 3 层以下的民用建筑。轻型木结构的防火主要依靠在墙体外安装防火石膏板来达到消防规范要求的阻燃时间。而胶合木通常都是大尺寸，用于重型木结构中，故需满足建筑标准中最小尺寸及防火等级的要求。关于重木结构中的最小尺寸及胶合木构件的防火布置问题，请参见《建筑防火设计》一书，此书提供了计算胶合木梁柱的耐火时间的方法。

（施工及安装要点内容仅代表部分厂家做法，供示意参考，不作为通用施工标准及节点做法）

品牌推荐 | BRAND RECOMMENDATION

品牌详细信息，请参见附录品牌索引：H06、H07。

（以上推荐仅为市场少数优秀品牌，供设计师参考学习。同一品牌实际可能涉及多种产品，更多详细内容可登录随书小程序）

重型木结构室内空间

施工及安装要点 | CONSTRUCTION INTRO

轻型木结构施工概况：

轻型木结构主要构件为工厂生产，现场施工安装程序大致如下： 基础与地梁板→首层木楼盖（非木质地板时可省略）→一层木墙体→二层木楼盖→二层木墙体→木屋盖及吊顶。

轻型木结构建筑

轻型木结构建筑保温性能要远远优于砖混结构，因为木材本身是一种导热系数非常低的材料，而木结构中空墙体内填充了大量的保温材料使其能够以较薄的厚度达到较高的保温性能。木结构房屋的得房率要比混凝土建筑高 7% ~ 8%。通过安装双层石膏板、隔音材料等措施，其隔音性能也能够做到和混凝土建筑一样的标准。

轻型木结构 OSB 板墙体

轻型木结构保温隔音施工

重型木结构的胶合木可制作出各种曲、直造型，可为建筑设计师提供更大的设计自由度而不用受结构所限。胶合木工厂里的大型专业设备可以保证大型胶合木的精度符合要求，这在现场是很难做到的。工厂里可以把剪力环和抗裂环之类的连接件安装就位，现场只用做少量调校，抛光及填补，染色或上漆都可在工厂完成。如果设计得当，胶合木运到现场无需任何切割即可直接拼装。如果现场必须有切割，则须经设计师同意。

重型木结构胶合梁

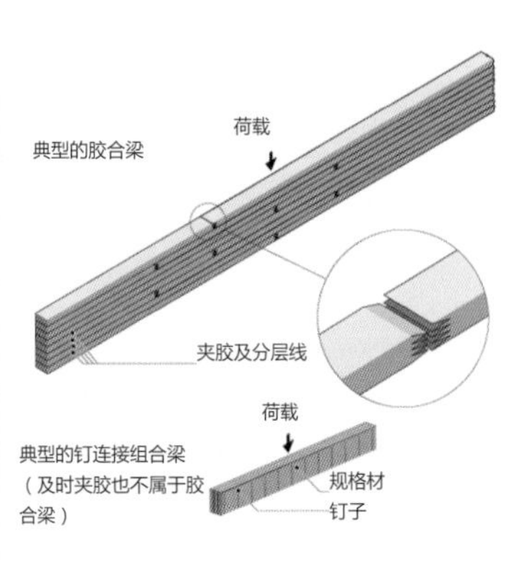

重型木结构胶合梁与组合梁对比图示

经典案例 | APPLICATION PROJECTS

法国蓬皮杜梅斯中心

设计： 坂茂

材料概况：胶合梁形成的整体空间曲线木结构体系集结构与美学于一体。

梼原木桥博物馆

设计：隈研吾

材料概况：现代木结构与传统木结构形式的完美结合。

南京江宁石塘村互联网会议中心

设计：张雷

材料概况：现代建筑中木结构与钢结构常结合使用。

林会所

设计：华黎

材料概况：木结构经常应用于景观构筑物，结构轻巧，施工便捷。

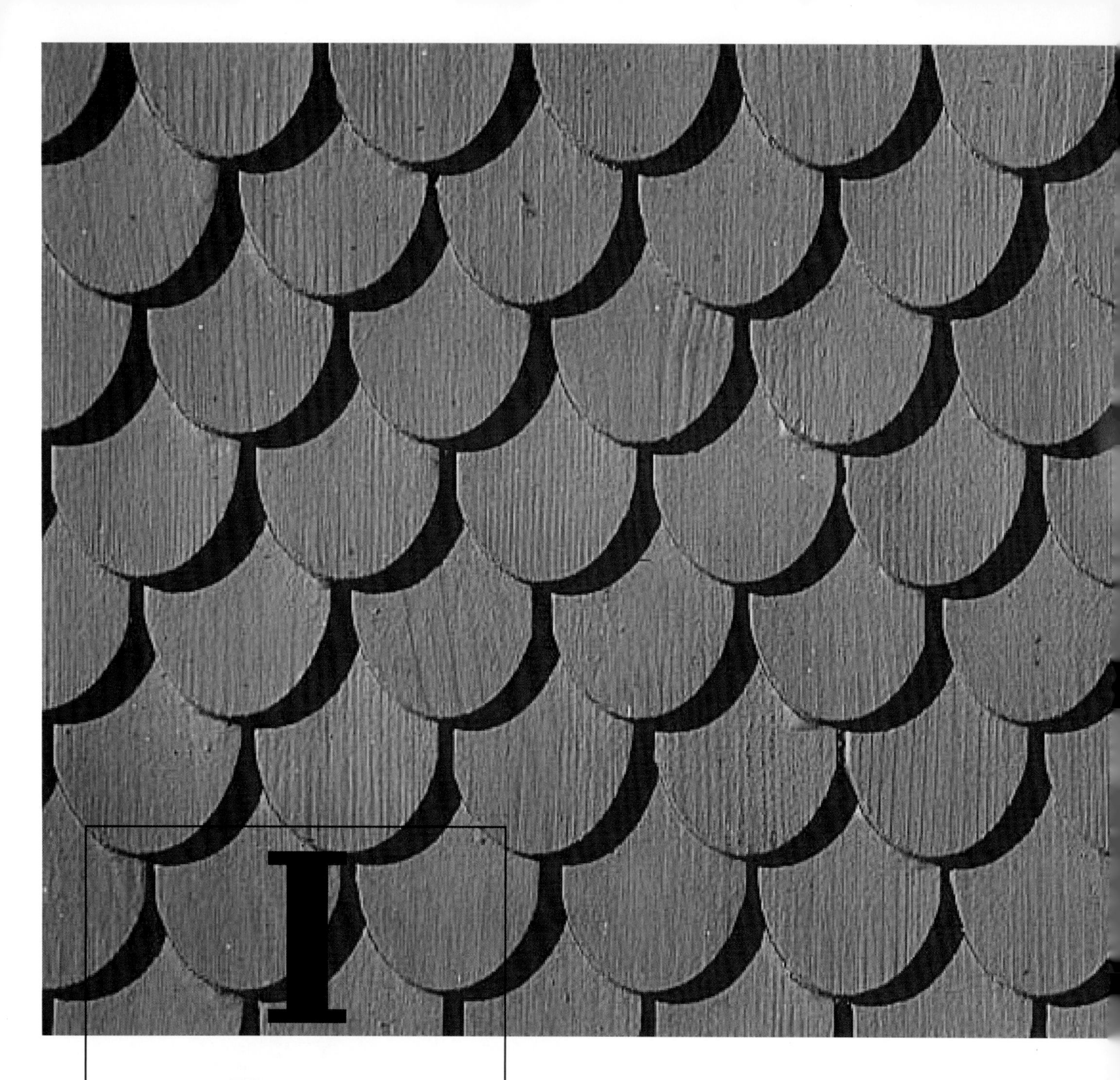

屋瓦

ROOF TILE

质朴的瓦沿着四合院的回路，全面覆盖屋顶。它见证着我国已知最早、最严整的四合院实例和封建主义的萌芽，在人文历史进程中诉说着人们当时生活方式与思想观念的变化。到了秦汉时期，工艺的革新进步为瓦迎来进一步的发展的顶峰，并形成了后世所称颂的“秦砖汉瓦”，开创中国建筑新的发展历程。

这时的屋面瓦，已从单一的遮风挡雨功能进步到了外观装饰作用上，给建筑增添了巍峨肃穆、大气磅礴、富丽堂皇之势。从古至今，屋面瓦最重要的作用就是防水，在农村，随处可见披着泥瓦“外衣”的房屋，它们密密麻麻地排列在屋顶上。如若遇到大风大雨，有一块松动就会漏水。随着科学技术的发展和社会的进步，屋面瓦经历了一个从单一到多样，从简单到复杂，从低级到高级的发展过程。当下，建筑节能的概念在全球范围内越来越深入人心，环保、隔热、保温、耐腐等性能与防水性能一样成为屋顶建材必不可少的内涵。

泥土瓦，在我国建筑史上沿袭了几千年之久。20世纪50年代以来，由于国家基本建设和人民住房的发展，对烧结瓦的需求量逐年增加。为了满足市场的需求，广大砖瓦企业陆续改变了解放前手工练泥、木棒压制、

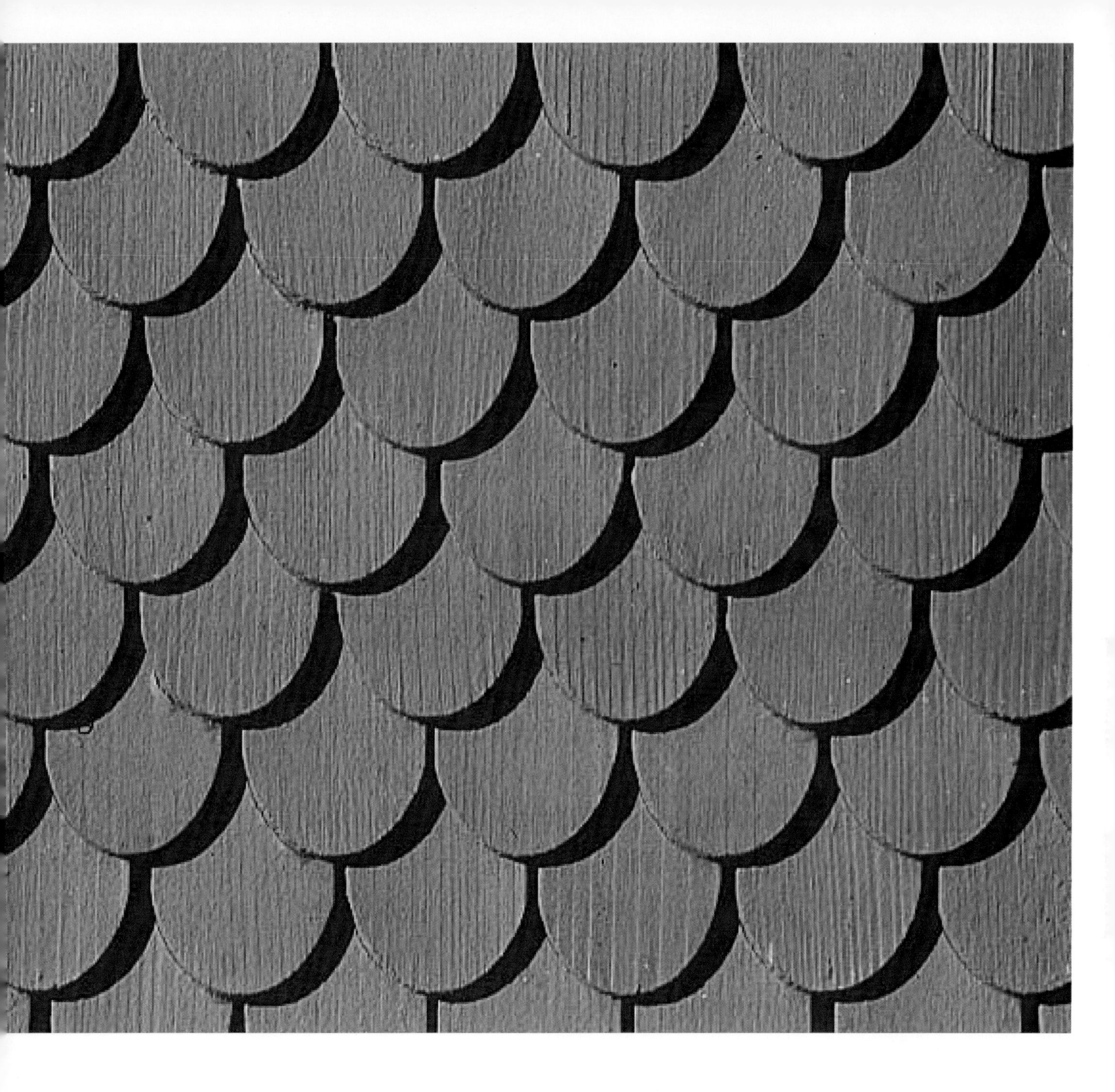

自然干燥、土窑焙烧、加水氧化生产青色瓦的落后办法，采用简易的机械传动压制成型，自然干燥，轮窑焙烧，生产红色平瓦，使瓦的产量和产品质量有了较大提高，四川省是我国生产瓦数量最多的省，1990 年达到了 110 亿片，其次是湖南、河南、广西等省、自治区，产量都在 50 亿片以上，成为全国生产瓦的大省。山东淄博市是我国黏土平瓦产量最多的地区之一，由于土源丰富、土质好，产品有较好的水平，不但供应本地，还销往华北、东北地区。到了 2000 年全国年产量到了 770 亿片，成为世界生产屋面瓦的大国。

随着瓦市场的逐渐拓宽，产品质量的不断提高和逐渐缩小与国际瓦标准的差距，为此，经国家标委会批准，目前对现行《烧结瓦》标准正在进行修订中，计划于 2006 年发布实施。多年来，中国砖瓦工业协会委托国家墙材质检中心每年对瓦产品质量进行一次抽样检测，结果表明产品质量逐年提高，2004 年抽检合格率达到了 97.2%，出现了一批名优产品。应该说，我国瓦产品质量水平有了较大提高，行业有了较快的进步与发展。

同时非黏土瓦也有了较快的发展。随着建筑业的迅速发展和大量新型建筑材料不断涌现，到了近现代，屋面材料可说是种类繁多，五花八门。现在应用 得最多的，要算混凝土屋面了。而一些大型场馆则往往 采用不锈钢板、钛锌板、铝镁锰板等金属材料来制成屋面。单就沿用至今的“瓦”，也绝不仅仅只是传统的“小青瓦”了，而是有了水泥瓦、彩塑瓦、陶质瓦、玻璃 钢透明瓦、石棉瓦、玻纤瓦等，瓦的家族“人丁兴旺”。

我国是世界生产屋面瓦数量最多的国家，但由于人口众多，人均瓦只有 50 片左右，远低于西欧众多国家和日本等国的水平，特别是烧结彩瓦产品人均年产量差距更大，所以说我国并不是生产屋面瓦的王国。由于我国目前生产的瓦产品大都是低档次、低水平的黏土平瓦、小青瓦等产品，和国外先进国家相比，产品水平差距很大，所以也不是强国。但是随着我国国民经济的快速发展，建筑屋面装饰档次、水平的提高，必将拉动屋面瓦的广阔市场。以烧结彩瓦、水泥彩瓦为主体的屋面瓦产品产量和质量将有一个快速的增长和提高。预计 15 年后，我国将真正成为世界屋面瓦生产的王国与强国。

小青瓦 / 陶土瓦 | Chinese-style Tile / Clay Tile

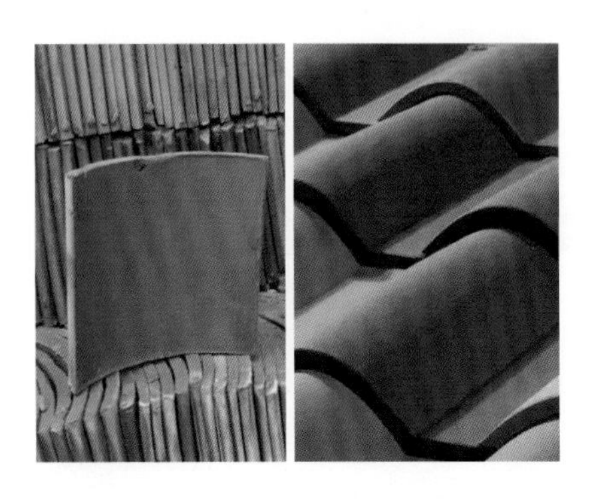

材料简介 | INTRODUCTION

小青瓦是中国传统建筑最重要的屋面材料之一，给人以素雅、沉稳、古朴、宁静的美感，是修建楼台、宫殿榭枋、亭廓以及各种园林建筑的首选材料。小青瓦在北方地区又叫阴阳瓦，在南方地区叫蝴蝶瓦，俗称布瓦，今天依然为建筑师们所钟爱。

同样陶土瓦取材于陶土，具有陶土厚重的天然本色，质朴自然，富有艺术气息，是高档别墅、古建筑和园林建筑等屋面的首选材料。近代更是制造了色彩丰富、外表亮丽的琉璃瓦。近些年来，陶瓦更是广泛应用于现代欧陆风情建筑的屋顶，极具特色。

材料性能及特征 | PERFORMANCE & CHARACTER

小青瓦一般取自于黏土，可就地取材，造价低廉，在烧熟之后还有一道工序就是洇窑，洇窑之后起化学反应才呈青灰色。小青瓦具有以下特征：

（1）小青瓦历史悠久，具有素雅、沉稳、古朴、宁静的美感。同时小青瓦常以交叠方式铺设屋顶，隔热性能良好。

（2）小青瓦属脆性材料，施工时易损坏。小青瓦片小，施工效率低，且需要大量木材。

（3）随着国家对土地资源的保护力度逐年加大，黏土建材制品在部分城市被限制使用，小青瓦的用量也在逐年减少。在人口密度大、耕地少的地区已经明令禁止使用小青瓦。

陶土瓦是用黏土、风化页岩石、其他附配料等制作成湿胚干燥后，通过高温烧制而成。在 1 000 多摄氏度的高温下，黏土固化为陶，超过 1 200℃以后基本就瓷化了，一般陶瓦温度控制在 1 100℃以下。

（1）陶土瓦色彩颜色持久，同时赋予建筑更温暖，更人性化的自然质感。

（2）陶土瓦成本低，可循环使用， 具有甲级耐火等级，不燃烧性能。

（3）陶土瓦产品样式选择多样，可以搭配不同材质，效果良好。

产品工艺及分类 | TECHNIC & CATEGORY

小青瓦以黏土（包括页岩、煤矸石等粉料）为主要原料，经泥料处理、成型、干燥和焙烧而制成。小青瓦由：勾头、滴水、筒瓦、板瓦、罗锅、折腰、花边、瓦脸等组成。小青瓦可以做成各种形式的风格屋面，可做成合瓦屋面。合瓦屋面的特点是，盖瓦也使用板瓦，底、盖瓦一反一正即“一阴一阳”排序。合瓦屋面主要见于小式建筑和北京、河北、山东等地的民宅，大式建筑不用合瓦。江南地区无论是民宅还是庙宇，均以合瓦（蝴蝶瓦）屋面为主。其中包括铺灰与不铺灰两种做法。不铺灰者是将底瓦直接摆在椽上，然后再把盖瓦直接摆放在底瓦垄间，其间不放任何灰泥。京城匠人多称此为南方干槎瓦。

陶土瓦从工艺和成分上区分，主要可分为传统琉璃瓦和现代陶瓦。传统琉璃瓦是由陶土制作成型，表面面涂一层彩色釉，再高温烧结而成。由于有了一层釉，外表要比黏土瓦光亮。传统的琉璃瓦多用于古代皇宫，庙宇等高贵建筑。现代陶瓦则是随着房地产市场的兴起，主要从国外传进来的屋面瓦。其特点是采用陶土但表面不上釉（部分国外产品也有釉面），颜料混入陶土中，高温烧结而成。目前市面上常见的陶土瓦主要分日本屋面瓦与欧洲屋面瓦两大类。日本屋面瓦常见的有唐瓦（本葺瓦）、本葺一体瓦（一体唐瓦、飞鸟野瓦）、银熏瓦（J 形瓦）、和瓦（J 形瓦、和形瓦）、平板瓦、波形瓦等。欧洲屋面瓦常见的有法式平瓦、罗曼瓦、仿石平瓦、筒瓦、高拱瓦等。

欧洲各式陶瓦

日式唐瓦（本葺瓦）　日式和瓦（J 形瓦）　日式平板瓦

常用参数 | COMMON PARAMETERS

小青瓦规格一般长为200mm，宽为130 ~ 200mm，厚度为6 ~ 10mm。瓦适用于混凝土结构、钢结构、木结构、砖木混合结构等各种结构新建坡屋面和老建筑平改坡屋面，适用坡度15 ~ 90°，适用温度-50 ~ 70℃。抗弯曲性能（弯曲破坏荷重）≥ 1 200N； 吸水率≤ 6.00%；抗冻性能：经15次冻融循环不出现剥落、掉角、掉棱及裂纹增加现象；耐急冷急热性：经10次急冷急热循环不出现炸裂、剥落及裂纹延长现象；抗渗性能：经3h背面无水滴产生。

（以上数据为市场部分厂家产品参数，不同厂家各有差别，仅供参考）

价格区间 | PRICE RANGE

50 ~ 300元/m²

小青瓦价格较为便宜，市场上以片计算，价格在0.5 ~ 1元/片。屋面根据瓦尺寸大小及搭接不同，用量有所不同。陶瓦价格由于有国外进口产品，国内品牌与进口品牌差别较大。国内中等品牌的单位造价为50 ~ 100元/㎡，国外品牌为100 ~ 300元/㎡。

（以上价格仅为市场普通中低端价格，材料价格根据其不同项目，不同品牌，以及订制等多方原因会有较大浮动，仅供参考）

设计注意事项 | DESIGN KEY POINTS

辨别瓦的品质主要看四个方面：一是瓦的平整度；二是瓦的抗折力度，可看技术指标和听声音；三是瓦的吸水率，将瓦放置在水流之下，就能比较出差异；四是瓦的色彩牢度。随着国家对土地资源的保护力度逐年加大，一些陶土及黏土建材制品（包括陶土瓦、黏土砖、红砖等）开始在部分城市限制使用，小青瓦及国内陶瓦的用量在减少。很多市场上，部分小青瓦为回收旧瓦或者仿古水泥小青瓦，是不错的替代产品，设计师可灵活对待。

（施工及安装要点内容仅代表部分厂家做法，供示意参考，不作为通用施工标准及节点做法）

品牌推荐 | BRAND RECOMMENDATION

品牌详细信息，请参见附录品牌索引：I01。

（以上推荐仅为市场少数优秀品牌，供设计师参考学习。同一品牌实际可能涉及多种产品，更多详细内容可登录随书小程序）

施工及安装要点 | CONSTRUCTION INTRO

传统屋面铺设小青瓦的操作工艺流程：

铺瓦准备工作→基层检查→上瓦、堆放→铺筑屋脊瓦→铺檐口瓦、屋面瓦→粉山墙披水线→检查、清理。

小青瓦的搭接，即纵向上下两块瓦的搭接，通常为瓦长的2/3，俗称"压七露三""压六露四"或"一搭三"（即瓦露面1/3的冷摊瓦施工做法）。

然而在现代建筑中，设计师也经常创造性地使用传统青瓦。比如绩溪博物馆中，建筑师采用传统瓦开槽钢丝绑扎固定于金属龙骨的做法，形成了一面独特的传统瓦垂直景墙，取得了良好效果。

绩溪博物馆墙面立瓦设计

绩溪博物馆以传统青瓦的屋面

地中海风情建筑典型陶瓦屋面

现代陶瓦的施工与传统瓦类似，如下图：

罗曼瓦屋面系统解决方案

经典案例 | APPLICATION PROJECTS

中国美术学院民俗艺术博物馆

设计：隈研吾建筑都市事务所

材料概况：以金属绑扎瓦的方式让瓦片悬浮于空中，创造出独特的光影效果。

乌镇互联网国际会展中心

设计：王澍

材料概况：在现代建筑中，瓦更多作为一种传统文化的象征符号，应用于大型文化建筑的创作之中。

葡萄牙 The Boa Navo 茶室

设计：Alvaro Siza

材料概况：陶瓦作为地中海地区的民居屋面材料广泛使用，红色与蔚蓝的大海形成鲜明对比。

西班牙 Casal Balaguer 文化中心

设计：Flores & Prats + Duch-Pizá

材料概况：保留的传统陶瓦与现代金属屋面并置形成了鲜明对比，让建筑更加充满历史感。

沥青瓦 / 水泥瓦 | Asphalt Shingle / Cement Tile

材料简介 | INTRODUCTION

沥青瓦又称玻纤瓦、油毡瓦，是以玻璃纤维毡为胎体，经浸涂优质改性沥青后，一面覆盖彩色矿物粒料，另一面撒以隔离材料，所制成的新型瓦状屋面防水片材。水泥瓦，又称混凝土瓦，因其使用原材料是水泥，故常称为水泥瓦。 水泥瓦通过高压经优质模具压滤而成，产品密度大，强度高，防雨抗冻性能好，表面平整，尺寸准确。彩色水泥瓦色彩多样，使用年限长，造价便宜。

材料性能及特征 | PERFORMANCE & CHARACTER

沥青瓦的使用，必须保证水泥屋面厚度不小于 100mm，木结构屋面厚度不小于 30mm（不能用于平屋面，屋面坡度宜为 10° ~ 80°）。沥青瓦的优点：（1）造型多样，适用范围广；（2）色彩丰富，美观环保；（3）屋顶承重轻，安全可靠，保温隔热，防水耐腐蚀；（4）施工简便，综合成本低，经久耐用，无破碎之忧。

沥青瓦的缺点：易老化，寿命一般只有十几年。沥青瓦采用黏结加钉子的铺盖方法，在木板屋面上黏结沥青瓦再辅以钉子尚能承受一定的风力，但在现浇混凝土屋面上由于钉固困难，主要依靠黏结， 但往往因粘结不牢或胶水失效，遇到较大的风力时，会容易被吹落。另外沥青瓦阻燃性差。

水泥瓦既适用于普通民房，也适用于高档别墅及高层建筑的防水隔热。其特点如下：

（1）水泥瓦属于混凝土构件，强度高、密实度好、吸水率低、寿命长。由于瓦的单片面积大，因此单位面积所用瓦的重量要轻得多，盖瓦的效率也高。

（2）它仅需在 40℃左右养护，无须高温焙烧，故变形极小。

（3）瓦型多种多样，颜色丰富，可以做成通体单色和通体混合迷彩。

（4）彩瓦表面喷一层密封剂，可使彩瓦表面长期不发黑、不长苔。采用氧化铁颜料与水泥混合配成的色彩可保持几十年基本不变。

（5）生产效率较高。生产过程中能耗低，不侵占土地农田资源。

产品工艺及分类 | TECHNIC & CATEGORY

沥青瓦产品按形状分类：

（1） 单层沥青瓦：颜色丰富，造型简洁大方，整体效果简洁明快。价格优势明显。

（2）双层及多层沥青瓦：两层或多层瓦片叠在一起，做出立体效果，可以让屋顶呈现非常强的立体美感，经久耐用，层数越多保质期更长。

沥青瓦还有以下较为常见的形式：

（1）马赛克型沥青瓦：独特的六边形组合，相互连接的色块较为优雅。三维立体阴影设计，展现类似马赛克的效果。

（2）歌德型沥青瓦：不规则错列搭接的外形，为建筑屋面添加了多种颜色和动感。

（3）鱼鳞型沥青瓦：灵感来自于传统的陶瓦，简洁大方的线条和色彩设计，赋予屋顶立体及质感，独特的曲线外形非常优美。

水泥瓦是以水泥、砂或无机的硬质细骨料为主要原料，经过配料、搅拌、成型、养护制成，再用丙烯酸作为密封性保护膜在外层均匀地涂装。根据生产工艺可分为辊压瓦和模压瓦两大类，按造型主要分为波形瓦、S 形瓦和平板瓦。

（1）波形瓦是一种圆弧拱波形瓦，瓦与瓦之间配合紧密，对称性好，上下层瓦面不仅可以直线铺盖，也可以交错铺盖。可用于接近 90°的墙面作装饰，风格别致。

（2）S 形瓦在欧洲叫西班牙瓦，其拱波很大，截面呈标准 S 形，盖于屋面后即使较远观赏，波形也很清晰，立体感远强于波形瓦。选用不同色彩工艺处理的 S 形瓦加以不同的铺盖方法，可以体现不同时代的建筑风格。

（3）平板瓦多彩平整，远看和沥青瓦的效果一样，近看则更显立体感和艺术性，每一排瓦可以很整齐地排列铺盖，也可以有规律地高低错开排列铺盖，从而表现出不同的艺术风格。

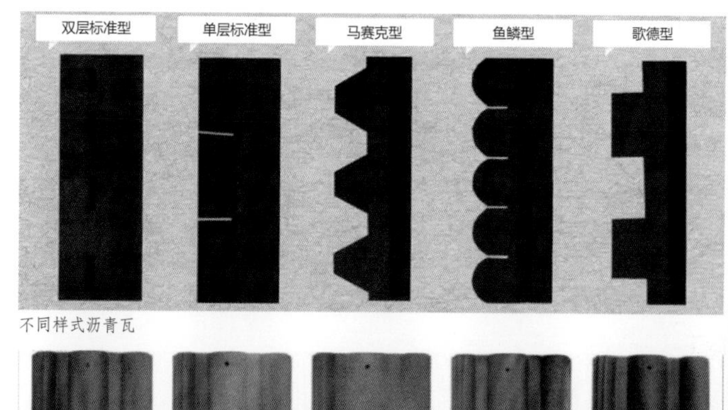

不同样式沥青瓦

波形瓦

S 形瓦

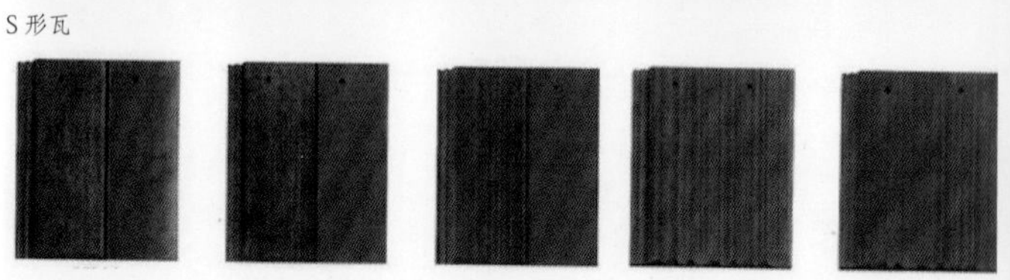

平板瓦

常用参数 | COMMON PARAMETERS

沥青瓦产品常用规格：长度 1 000mm ±3mm ，宽度 333mm±3mm，厚度 2.7mm。

水泥瓦常用规格包括 400mm×240mm、385mm×235mm 两种，但可生产较大规格产品。

（以上数据为市场部分厂家产品参数，不同厂家各有差别，仅供参考）

价格区间 | PRICE RANGE

50 ~ 100 元 /m²

沥青瓦的价格与生产原料的价格相关，包括：胎体、沥青、彩砂、胶条。国内沥青瓦价格在 20 ~ 30 元 / ㎡。水泥瓦的价格与与产地有一定关系，一般来说造价从低到高依次为：国产、东南亚、日本、美国、西班牙、法国、葡萄牙、德国、英国等。常规国产产品折合 30 ~ 40 元 / ㎡，国外产品根据不同效果价格为 50 ~ 100 元 / ㎡。

（以上价格仅为市场普通中低端价格，材料价格根据其不同项目，不同品牌，以及订制等多方原因会有较大浮动，仅供参考）

设计注意事项 | DESIGN KEY POINTS

沥青瓦与水泥瓦在使用年限和安装方式上各有优劣，但在色彩和质感上两者具体情况各有不同。沥青瓦表面的颜色是带颜色天然矿石颗粒、金属氧化物（颜色）在高温下陶化而成。水泥瓦因表面为白水泥、石英沙、无机颜料粉末和多种添加剂混合，颜色不能进入石英沙的颗粒内，色彩为涂层效果。同时沥青瓦为哑光，水泥瓦则有一定的反射光感，设计师可根据不同项目情况选择。

（施工及安装要点内容仅代表部分厂家做法，供示意参考，不作为通用施工标准及节点做法）

品牌推荐 | BRAND RECOMMENDATION

品牌详细信息，请参见附录品牌索引：I02。

（以上推荐仅为市场少数优秀品牌，供设计师参考学习。同一品牌实际可能涉及多种产品，更多详细内容可登录随书小程序）

施工及安装要点 | CONSTRUCTION INTRO

1. 沥青瓦的屋面施工步骤

1：3 水泥砂浆找平层检查验收→基层清理→涂刷冷底子油⎺改性沥青防水卷材附加层施工→弹线→初始层的铺贴→大面积安装玻纤彩纱瓦→安装成品脊瓦→检查验收。

大面积铺设沥青瓦时候，在单层瓦上固定钉子，每张瓦要钉 6 个钉子，初始层用 4 个钉子。钉子的位置位于装饰缝上方 16mm 处，距离两边端 25mm 处，且距每个装饰缝中心左右各 25mm 处。单层与多层沥青瓦铺设类似，下图以单层铺设为例示意。

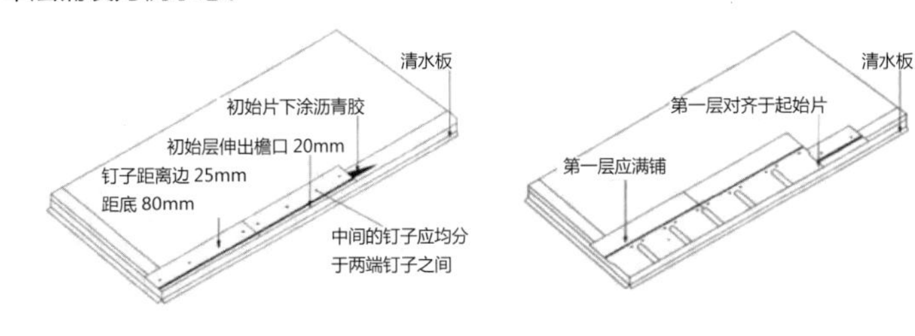

单层沥青瓦首层铺设示意　　单层沥青瓦第二层铺设示意

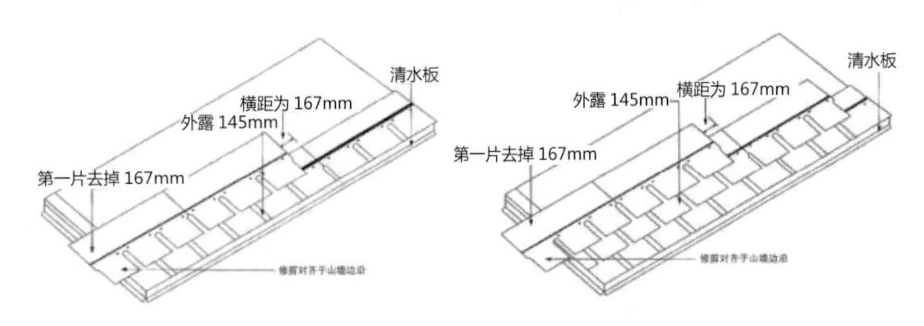

单层沥青瓦三层铺设示意　　单层沥青瓦第四层铺设示意

单层沥青瓦铺设

2. 水泥瓦的屋面施工主要步骤及典型节点

坡屋面：基层清理→找平层→ 钉顺水条→钉挂瓦条→挂瓦→细部处理 →检查验收→淋水试验。

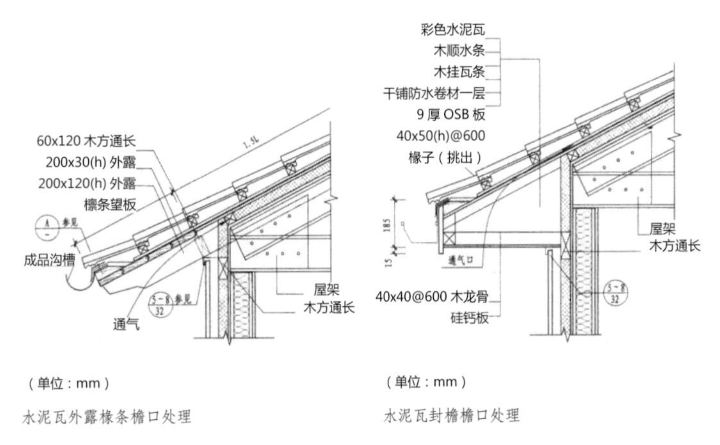

（单位：mm）　　（单位：mm）

水泥瓦外露椽条檐口处理　　水泥瓦封檐檐口处理

经典案例 | APPLICATION PROJECTS

Cabin in the woods

设计：**Bernd Riegger**

材料概况：沥青瓦与精巧的木结构搭配，形成有趣的景观建筑。

日本爱知县四叶草之家幼儿园

设计：马岩松

材料概况：建筑采用白色沥青瓦贴合曲线造型，同时精细的肌理让建筑更加精致可爱。

上海日清建筑设计有限公司办公楼改造

设计：上海日清建筑设计

材料概况：垂直水泥挂瓦应用在建筑立面，层叠效果创造出丰富的肌理效果。

上海万科早城

材料概况：运用水泥瓦从屋面到墙面一体化设计。

木瓦 / 石板瓦 | Shingle / Slate Tile

材料简介 | INTRODUCTION

木瓦属于古建筑材料的一种，虽被现代的各种瓦逐渐代替，但还是延用至今。很多回归自然风味或是高档的房子依然会采用木瓦，它能给建筑物外观增添温暖古朴的质感。

天然石板瓦也称页岩瓦、青石板瓦，是对天然板石做屋顶盖瓦的通俗称法。用作石板瓦的板岩其最大特点是具有天然的劈理，可以用手工或机械的方式将其劈分开，表面纹理天然，无放射性，不含对人体有害的元素，是做屋顶盖瓦的高级绿色建筑材料。

材料性能及特征 | PERFORMANCE & CHARACTER

木瓦古朴典雅，给人一种温馨而又清新的视觉，仿佛置身于大自然。木瓦多是采用雪松、香柏等制成的木片，嗅起来有很浓的芳香味。 木瓦不仅应用于屋顶，还广泛应用于建筑外墙。用于建筑屋面的木瓦具有以下特征：

（1）用于特别干燥或特别潮湿的环境中，使用年限可长达 30 ~ 50 年。

（2）不会在酸雨等恶劣的城市环境影响下，出现变形翘曲等现象。

（3）产品导热系数低，保证了屋顶住户的舒适度。

（4）施工简单，装卸方便，更多减轻了屋面的自重，从而节约建筑工程成本，大大缩短了工期。

石板瓦具有以下特征：

（1）外观：板岩色泽典雅、外表美观、质感细腻、纹理自然。硬质板普通吸水率为 0.10% ~ 0.28%。

（2）重量：重量轻，建筑荷载小。板岩岩石结构致密，微裂隙极不发育，其抗压强度为 207.3 ~ 325.7MPa，抗折强度为 43.6 ~ 85.0MPa。

（3）抗酸碱、抗紫外线：在沿海和潮湿地区明显，屋面使用寿命长。3h 候酸腐蚀条件下质量仅损失 0.04% ~ 0.06%，碱腐蚀条件下损失率为 0.03% ~ 0.08%。

（4）种类：低硅低钙的天然石板瓦屋面平顺，纹理清晰，边缘打磨均匀，颜色有纯黑、浅黑、绿板等，更能协调整体欧式、英伦建筑风格。

产品工艺及分类 | TECHNIC & CATEGORY

木瓦独特的质感与色彩提供了与传统屋面材料完全不同的建筑风格。传统与现代兼顾的表现能力，能够充分实现设计师的设计思想。木瓦根据应用位置的不同，主要分为屋面木瓦、墙面装饰木瓦和室内背景木瓦。

生产木瓦的材质一般有红雪松、赤松、樟子松。其中以红雪松最好，它是北美等级最高的天然耐腐木材。它卓越的防腐能力来源于自然生长的一种被称为 Thujaplicins 的醇类物质，这种酸性物质确保了木材不被昆虫侵蚀，无需再做人工防腐和压力处理。

据考证，在中国的“瓦板岩之乡”陕西紫阳县，自先秦时期就开始用板石挡风、盖屋顶。天然石板瓦的使用在国外也较为广泛。数百年来，欧美国家对板石进行深加工后广泛应用于博物馆、教堂、市政厅、城堡等高档公共建筑，黑色石板瓦屋面已经成为最具特色的欧洲建筑的标志之一。天然石板瓦同样既可以应用于建筑屋面，又可用作墙面装饰。所不同的是板石由于材质特性和变质作用的不同，可被加工成屋面盖瓦的板石往往要求更高，被称为瓦板岩。不能做瓦的板石被加工成饰面板，用作墙地坪装饰。同样是建筑板石类，瓦板岩可以做饰面板岩，而饰面板岩不能做瓦板岩。

红雪松板材

不同形式木瓦

屋面木瓦

墙面屋瓦

木瓦用于室内墙面装饰

国外教堂石板瓦屋面

国内民居石板瓦屋面

常用参数 | COMMON PARAMETERS

红雪松木瓦产品常用规格：厚度 12mm，宽度 75 ~ 100mm；长度 300 ~ 400mm；密度（风干平均值）：380 kg/m³；比重（烘干平均值）：0.34；弹性系数：8 270MPa；断裂系数：53.8 MPa 。

石板瓦可以加工成：长方形、菱形、正方形、U 形、鱼鳞形等形状。颜色有：青黑色、锈色及绿色；厚度：5 ~ 9mm；常规规格：300mmx200mm、300mmx300mm、400mmx200mm、400mmx250mm、500mmx250mm、300mmx600mm。

（以上数据为市场部分厂家产品参数，不同厂家各有差别，仅供参考）

价格区间 | PRICE RANGE

100 ~ 800 元 /m²

木瓦价格主要按照产品单片来计，根据形式及面积大小不同略有差异。大致价格在 4 ~ 5 元 / 片不等。

石板瓦一般来说价格与品牌产地有很大关系。造价从低到高大致为：国产 - 东南亚、日本、美国、西班牙、法国、葡萄牙、德国、英国欧洲地区。国产石板瓦，5 ~ 10 年寿命，150 ~ 250 元 / ㎡；欧洲高端品牌石板瓦，50 ~ 100 年寿命，每平方米 800 元到几千元不等。

（以上价格仅为市场普通中低端价格，材料价格根据其不同项目，不同品牌，以及订制等多方原因会有较大浮动，仅供参考）

设计注意事项 | DESIGN KEY POINTS

红雪松木瓦为天然耐腐木材，使用时不需要再做防腐处理。一般化学防腐反倒会破坏红雪松内部天然防腐成分。同时火焰扩张和烟雾扩散等级超出大多数建筑规范所规定的最低标准。

国内储量巨大，有几十亿立方米。不同产地石板瓦的品质价格差异较大。通常高档建筑采用石板瓦可能性较大，所以选用优质的产品对于有较高要求的经典建筑比较重要。当然目前市面上也存在着一些人工仿石板瓦产品，主要为一些水泥制品，设计师可适当了解，在此不做重点介绍。

（施工及安装要点内容仅代表部分厂家做法，供示意参考，不作为通用施工标准及节点做法）

品牌推荐 | BRAND RECOMMENDATION

品牌详细信息，请参见附录品牌索引：I03。

（以上推荐仅为市场少数优秀品牌，供设计师参考学习。同一品牌实际可能涉及多种产品，更多详细内容可登录随书小程序）

施工及安装要点 | CONSTRUCTION INTRO

1. 木瓦安装一般为传统的叠压钉挂方式

木瓦安装要注重细节，以防出现漏水现象。首先要做好防水，再铺设木瓦。每块瓦片的上端需要支承在檩板上，在檐口处需设双层瓦并固定在檩板上。在最低那排木瓦上面再钉一排木瓦，上面那排将下面那排两块之间的缝隙盖住，下钉的位置要能被第二排木瓦盖住。所以，第一排实际上是两层的。 在第一排的往上（后）一定距离钉第二排，同样要盖住第一排上层木瓦的缝隙及钉，以后各排依此类推。

底板与主体结构固定

铺设沥青防水层

铺设底层木瓦

铺设中间层木瓦

2. 石板瓦安装方式

与木瓦安装方式类似，采用一片压一片地重叠放置的方式。每一层石板瓦并排铺设，两片瓦之间的间距不超过 3mm。上一层石板瓦中心线对压在下一层两片石板瓦之间的缝隙，第三层瓦要能覆盖到第一层瓦的最上面边缘，以确保铺设的屋顶不会出项年久漏雨现象。

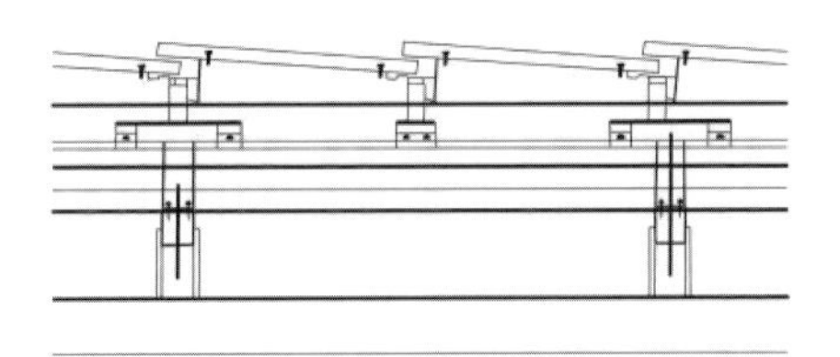

弧形支撑石板瓦屋面安装图示

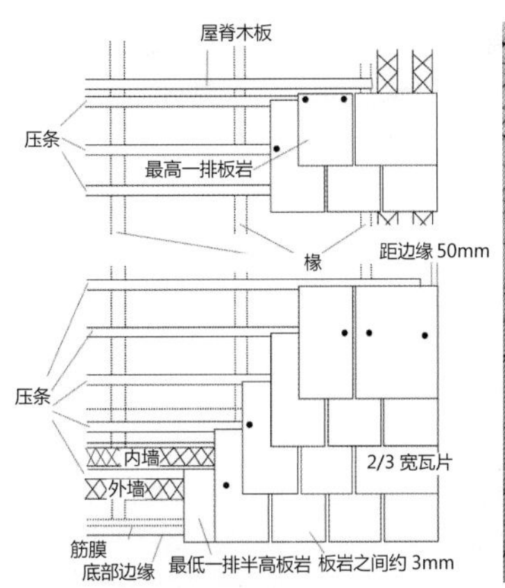

国内石板瓦屋面铺设示意图

国内石板瓦屋面铺设照片

瑞士 Saint Benedict 教堂

设计：Peter Zumthor

材料概况：北欧地域特色的天然木瓦结合当地手工艺建造，让小教堂显得细腻而富有温情。

非洲 Sandibe 游猎营地酒店

设计：Michaelis Boyd

材料概况：全木瓦覆盖的建筑与周边自然环境显得友好而和谐。

德国 wellenburg 别墅

材料概况：曲线形屋面配合不规则圆弧形黑色鱼鳞状石板瓦，显得异常灵动。

绿城玫瑰园别墅

设计：浙江绿城东方建筑设计有限公司

材料概况：石板瓦经常应用于国内高端楼盘别墅项目，尊贵典雅。

金属屋面 | Metal Roof

材料简介 | INTRODUCTION

金属屋面泛指一切以金属材料作为屋面装饰与防护的屋面形式。通常其表面金属多采用具有一定自保护防腐能力、轻质、高强、耐久的材料，比如钛锌、铜、钛、镀铝锌彩涂板及铝锰镁、不锈钢、薄钢板等制作而成的各种形式的屋面面材。金属屋面可以是安装在正常结构屋盖上的表面装饰维护系统，也可以是适用于无柱大空间的整体屋盖解决系统（这种情况一般由主次檩条、压型底板、吸音层、隔水汽层、保温层、隔音层、防水层、金属屋面板等组成，是结构体系与屋面装饰防护一体的整体屋面系统解决方案）。

材料性能及特征 | PERFORMANCE & CHARACTER

金属屋面的使用在西方由来已久，同时也是现代建筑设计的重要语言。除了独特的装饰性，其本身体系所具有的如下特征也是其被广泛采用的原因：

（1）易加工，造型可塑性强，装饰效果好：因为其具备金属材料的优越特性，具有良好的韧性，易加工，适用各种不同造型的屋面。可被加工成各种单元 瓦构件，也可以被加工成整体板材。具有良好的延伸率和抗拉强度，可现场三维弯弧异型，充分满足建筑师丰富的创作想象力和灵感要求。

（2）防腐蚀，易维护：金属屋面依靠本身形成的保护层，可防止面层受到外界不利因素的腐蚀。另外从工艺角度考虑，金属屋面无须另行涂漆保护，使其具有真正的金属质感，并且金属表面由于硬度特性，不易留下划痕，大大减轻了屋面后期的维护，从而可降低后期使用的维护成本。

（3）结构轻便，安装灵活：相对于传统屋面，其结构更为轻便，自重更小，如钛锌板，0.7mm 厚度重量约为 5kg/㎡，特别适合公共建筑如机场、会展中心、文化中心、体育场馆屋面。同时因其具有可装配性，操作起来更为简单，可以根据不同的屋面造型进行组装固定，安装灵活、易操作。

（4）更长的使用寿命：金属屋面的设计使用年限可达 50 年，如钛锌板为高级金属合金板，其成分为 99.85% 纯锌以及少量的铜（0.08%）、钛（0.06%）等合金材料，使用生命期可达到 80 ~ 100 年。

（5）可循环适用，更环保：金属屋面材料可循环使用，从而达到重复使用的特征，可回收再利用，从而做到节约资源，更为环保。

产品工艺及分类 | TECHNIC & CATEGORY

金属屋面的表面金属面层可以被加工成各种形式，其主要分为瓦构件和板材形式。金属瓦构件与其他非金属瓦材料相似，相对更多地应用于混凝土屋面结构表面。常见的金属瓦包括钛锌瓦、铜瓦、不锈钢瓦、铝瓦、镀铝锌钢瓦等。同样这些材料也可以作为整体屋面材料应用于金属屋面系统，其材料特性决定了屋面的不同特性：

（1）镀铝锌钢：①超强的耐腐蚀性；②抗高温氧化，在 315℃的高温环境下，不发生任何变色或变形；③热反射率高于 75%，是镀锌板的 2 倍。

（2）不锈钢：①表面美观，使用可能性多样化；②耐腐蚀性能好，比普通钢长久耐用；③强度高，因而薄板使用的可能性大；④耐高温氧化及强度高，因此能够抗火灾；⑤常温加工，即容易塑性加工；⑥清洁，光洁度高，焊接性能好。

（3）铝镁锰：①重量轻：铝的密度为 2.73g/m³, 只有钢的 1/3；②强度高：通过成分配置、加工和热处理方法可以达到很高的强度；③ 耐腐蚀：具有自我防锈能力，形成的氧化层，可防止金属氧化锈蚀，耐酸碱性好；④可塑性好，易加工；⑤良好的导电性能：非磁化和低电火花敏感度，可以防电磁干扰和降低特殊环境下的易燃性；⑥安装方便：铝金属可以通过铆接、焊接、胶粘等多种方式连接 ；⑦环保，100% 可循环回收利用。

（4）钛锌：①使用寿命长，金属面层具有 80 ~ 100 年的生命期；② 依靠本身形成的碳酸锌保护层保护，可防止面层进一步被腐蚀，无须涂漆保护，具真正的金属质感，并有划伤后自动愈合不留划痕、免维护等特点；③板材具良好的延伸率和抗拉强度；④可塑性好， 可在现场三维弯弧异型。

（5）铜瓦：①腐蚀性能很好、经久耐用、可以回收；② 它有良好的加工性可以方便地制作成复杂的形状；③ 具有美观的色彩。

彩色镀铝锌钢板

铝制日式 S 形金属和瓦

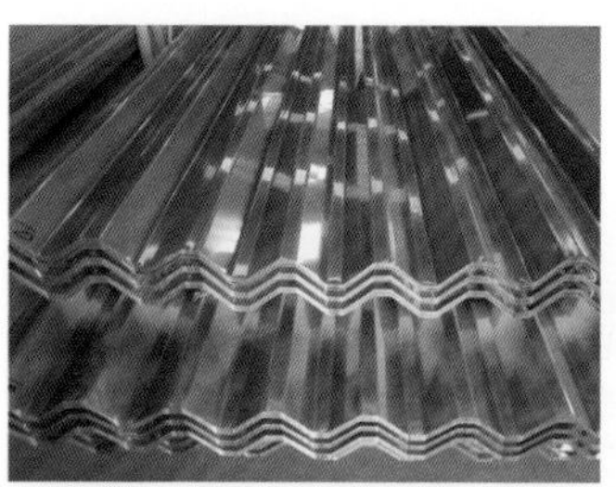

不锈钢薄板

铝镁锰屋面

钛锌板屋面

铜制仿古瓦

常用参数 | COMMON PARAMETERS

金属屋面的面板厚度一般为 0.4 ~ 1.5mm，板的表面可根据建筑需求进行涂装处理。同时屋面系统单块板块的长度可达 120 m。由于材质及涂层质量的不同，有的板寿命可达 50 年以上。

市场上常见的线条式屋面系统包括直立锁边和立边咬合（其中立边咬合分为立边单咬合和立边双咬合）；屋面立筋高度：65/25mm；立筋中心点水平宽度：300mm/400mm/430mm/500mm。

（以上数据为市场部分厂家产品参数，不同厂家各有差别，仅供参考）

价格区间 | PRICE RANGE

根据项目不同价格不定

金属屋面系统价格与采用的具体金属材料相关。常规来讲价格由低到高依次为：镀铝锌钢板屋面、铝镁锰屋面、不锈钢屋面、钛锌板屋面、铜屋面。以常规铝镁锰屋面整体系统为例，价格约为 300 ~ 5 00 元 / ㎡。钛锌板屋面整体系统约在 1 500 ~ 2 000 元 / ㎡。

（以上价格仅为市场普通中低端价格，材料价格根据其不同项目，不同品牌，以及订制等多方原因会有较大浮动，仅供参考）

设计注意事项 | DESIGN KEY POINTS

金属瓦在现代建筑中应用越来越多。市场上基本可以做到以金属材料仿制各种形制的瓦，包括传统古建瓦及现代鱼鳞装饰瓦，其安装方式大多与非金属瓦同理。同时较为基础的彩钢蛭石瓦等，此处不做过多介绍。

金属屋面系统的适用性包括但不限于保温、隔热、吸声、隔声、防水、防雷、有组织排水设计、室内顶部装饰、天窗及防排烟系统设计及其它专业的相关设计与配合，设计师可根据具体项目对使用功能的要求灵活设置。同时在经济性的前提下，须考虑施工过程中和建成以后系统的安全可靠性。

（施工及安装要点内容仅代表部分厂家做法，供示意参考，不作为通用施工标准及节点做法）

品牌推荐 | BRAND RECOMMENDATION

品牌详细信息，请参见附录品牌索引：I04、I05 。

（以上推荐仅为市场少数优秀品牌，供设计师参考学习。同一品牌实际可能涉及多种产品，更多详细内容可登录随书小程序）

不同形式平锁扣系统也适用于建筑屋面

施工及安装要点 | CONSTRUCTION INTRO

金属屋面常用系统形式可分为：直立锁边系统、立边咬合系统、平面板条系统、古典式扣盖系统、平锁扣式系统、压型板系统、单元板块式系统。各系统对不同金属材料有一定的通用性，但同时又有各自的适用性。

我们以市场上应用最为广泛的线条式屋面系统为例介绍。其又分为典型的直立锁边点支撑屋面系统（高立边 65 系列）和立边咬合面支撑屋面系统（矮立边 25 系列）。前者适用于大面积、大跨度、低弧度、坡度≥ 1.5°的屋面或墙面。后者适用于≥ 3°的坡屋面及弧型屋面以及倾斜度小于 25°的屋顶。对于弧度较小，结构比较复杂的球形、弧形和特异造型屋面也比较适用，可以较好实现建筑设计师的各种设计理念。

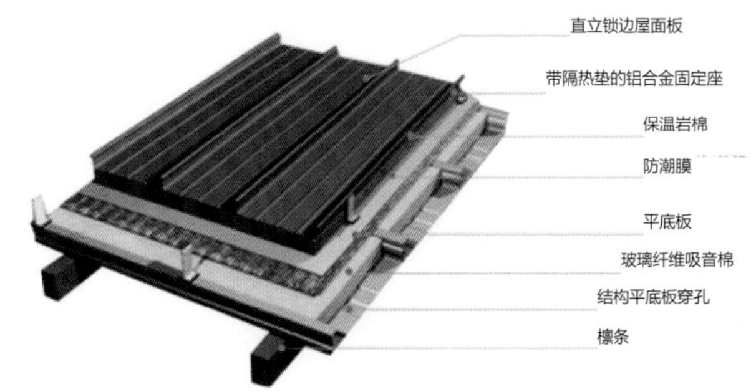

典型直立锁边屋面图示

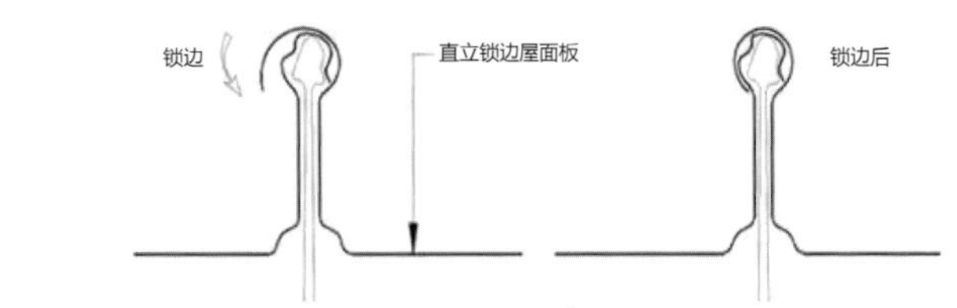

直立锁边点支撑（高立边 65 系列）图示

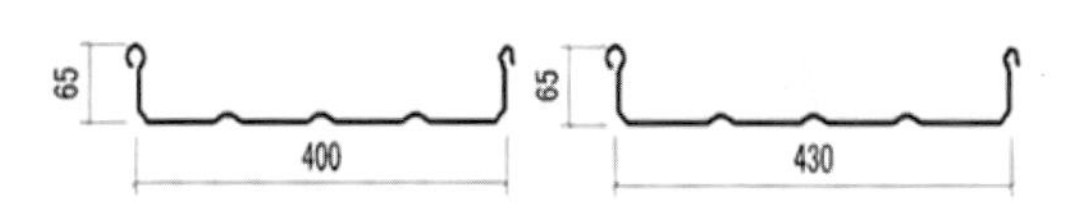

直立锁边点支撑（高立边 65 系列）规格板

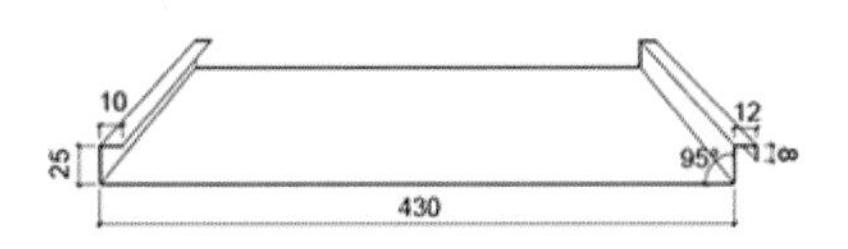

立边咬合面支撑（矮立边 25 系列规格板）

当金属面材被制作成小规格构件时，平锁扣系统则更为适用。它是一种新型的墙面屋面装饰形式，适用于大面积幕墙。扣片垂直或平行的布局将直接影响表现出来的视觉效果，当选小规格时更可依从所有曲线类型，建筑师极富创造的构思可实现极具吸引力的视觉效果。

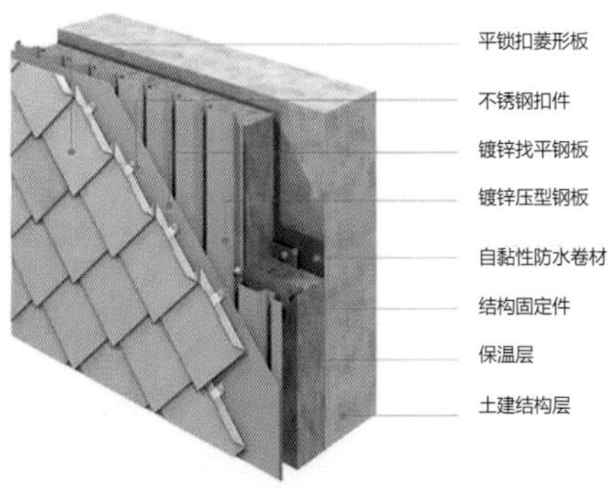

平锁扣系统适用于建筑墙面幕墙

四川剑阁县下寺村新芽小学

设计：朱竞翔

材料概况：金属屋面应用于小型建筑不仅质轻高强，同时不加细节的处理方式显示出对建筑本真的设计理念。

成都中国会馆

设计：四川天筑景典设计有限公司

材料概况：金属质的日式 S 形和瓦结合传统中式屋面形式及院落空间别具韵味。

国家大剧院

设计：Paul Andreu

材料概况：20 000 多块钛金属面板加铝镁锰防水构造组成复杂双曲屋面系统。

济南奥林匹克体育中心

设计：悉地国际

材料概况：铝镁锰金属屋面广泛应用于大型公共空间建筑屋面。

塑料
PLASTIC

用于建筑上的塑料，可统称为建筑塑料。建筑塑料与木、石、沙、泥等传统的建筑材料相比，具有质轻、高强、多功能、预制性好等特点。它们的应用极广，有的用作建筑物的装修材料，如门窗、扶手、踢脚板、嵌条，踏步、隔墙、平顶等；有的用作工程材料，如给、排水管路管件及卫生清洁用具等；有的用作墙面、地坪的装饰材料，如壁纸、卷材、地板、地毯等；有的用作墙体或屋面的复合材料；有的还被用作充气帐篷、薄膜围护等临时性建筑设施的材料；目前已发展到制成整体预制的塑料游泳池、整体吊装的塑料卫生间和厨房等。

当前世界上先进工业国家的建筑塑料消费量约占其塑料总产量的20% ~ 25%，已经与木材、黏土、砂石并誉为“四大建筑材料”。建筑塑料的大量使用，在很大程度上改变了传统建筑“肥梁、胖柱，深基，重盖”的状况，具有节能、节材、节工的技术经济效果，促进了建筑工业的现代化。

中国的建筑塑料是从 20 世纪 70 年代，通过大规模引进工业发达国家大型石油化工原料生产装置开始发展起来的。目前，塑料门窗、塑料管道、塑料地板、塑料壁纸、塑料装饰板、保温材料等，中国都已有生产，并具有相当的规模。中国的建筑塑料工业现已成为一个独立的工业体系，

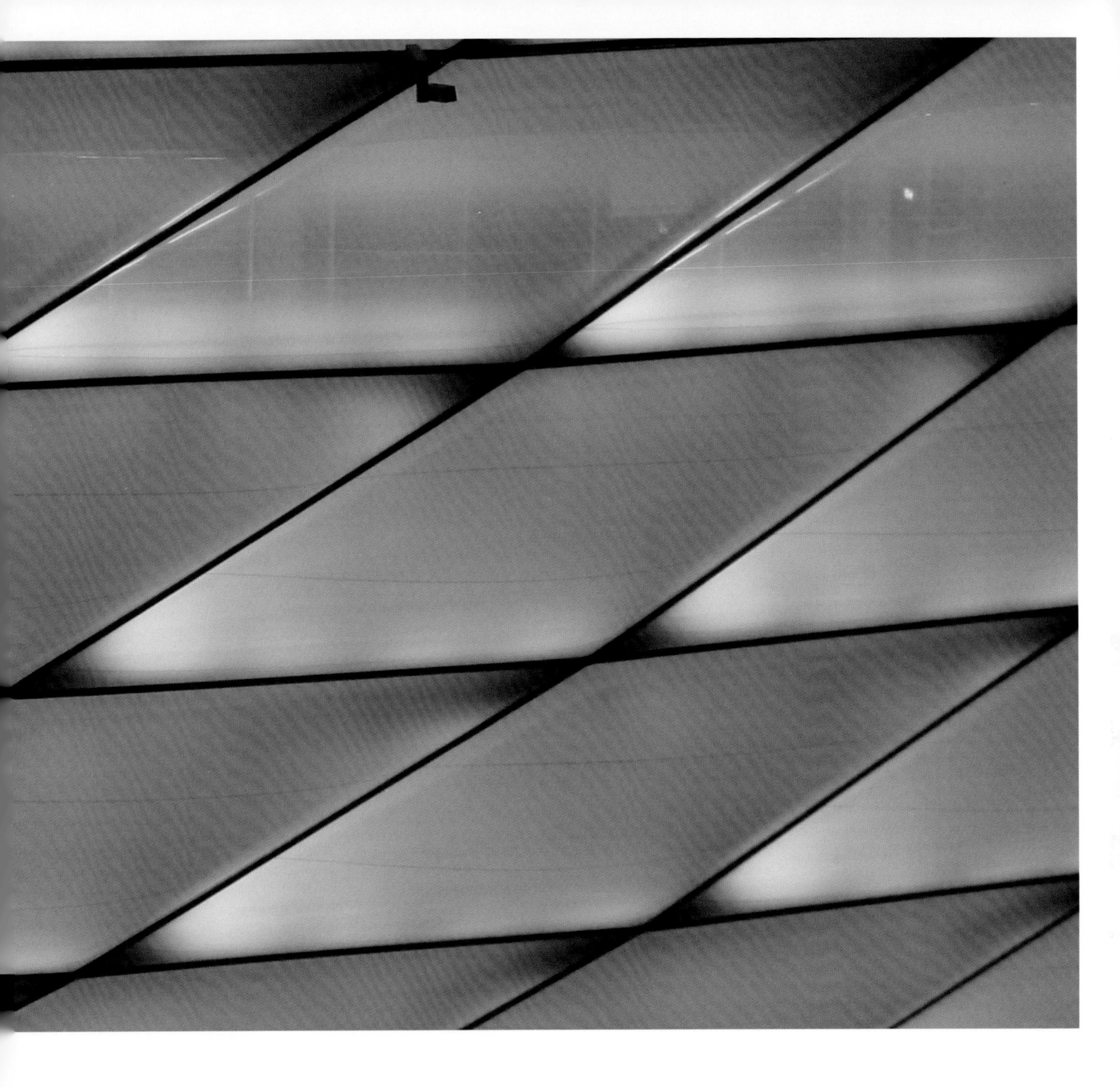

拥有一批高水平的科研院所，除基础理论研究外，还具有自行开发新产品、新工艺、新装备的能力，以及基本完备的成套装备。近几年建筑塑料制品的品种发展较快，已基本配套，形成系列化和功能化，各种不同用途、不同使用功能及质量等级的产品都有生产。由于建筑塑料制品的生产有相当部分是引进工业发达国家的工艺技术与设备，标准也是参照工业发达国家同类标准与规范制定的，因而可以保证产品质量保持在一个较高的水准。

其中国内塑料板材应用较为广泛，在建筑上除内墙装饰使用塑料板材外，建筑外墙、屋面等也有应用。另外，塑料板还大量用于道路指示牌、室外广告牌、展览用板以及家具等。塑料板的应用，中国尚处在起步阶段，虽然各种材料的塑料板都已具有数万的生产规模，但应用还不是很普遍，这主要是因为塑料板在建筑领域中的应用设计水平与施工水平较低，用户还不是十分了解塑料板的性能和用途，市场有待开发。但随着城市建设速度的加快和老城区的改造，塑料板的用量增长较快，如铝塑复合外墙板与采光天棚板，以及装饰板等的应用，已从一线大城市发展到中小城市，甚至沿海工业发展较快的乡镇也有不少应用。

目前国内膜结构的发展振奋人心，一些大型体育馆、候机大厅等的建设以及 2010 年上海世博会和广州亚运会等国际盛会的举办，为我国膜结构的发展带来了机遇和挑战。尤其在膜材方面，我国起步晚，技术水平低，大部分膜材还主要依靠进口。PTFE、PVC 和表面改性的 PVC、ETFE 等膜材是市场的主流，应用比较广泛。与结构相结合的膜材也逐渐走向功能化、智能化。膜材具有造型轻巧自由、美观、透光、节能、环保，优良的阻燃性能；防污自洁性能；安全、寿命长等优点。基于这些优点，建筑膜材脱颖而出，膜结构被称为"21 世纪的建筑"，在大型体育场馆、入口廊道、购物场、娱乐场、展览会场、植物观光园等建筑领域必有更广泛的应用 .

聚碳酸酯板 | Polycarbonate Sheet

材料简介 | INTRODUCTION

聚碳酸酯板（又名 PC 板）是一种分子链中含有碳酸酯基的高分子线型聚合物，是五大通用工程塑料中唯一具有良好透明性的热塑性工程塑料，可见光透过率可达 90%，是近年来建筑装饰业理想的采光材料之一。其具有突出的抗冲击、耐蠕变性能，较高的抗拉强度、抗弯强度、断裂伸长率和刚性，并具有较高的耐热性和耐寒性，综合性能优异，广泛应用于汽车、建筑、医学等领域之中。

材料性能及特征 | PERFORMANCE & CHARACTER

聚碳酸酯板材相比普通玻璃具有明显优势，在各种形状的大面积采光屋顶、楼梯护栏及高层建筑采光设施中广泛应用。其主要性能如下：

（1）透光隔音性：聚碳酸酯阳光板透光率最高可达 89%，可与玻璃相媲美。UV 涂层板在太阳光下曝晒不会产生黄变雾化。其比同等厚度的玻璃和亚克力板有更佳的音响绝缘性，在国际上是高速公路隔音屏障的首选材料。

（2）重量轻，抗撞击：其密度仅为玻璃的一半，节省运输、搬卸、安装以及支撑框架的成本。抗撞击强度是普通玻璃的 250 ~ 300 倍，同等厚度亚克力板的 30 倍，钢化玻璃的 2 ~ 20 倍。用 3kg 锤从 2m 坠下也无裂痕，有“不碎玻璃”和“响钢”的美称，是防弹玻璃的重要材料。

（3）防紫外线：其有抗紫外线(UV)涂层，另一面具有抗冷凝处理，集抗紫外线、隔热防滴露功能于一身，适合保护贵重艺术品及展品，使其不受紫外线破坏。

（5）阻燃：PC 板为难燃一级，即 B1 级。PC 板自身燃点是 580℃，离火后自熄，燃烧时不会产生有毒气体，不会助长火势的蔓延。

（6）可弯曲性：可依设计图在工地现场采用冷弯方式，安装成拱形、半圆形顶和窗。最小弯曲半径为采用板厚度的 175 倍，亦可热弯。

（7）节能性：聚碳酸酯阳光板有更低于普通玻璃和其他塑料的热导率（*K* 值），隔热效果比同等玻璃高 7% ~ 25%，PC 板的隔热效果最高可至 49%，从而使热量损失大大降低，可用于有采暖设备的建筑，属环保材料。

产品工艺及分类 | TECHNIC & CATEGORY

聚碳酸酯板材基本生产工艺流程如下：热风干燥→上料→单螺杆挤出机→液压换网器→熔体计量泵→分配器（带静态分流器）→成型模具→冷却定型→一次牵引→切边→回火→电晕处理→覆保护膜→二次牵引→自动计量切断→输送→检验打包。

聚碳酸酯板按照不同产品形式可以有如下分类：

按照实心和空心可分为实心板和孔空心板，通常实心板叫做耐力板，为实心单层结构，常规厚度 1.8 ~ 20 mm。空心板通常叫做阳光板，为多层空心结构。阳光板通常用在体育场馆、温室屋顶采光，质量较轻，空心板结构最大可达 7 层。

同时根据板截面的不同，又有多种形式，如蜂窝阳光板。另外 PC 板按照形状还有波浪板等。PC 板按照颜色和表面肌理，又有透明、磨砂、颗粒、蓝色、绿色、乳白、茶色、灰色等，理论上 PC 板的颜色可以任意调制。

实心耐力板

空心阳光板

波浪形耐力板

颗粒表面版

不同色彩聚碳酸酯板

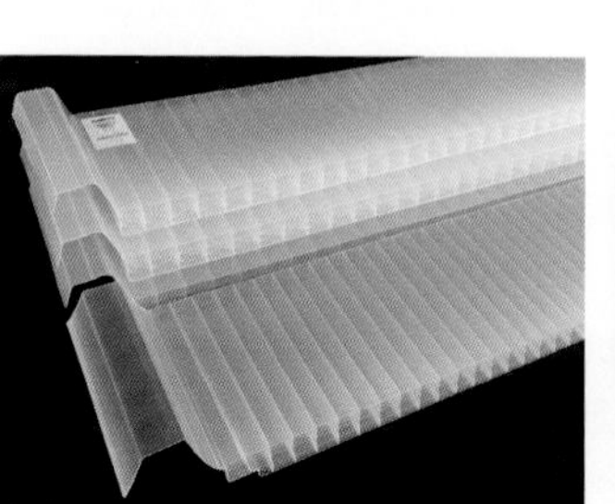

半透明飞翼板

半透明磨砂板

常用参数 | COMMON PARAMETERS

抗弯强度：≥ 22MPa；抗拉强度：≥ 10MPa；
抗冲击强度：≥ 25kJ/ ㎡；抗压强度：≥ 15MPa；
吸水率：≤ 15%；巴氏硬度：≥ 20%；
体积密度：≥ 1.35g/cm³；
断裂荷载：平均值≥ 1 000N；最小值≥ 750N；
吊挂件与石膏板黏附力≥ 4 000N；标准厚度：6mm；
核素含量：A 级；耐火极限：≥ 3h。

（以上数据为市场部分厂家产品参数，不同厂家各有差别，仅供参考）

价格区间 | PRICE RANGE

50 ~ 300 元 /m²

聚碳酸酯板根据品牌质量及产品种类不同各有差别。通常实心耐力板厚度越大，价格越高，1 mm厚的板价格为 30 ~ 50 元 / ㎡，厚度与价格成指数关系。比如 3 mm价格是1mm 的 3 倍。中空板以 8 mm厚为例，市场价格为 50 ~ 80 元 / ㎡。锁扣板 10 ~ 30 mm，价格为 100 ~ 300 元 / ㎡，进口产品价格更高。

（以上价格仅为市场普通中端产品价格，材料价格会因不同项目、不同品牌以及订制等多方原因有较大浮动，仅供参考）

设计注意事项 | DESIGN KEY POINTS

聚碳酸酯板的性能极稳定，具有很强的温度适应性，在 -40℃时不发生冷脆，在 125℃时不软化。在恶劣的环境中其力学性能、各项物理指标等均无明显变化。而且室外温度为 0℃，室内温度为 23℃，室内相对湿度低于 80% 时，材料的内表面不结露。
聚碳酸酯板板比木头还难燃。它在强烈火焰燃烧下不会融化滴落，也不释放有毒气体，离开火源自然熄灭（为 B1 级难燃材料），所以可以放心使用。

（施工及安装要点内容仅代表部分厂家做法，供示意参考，不作为通用施工标准及节点做法）

品牌推荐 | BRAND RECOMMENDATION

品牌详细信息，请参见附录品牌索引：J01、J02、J03。
（以上推荐仅为市场少数优秀品牌，供设计师参考学习。同一品牌实际可能涉及多种产品，更多详细内容可登录随书小程序）

施工及安装要点 | CONSTRUCTION INTRO

聚碳酸酯板是相对工业化的的产品，其安装方式与产品相对自成体系。不同板型归纳起来主要有两种安装方式：螺钉安装和锁扣安装方式。

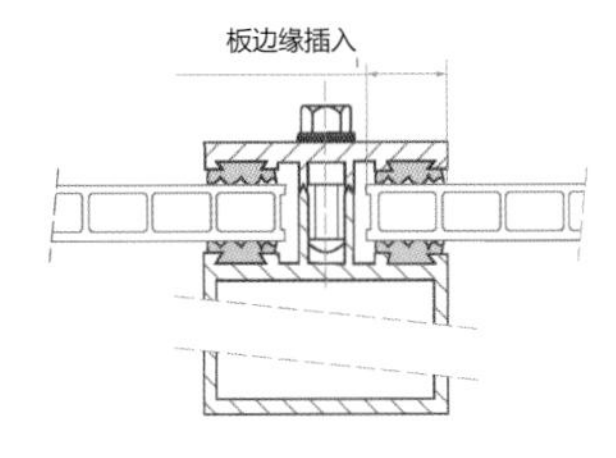

螺钉安装固定方式 1

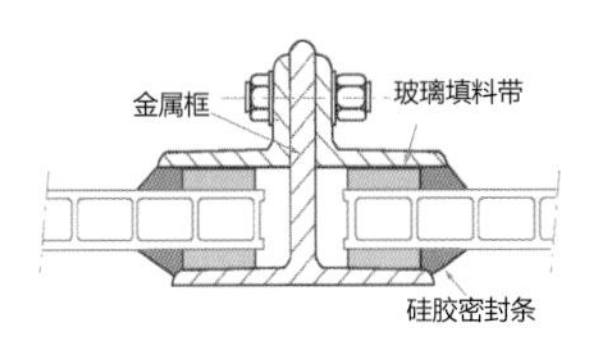

螺钉安装固定方式 2

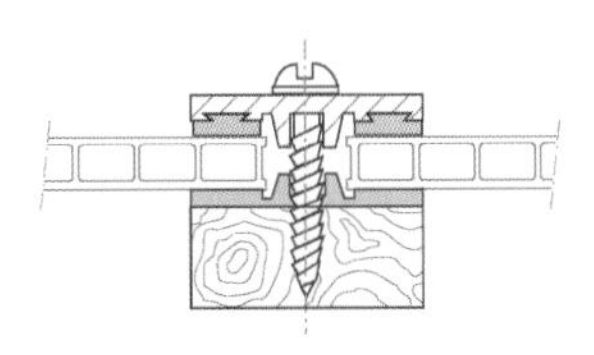

螺钉安装固定方式 3

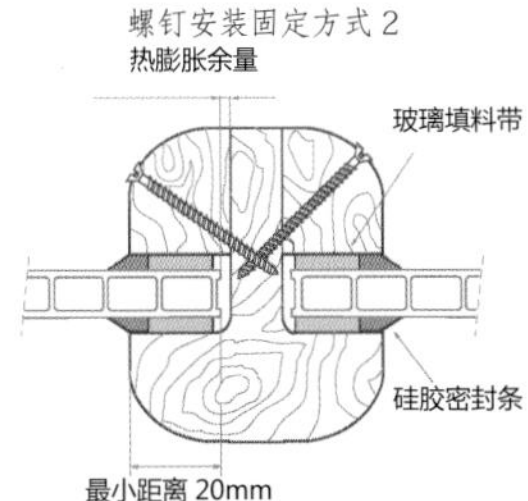

螺钉安装固定方式 4

锁扣板因其自身独特 U 形构造，可采用锁扣安装方式。锁扣压边根据材质不同有铝合金压边和 PC 条压边，可最大限度弱化立面的拼接线条，让立面更加干净整洁。

U 形锁扣安装系统

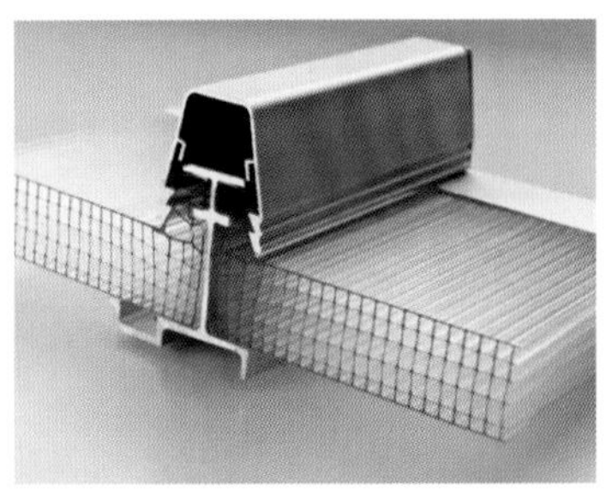

不同 U 形锁扣安装系统

部分聚碳酸酯板制作室外墙板系统还可采用内插接方式，外观效果非常整体，看不到接缝。

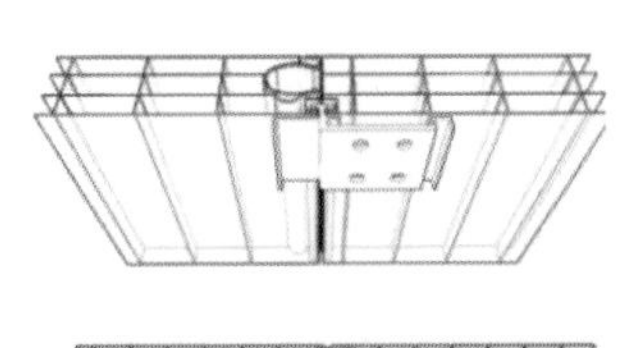
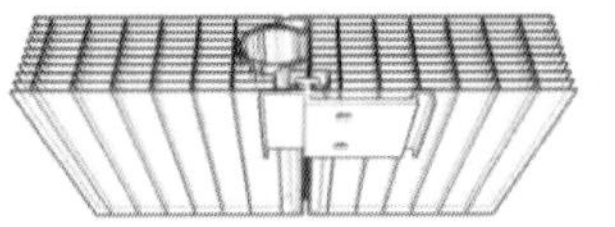

聚碳酸酯板内插墙板系统

经典案例 | APPLICATION PROJECTS

爱尔兰都柏林英杰华体育场

设计：Populous Jump Studios

材料概况：材料轻质和通透的属性在这个项目上展现得淋漓尽致。

广州体育馆

设计：Paul Andreu

材料概况：聚碳酸酯板作为大型体育场馆屋顶材料兼具轻质高强与采光好的特点。

上海青浦体育馆训练馆改造

设计：胡越

材料概况：利用聚碳酸酯材料的可弯曲性，创造性地使外墙呈现编织装饰效果。

上海万科天空之城售楼处

设计：上海致逸建筑设计

材料概况：半透明聚碳酸酯板应用于高端楼盘售楼处，创造出纯净轻盈的半透明效果。

亚克力 | Acrylic

材料简介 | INTRODUCTION

亚克力，又叫 PMMA 或有机玻璃，源自英文 acrylic(丙烯酸塑料)，化学名称为聚甲基丙烯酸甲酯，是一种开发较早的重要的可塑性高分子材料，具有较好的透明性、化学稳定性和耐候性，易染色、易加工、外观优美，在建筑业中有着广泛的应用。亚克力产品通常可以分为浇筑板、挤出板和模塑料。

材料性能及特征 | PERFORMANCE & CHARACTER

亚克力在建筑上应用广泛，可用于灯具、橱窗、隔音门窗、采光罩、电话亭等，如今大量应用于各行各业的专业器具或工艺品上，具有超越玻璃的优势。它比玻璃更透明，最厚可达 330mm。

（1）具有水晶般的透明度，透光率在 92% 以上，光线柔和、视觉清晰，用染料着色的亚克力有很好的展色效果。

（2）亚克力板具有极佳的耐候性、较高的表面硬度、良好的表面光泽，以及较好的耐高温性能。

（3）亚克力板有良好的加工性能，既可采用热成型，也可以采用机械加工的方式。

（4）透明亚克力板材具有与玻璃可比拟的透光率，但密度只有玻璃的一半。此外，它不像玻璃那么易碎，即使破坏，也不会像玻璃那样形成锋利的碎片。

（5）亚克力板的耐磨性与铝材接近，稳定性好，耐多种化学品腐蚀。

（6）亚克力板具有良好的适印性和喷涂性，采用适当的印刷和喷涂工艺，可以赋予亚克力制品理想的表面装饰效果。

（7）耐燃性：不自燃但属于易燃品，不具备自熄性。

产品工艺及分类 | TECHNIC & CATEGORY

亚克力板按生产工艺分浇铸板和挤压板。浇铸型的板材性能比挤压型的要好，价格也要贵些。浇铸型的板材主要用于雕刻、装饰、工艺品制作，挤压型的通常用于广告招牌、灯箱等的制作。

浇铸板分子量高，具有出色的刚度、强度以及优异的抗化学品性能。因而比较适合加工大尺寸的标识牌匾，相对在软化过程中时间稍长。这种板材的特点是小批量加工，在颜色体系和表面纹理效果方面有无法比拟的灵活性，且产品规格齐全，适用于各种特殊用途。

与浇铸板相比，挤压板分子量较低，机械性能稍弱，柔性比较高。然而，这一特点有利于折弯和热成型加工，软化时间较短。在处理尺寸较大的板材时，有利于各种快速真空吸塑成型。由于挤压板是大批量自动化生产，颜色和规格不便调理，所以产品规格多样性受到一定的限制，适用于浇铸法时模具难以制造的型材与管材等。

亚克力板材的种类很多。普通板分为透明板、染色透明板、乳白板、彩色板；特种板有卫浴板、云彩板、镜面板、夹布板、中空板、抗冲板、 阻燃板、超耐磨板、表面花纹板、磨砂板、珠光板、金属效果板等。不同的性能、不同的色彩及视觉效果可以满足千变万化的要求。

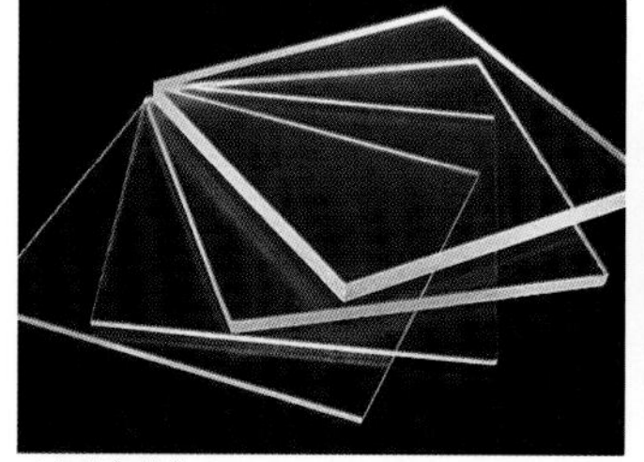

亚克力浇铸板

彩色亚克力板

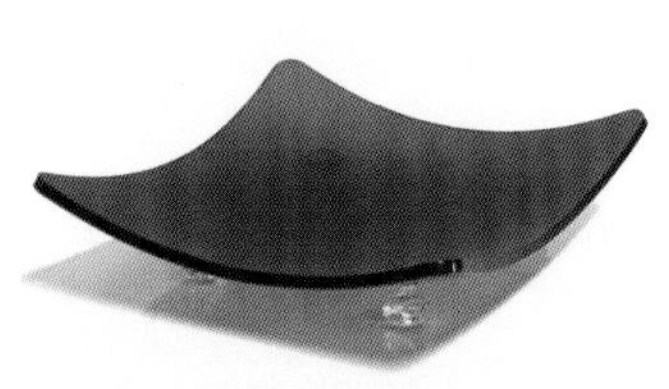

亚克力托盘

亚克力装饰板

亚克力装饰品

亚克力发光字体

常用参数 | COMMON PARAMETERS

亚克力板材的厚度一般在 2 ~ 50mm 之间，具体厚度规格有 2mm、3mm、4mm、5mm、8mm、10mm、12mm、15mm、20mm、25mm、30mm，当然也可以订做更厚的亚克力板材。

密度：1.19 ~ 1.20g/m³；硬度：M100 ；吸水率 (24 h)：1.30%；

拉张：破坏系数 700kg /cm² ；弹性系数 28 000kg /cm²；

弯曲：破坏系数 1.5kg /cm²；弹性系数 2 8000kg /cm²；

光线透过率：平行光线，92% ，(全线)， 93% 。

（以上数据为市场部分厂家产品参数，不同厂家各有差别，仅供参考）

价格区间 | PRICE RANGE

50 ~ 100 元 /m²

亚克力价格主要与厚度和规格有关。一般市面上销售的 5mm 厚亚克力板规格为 1 200mmx2 400mm ，价格在 200 ~ 250 元 / ㎡，价格与板厚成正比。原装进口的亚克力板价格更贵，而将亚克力板制成各类不同的产品，其价格差异则更大。

（以上价格仅为市场普通中端产品价格，材料价格会因不同项目、不同品牌以及订制等多方原因有较大浮动，仅供参考）

设计注意事项 | DESIGN KEY POINTS

亚克力板与 PC 板外形类似，但是属于不同成分材料，其性能也有差异。在耐热、耐温、耐候方面：亚克力板达到 70℃就容易软化，而 PC 板是 120℃，所以 PC 板更耐温耐热，工作温度应用更广。在耐冲击、耐砸、耐强度指标方面：同等厚度下，PC 耐冲击强度是亚克力板的 30 ~ 50 倍。在耐燃、耐火方面：PC 板是阻燃材料，属于 B 级阻燃（国际上是 UL94-V2 等级），自熄塑料之一，不容易燃烧，而亚克力板就不阻燃。在环保方面：PC 属于环保塑料，而亚克力板有些性能达不到。

（施工及安装要点内容仅代表部分厂家做法，供示意参考，不作为通用施工标准及节点做法）

品牌推荐 | BRAND RECOMMENDATION

市场厂家较多，故不做推荐。

施工及安装要点 | CONSTRUCTION INTRO

（1）开料：用开料机对亚克力板材进行切割，需要明确亚克力制品的尺寸，才能准确地开料，以免材料的浪费。

（2）雕刻：开料完成之后，根据亚克力制品的形状要求对亚克力板材进行初步雕刻，雕刻成不同形状的图形。使用激光切割可以切割加工各种非常复杂的图案、文字或 LOGO 等。

（3）抛光：在开料、雕刻、打孔之后边缘都比较粗糙，易划伤手，所以采用抛光工艺，抛光分为砂轮抛光、布轮抛光和火抛，需根据产品的而选择不同的抛光方式。

（4）修边：经过开料或雕刻处理之后，亚克力板材边缘比较粗糙，所以要使用到修边机进行亚克力修边处理。

（5）热弯：通过热弯可以使亚克力变幻成不同形状，在热弯中也分为局部热弯和整体热弯。

（6）打孔：这个工艺根据亚克力制品的需求，有的亚克力制品中有小圆孔，这一步就要用到打孔工艺。亚克力可以直接使用钻床打孔，也可以使用 CNC 打孔 。

（7）丝印：客户如需要展示自己的品牌 LOGO 或宣传语，应选择丝印，丝印分为单色丝印和四色 (CMYK) 丝印两种方式。

（8）撕纸：撕纸工艺是丝印和热弯工艺前进行处理的步骤，因为亚克力板出厂之后都会有一层保护纸，丝印和热弯前必须撕掉粘贴在上面的贴纸。

（9）黏合、包装：这两步是亚克力制品工艺中的最后两步，完成的是整个亚克力制品的组装和出厂前的包装。

亚克力黏结固定

亚克力加工打磨

亚克力雕刻文字

亚克力热弯

慕尼黑奥林匹克体育场

设计：Frei Otto

材料概况：亚克力大面积运用于体育场遮阳顶棚。

伦敦 REISS 总部旗舰店

设计：SQUIRE & PARTNERS

材料概况：玻璃外附加不同深浅凹槽的亚克力装饰层，形成丝绸般的帘幕效果。

2010 上海世博会英国馆

设计：Thomas Heatherwick

材料概况：7 万根亚克力棍作为导光触须创造了新奇的效果。

曼谷 shugaa 甜品屋

设计： party/space/design

材料概况：高度透明的亚克力作为空间主题元素，点亮了整个室内空间。

PVC 膜 | PVC-coated Polyester

材料简介 | INTRODUCTION

PVC 膜材是在聚酯纤维编织成的基布上涂敷 PVC（聚氯乙烯）树脂而形成的复合材料。膜结构是一种全新的建筑结构形式，它集建筑学、结构力学、精细化工与材料科学、计算机技术等为一体，具有很高技术含量。其曲面可以随着建筑师的设计需要任意变化，结合整体环境，建造出标志性的形象工程。其造型自由、轻巧、柔美、充满力量感，在世界各地得到广泛应用。

材料性能及特征 | PERFORMANCE & CHARACTER

膜结构是一种建筑与结构完美结合的体系，是用高强度柔性薄膜材料与支撑体系结合，而形成具有一定刚度的稳定曲面，能承受一定外荷载的空间结构形式。

（1）自洁性能：经过特殊表面处理的 PVC 膜材具有很好的自洁性能，雨水会在其表面聚成水珠流下，使膜材表面得到自然清洗。

（2）光学性能：膜材料可滤除大部分紫外线，防止内部物品褪色。其对自然光的透射率可达 25%，透射光在结构内部产生均匀的漫射光，无阴影，无眩光，具有良好的显色性。夜晚在周围环境光和内部照明的共同作用下，膜结构表面发出自然柔和的光辉。

（3）力学性能：中等强度的 PVC 膜，其厚度仅 0．61mm，但它的抗拉强度相当于钢材的一半。膜材的弹性模量较低，有利于膜材形成复杂的曲面造型。其极轻的自重很好地满足了大跨度建筑的要求，能在很大程度上降低大跨度建筑的总造价。

（4）声学性能：一般膜结构对于低于 60Hz 的低频几乎是透明的，对于有特殊吸音要求的结构可以采用外膜与吸音内膜，这种组合比玻璃吸音效果更强。

（5）防火性能：目前广泛使用的膜材料防火等级为 B1 级，属难燃材料。防火性能指标达到法国、德国、美国、日本等多国防火标准。

（6）保温性能：单层膜材料的保温性能与砖墙相同，优于玻璃。同其他材料的建筑物一样，膜建筑内部也可以采用其他方式调节其内部温度。如需保温，可采用双层膜，中间空气层或增加保温面可满足隔热要求，大大减少建筑内外的热量交换损失。

产品工艺及分类 | TECHNIC & CATEGORY

PVC 膜材料的织物基材一般为聚酯类、聚酰胺类的纤维织物。涂层主要为聚氯乙烯类（PVC）树脂和具有改进 PVC 膜材料的自洁性及抗老化性能的涂层。依据功能要求不同，涂层的重量应在 400 ~ 1 500g/ ㎡之间。PVC 膜材料的厚度应大于 0.5mm。面层在保质期内应具有稳定的抗腐蚀、抗紫外线的侵蚀能力，应具有自洁性能。PVC 膜材料在火灾环境中达到熔点后会出现熔洞，熔洞边界燃烧蔓延，但不产生明火。按我国 GB 8624《建筑材料燃烧性能分级方法》，PVC 膜材料被定为 B1 级难燃材料。

PVC 涂层膜材在表面处理上， 最早是涂以压克力树脂（acrylic），以改良防污性。但是，经过数年之后就会变色、污损、劣化。为了改良 PVC 膜材的耐候性，近年来已研发出氟素系树脂涂层材，以改良其耐候性及防污性。最常见的有以下两种：

（1）PVDF，是二氟化树脂（Polyvinylidene Fluoride）的略称，在 PVC 膜表面处理上加以 PVDF 树脂涂层的材料称为 PVDF 膜。PVDF 膜与一般的 PVC 膜比较，耐用年限提升至 10~15 年。此外，在 PVDF 上增加一层薄薄的二氧化钛处理层，可大大改善膜材自洁性，从而使其免于维护清洁。

（2）PVF，是一氟化树脂（Polyvinyl Fluoride）的略称。PVF 膜材是在 PVC 膜材的表面处理上以 PVF 树脂做薄膜状薄片（laminate）加工，比 PVDF 膜的耐久性更佳，更具备防沾污的优点。但因为加工性、施工性与防火性都不佳，所以应用受到限制。

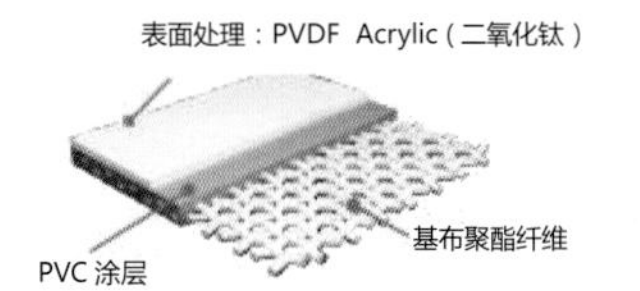

PVDF 膜涂层结构

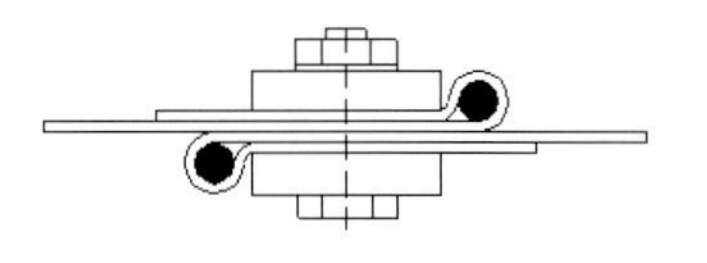

PVC 膜连接节点

PVDF 膜涂层结构

PVC 不同颜色膜

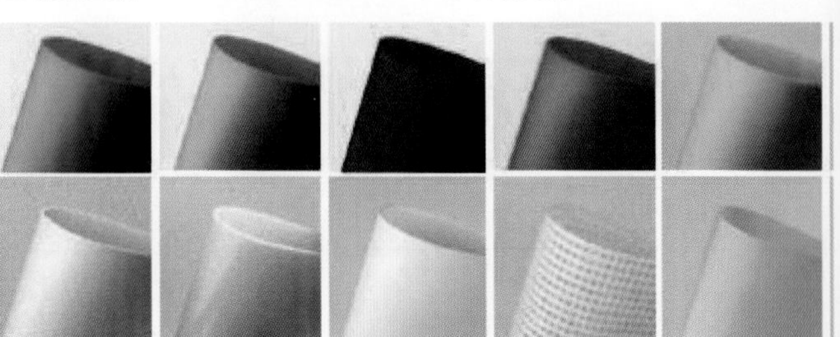

PVC 膜不同样式

常用参数 | COMMON PARAMETERS

光线反射率：75% ~ 85%；
膜面透光率：7% ~ 10%；
耐久年限：5 ~ 25 年（视不同类型的表面涂层）；
燃烧性能：B1 级；
适用温度：-30 ~ 70° C；
热传导率：4.2 W/(㎡ •K)；
遮阳系数：0.11~0.7。

（以上数据为市场部分厂家产品参数，不同厂家各有差别，仅供参考）

价格区间 | PRICE RANGE

50 ~ 4 0 0 元 /m²

PVC 膜材是国内使用最早也较为常用的一种膜材，是膜材中相对便宜的一种。国内市场普通产品材料价格为 50 ~ 100 元 / ㎡。高质量国外进口产品价格在３００~４００元 / ㎡。

（以上价格仅为市场普通中端产品价格，材料价格会因不同项目、不同品牌以及订制等多方原因有较大浮动，仅供参考）

设计注意事项 | DESIGN KEY POINTS

PVC 膜被认为是膜建筑中最标准的产品，聚酯纤维抗拉强度高，弹性好。在拉伸屈服前，纤维具有较大的伸长变形能力，使得在安装时可进行一定的调整。但日照将使聚酯纤维老化，弹性与强度等力学性能降低，同时在防火性能及耐久年限上不及 PTFE 及 ETFE 膜，所以价格也相对低廉。但也正是这个特征，PVC 膜材被广泛应用于临时性展览建筑中，依然可以取得良好效果。

（施工及安装要点内容仅代表部分厂家做法，供示意参考，不作为通用施工标准及节点做法）

品牌推荐 | BRAND RECOMMENDATION

品牌详细信息，请参见附录品牌索引：J04、J05。
（以上推荐仅为市场少数优秀品牌，供设计师参考学习。同一品牌实际可能涉及多种产品，更多详细内容可登录随书小程序）

施工及安装要点 | CONSTRUCTION INTRO

膜材是一种新兴的建筑材料，已被公认为是继砖、石、混凝土、钢和木材之后的“第六种建筑材料”。其安装方式和设计有一定共同点，故在本节先介绍部分膜结构常用形式，主要分为骨架式、张拉式、充气式膜结构三种形式。

（1）骨架式膜结构：采用网架结构、空间桁架、网格结构等传统形结构形式的钢骨架作为支撑体系，利用膜材为轻型围护系统的特点实现大跨度空间结构。由于膜体的轻质及预张拉所产生的蒙皮效应，可有效地减少支撑结构，从而降低钢材用量。

骨架式膜结构

（2）张拉式膜结构：采用钢索及少量钢构件作为主要支撑结构，利用钢索的预应力为结构提供刚度抵抗外部荷载，以实现大跨度空间结构。膜体与膜体间通过预应力钢索的连接，使单项膜结构屋盖系统可达十多万平方米，其由于结构轻盈、建筑外形丰富的特点颇受建筑师青睐。

张拉式膜结构

（3）充气式膜结构 ：采用纯天然免费的建筑材料——空气作为支撑结构，利用膜内外的气压差为结构提供刚度来抵抗外部荷载，无需柱梁等结构杆件即可实现大跨度空间。通过膜片与膜片间的熔接，膜单体面积可达 1 万㎡以上，在体育设施、商业设施、工业设施、军事设施等领域开始广泛应用。

充气式膜结构

伦敦奥运会射击场馆

设计：Magma Architecture

材料概况：三个 PVC 膜材覆盖的空间个性鲜明，该场馆在 2014 英联邦运动会上重新搭建再次使用。

第 22 届气候大会展览村落

设计：OUALALOU + CHOI

材料概况：张拉式膜结构展现优美曲线的同时创造了全开放的环境空间。

2015 米兰世博会中国企业联合馆

设计：同济大学建筑设计研究院

材料概况：PVC 膜材应用于短暂临时性搭建的展示性场馆实例。

2010 上海世博会德国馆

设计：米拉联合设计策划有限公司

材料概况：利用膜材的半透明性创造出舒适开放的半室外空间。

PTFE 膜 | Polytetrafluoroethylene

材料简介 | INTRODUCTION

PTFE 膜材是在超细玻璃纤维织物上涂以聚四氟乙烯树脂（俗称特氟龙）而成的材料。PTFE 膜最大的特征就是耐久性、防火性与防污性好。但 PTFE 膜与 PVC 膜相比，材料费与加工费较高，且柔软性低，在施工上为避免玻璃纤维被折断，需专用工具与施工技术。PTFE 广泛应用于大型公共设施，如体育场馆的屋顶系统、机场大厅、展览中心、站台、景观亭顶篷等。

材料性能及特征 | PERFORMANCE & CHARACTER

建筑 PTFE 膜由玻璃纤维织物和表面树脂涂层复合而成，兼具两种材料的优良性能。强度高，有较好的焊接性能，有优良的抗紫外线、抗老化性能和阻燃性能。同时其防污自洁性是所有建筑膜材中最好的。PTFE 膜的性能特征如下：

（1）重量轻，强度高：它的重量只是传统建筑材料的一小部分。玻璃纤维是纺织布料中强度最高的，它甚至比同一直径的钢丝还要牢固。

（2）柔韧性：不同于大多数固体建筑材料，柔软的产品可被拉伸成各种动态的弧线形状。

（3）透光性：通过内外表面的均匀透光，形成柔和的散射光线。

（4）低维护：在织布使用期限内，只需做极少量的清洁工作。因为织布表面的不黏性强，同时又是绷紧的，所以雨水会把尘土冲洗掉。

（5）表面完全惰性化：恶劣的环境，如霉菌、酸雨等不会对织布表面起作用。在使用期内，PTFE 涂层的玻璃织布几乎无退化。

（6）可焊接性：每个织布构架会被焊接起来成为一体的大顶棚，焊缝的强度会大于织布本身。

（7）防火性能：按国内防火规范可达到 B1 级，按欧美规范可达到 A 级防火评估。需要长时间大火力才能维持燃烧，且离开火源，立即停止燃烧，不会蔓延。

产品工艺及分类 | TECHNIC & CATEGORY

PTFE 膜材料的织物基材为玻璃纤维，纤维的直径应在 3~6μm 范围内，丝径越细强度越高柔韧性越好。基布重量一般应大于 150g/㎡，涂层的主要材料应为聚四氟乙烯树脂，含量应不低于 90%，涂层的重量应大于 400g/㎡。其加工方法是把玻纤织物多次快速放入特氟龙溶体中，使织物两面皆有均匀的特氟隆涂层，经过干燥、烘焙、烧结等工艺处理，树脂颗粒冷却后均匀凝固在玻璃纤维两面。PTFE 膜材料的厚度宜大于 0.5mm，能防止化学腐蚀和紫外线侵蚀，不易老化，在雨水的冲刷下具有自洁性能。

聚四氟乙烯（Polytetrafluoroethene），英文缩写 PTFE，俗称 " 塑料王 "，商标名 Teflon®。在中国，由于发音的缘故，“Teflon”这一商标又被称之为特氟龙、铁氟龙、铁富龙、特富龙、特氟隆等，皆为 Teflon 的音译。这种材料的产品一般统称作 " 不粘涂层 " 是一种使用了氟取代聚乙烯中所有氢原子的人工合成高分子材料。这种材料具有抗酸抗碱、抗各种有机溶剂的特点，几乎不溶于所有的溶剂。同时，聚四氟乙烯具有耐高温的特点，它的摩擦系数极低，所以除可作润滑作用之外，亦可成为不沾锅和水管内层的理想涂料。

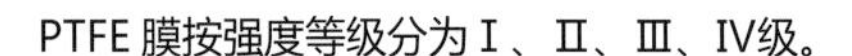

PTFE 膜按强度等级分为Ⅰ、Ⅱ、Ⅲ、Ⅳ级。

（1）在欧、美、日等国 PTFE 膜材料被定为 A2 级准不燃材料。PTFE 膜材料在火灾环境温度超过 250℃后，会释放出有毒气体，经我国公安部防火研究所的检测，按 GB8624《建筑材料燃烧性能分级方法》被定为 B1 级难燃材料。

（2）PTFE 膜材料的颜色、光线反射率与透光率宜满足以下要求：膜面颜色乳白、半透明，光线反射率达 70% ~ 80%，膜面透光率 10% ~ 14%。

（3）生产厂商给出膜面物理化学性能的质量保证年限为 10 年。但对建成的 PTFE 膜面进行超过 20 年的耐候试验观测表明，它的力学与物理化学性能无退化现象。

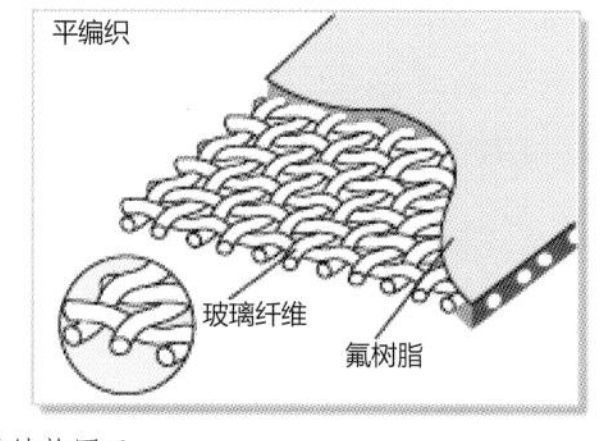

膜结构图示

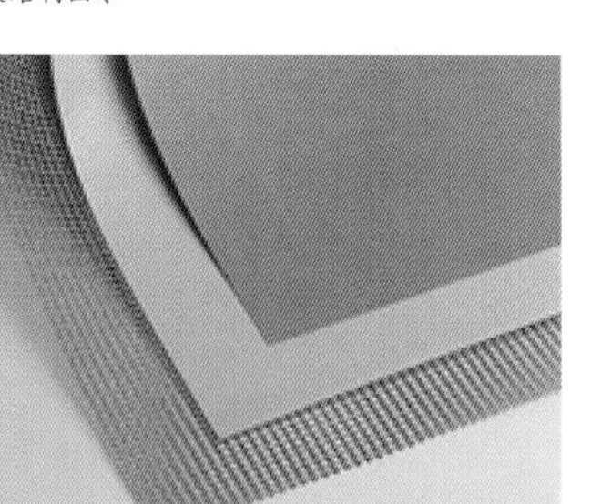

玻璃纤维基布

PTFE 膜结构

常用参数 | COMMON PARAMETERS

中等强度的 PTFE 膜厚度仅 0.8mm，但它的抗拉强度已达到钢材的水平；而且弹性模量较低 ,有利于膜材形成复杂的曲面造型;能够在 -70 ~ 230℃的温度范围内使用。具有高透光率，透光率为 13%，对热能反射率 73%，热吸收量很少；使用寿命在 25 年以上。

光线反射率：70% ~ 80%；膜面透光率：10% ~ 14%；

耐久年限：20 ~ 30 年；燃烧性能：B1 级（欧美标准下达到 A2 级）；

适用温度：-80 ~ 250° C；热传导率：4.99W/(㎡ •K)；

遮阳系数：0.12~0.9。

（以上数据为市场部分厂家产品参数，不同厂家各有差别，仅供参考）

价格区间 | PRICE RANGE

400 ~ 800 元 /m²

PTFE材料目前主要依靠进口，价格为400-800元/㎡，完工价在1200元/㎡左右。

（以上价格仅为市场普通中端产品价格，材料价格会因不同项目、不同品牌以及订制等多方原因有较大浮动，仅供参考）

设计注意事项 | DESIGN KEY POINTS

PTFE 膜又叫玻纤涂覆氟树脂制品，虽然外观和结构原理与 PVC 膜材有类似之处，非专业人士从外观上较难区分两种不同的膜材料，但因其基层和涂层的差别及工艺导致性能的差别极大。PTFE 膜性能整体比 PVC 膜在耐久性、防火等级等上更为优越，特别是用于永久性大型空间场馆建设中，也是现代膜结构中性能优异、使用最为广泛的产品。

（施工及安装要点内容仅代表部分厂家做法，供示意参考，不作为通用施工标准及节点做法）

品牌推荐 | BRAND RECOMMENDATION

品牌详细信息，请参见附录品牌索引：J06、J07、09。

（以上推荐仅为市场少数优秀品牌，供设计师参考学习。同一品牌实际可能涉及多种产品，更多详细内容可登录随书小程序）

深圳大运会宝安体育中心PTFE膜应用

施工及安装要点 | CONSTRUCTION INTRO

膜结构设计及施工通常是个高度复杂并极其综合的过程，通常由专业膜材料工程公司深化施工完成。而 PTFE 膜结构的体系与前边的 PVC 膜结构有共同之处，但具体的膜安装连接方式有一定差别，其部分详细节点方式如下：

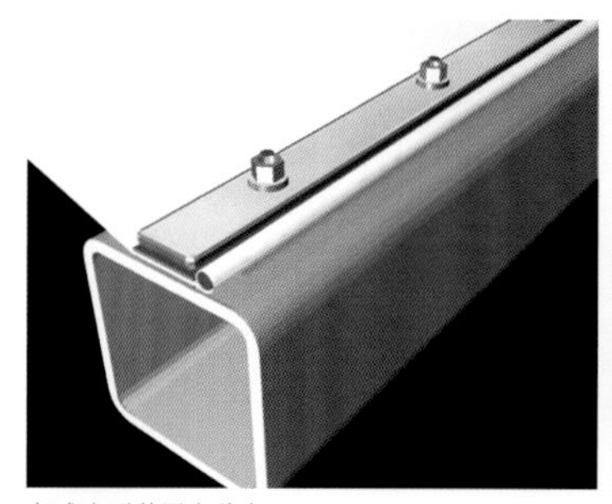

标准方形管固定节点

基础板固定节点

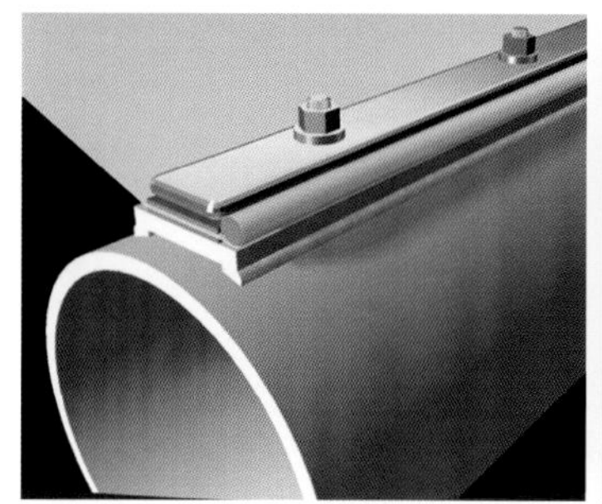

标准钢管固定节点

30° 角基准距单板固定节点

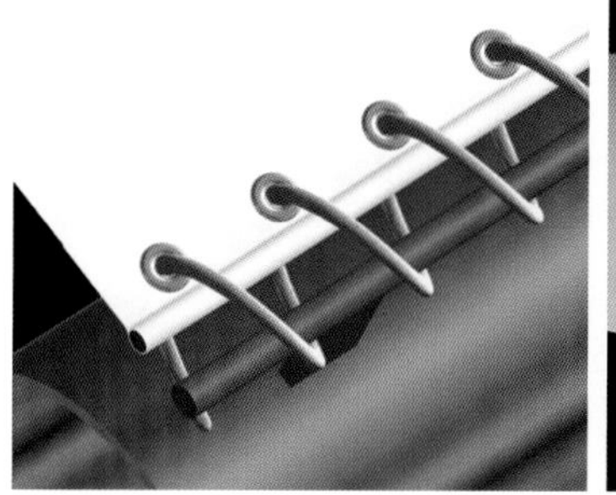

标准系带固定节点

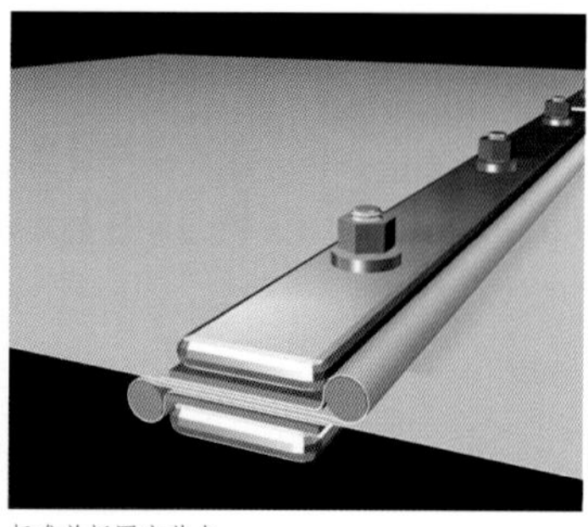

标准单板固定节点

焊接是膜材链接的重要工艺。膜材的黏结力直接影响膜材加工后的性能，经过严格的加工工艺，当熔接宽度足够时，其可抵抗的拉力可远大于膜材的断裂力。

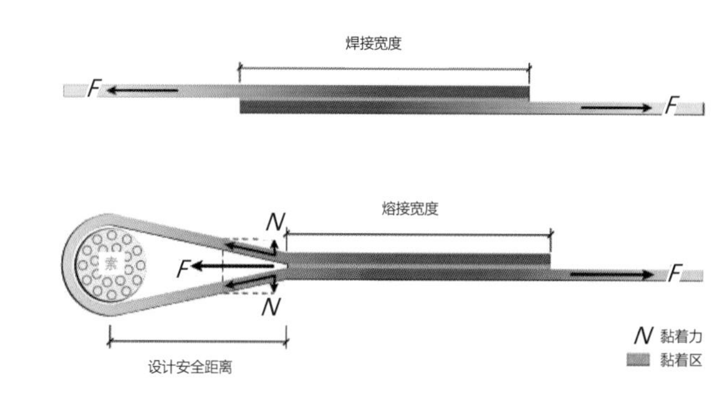

膜材连接的力学模型

迪拜阿拉伯塔

设计：Tom Wright

材料概况：建筑立面由两层间隙 500mm、200m 高的 PTFE 膜组成，白天为内部中庭防晒和防风，夜间则成为灯光的背景墙。

玛瑙斯 2014 世界杯亚马逊体育场

设计： GMP architekten

材料概况：充分利用 PTFE 材质的柔韧性，膜材从侧立面延伸至顶篷，为观众台提供防雨、采光功能。

高雄大东文化艺术中心

设计： MAYA arhitects+de Architekten Cie

材料概况：轻盈而带有张力的形式是该材料赋予建筑的特殊气质。

上海体育场

设计：上海建筑设计研究院

材料概况：这是ＰＴＦＥ膜材料在国内早期卓有成效的探索工程之一。

ETFE 膜 | Ethylene-tetra-fluoro-ethylene

材料简介 | INTRODUCTION

ETFE 的中文名为乙烯 - 四氟乙烯共聚物。ETFE 膜材的厚度通常小于 0.20mm，是至今为止最坚韧的一种氟塑料。ETFE 膜是透明建筑结构中品质优越的替代材料，多年来在许多工程中以其众多优点被证明为是可信赖的屋顶材料。ETFE 膜材常做成气垫应用于整体膜结构中。

材料性能及特征 | PERFORMANCE & CHARACTER

ETFE 膜拥有良好的耐热，耐化学和耐绝缘性能。在耐辐射、机械性能和加工性能上与同属于氟塑料类别的 PTFE 膜相比又有了很大改善。此外，它在金属表面的附着力表现十分突出。自 20 世纪 90 年代，ETFE 膜得到了广大建筑师的认同，在建筑领域的应用也日益增多，其具有如下优势：

（1）质轻高强：单位面积的 ETFE 密度只有同等面积玻璃的 1%，可以大幅降低建筑主体结构荷载，ETFE 薄膜韧性好，抗拉强度高，不易被撕裂。

（2）耐候性和耐腐蚀性强：其使用寿命估计可以达到 25 ~ 30 年（一般厂家提供十几年保证期）。

（3）防火安全性好：ETFE 熔化温度高达 200℃，并且不会自燃。其优异的自清洁功能，灰尘不易吸附在表面，清洗周期大约为 5 年。

（4）ETFE 薄膜作为一种充气后使用的材料，可以通过丝网印刷控制薄膜的透明度。充气量多少可对遮光率和透明性进行调节，有效利用自然光，节约能源，同时起到保温隔热作用。

（5）ETFE 薄膜几乎可以加工成任何形状和尺寸，同时由于其重量轻，特别适合于大跨度结构。ETFE 薄膜预制成薄膜气囊，在现场组装，充气，无湿作业，施工和维修方便。

（6）综合成本与传统玻璃类墙屋面相比有一定的竞争力。

产品工艺及分类 | TECHNIC & CATEGORY

ETFE 是一种高分子材料，具有良好的耐化学性能。ETFE 薄膜可通过高温熔化 ETFE 颗粒后经挤压成型得到 ETFE 薄膜。颗粒熔化、挤压成型、冷却均可通过自动化工艺制作，成品以卷状供应。ETFE 薄膜沿长度方向和宽度方向的性能差别不大，通常可视为各项同性材料。纯净的 ETFE 无色，可加工得到透明的 ETFE 薄膜，透光率高达 95%。根据建筑效果要求，可以在 ETFE 中混入添加剂进行染色，得到各种颜色的 ETFE 薄膜。

ETFE 薄膜于 20 世纪 70 年代初在美国开始研究，分别于 1974 年和 1976 年在美国和日本投产。目前仅德国、美国、日本等的少数几家公司可生产 ETFE 膜，而具有膜材加工安装技术能力的公司更少。

世界上最大的英国伊甸园充气膜结构温室景观大棚

上海世博会日本馆

德国慕尼黑安联体育场

常用参数 | COMMON PARAMETERS

ETFE 膜每平方米只有 0.15 ~ 0.35kg。ETFE 材料的熔化温度为 260 ~ 270℃，热分解发生温度为 350 ~ 360℃。在通常使用情况下，ETFE 薄膜不会发生热分解老化及熔化。

ETFE 薄膜为难燃材料，发生燃烧时所需的氧气浓度高于大气中的氧气浓度，ETFE 薄膜离开火源后会自行熄灭。

（以上数据为市场部分厂家产品参数，不同厂家各有差别，仅供参考）

价格区间 | PRICE RANGE

1 500 ~ 3 000 元 /m²

目前世界上能生产 E T F E 膜的公司较少，我国应用的产品也主要依赖国外进口。因为设计与施工较为复杂，通常又采用充气式系统，所以整体价格较高。单层 ETFE 综合完工价格约 1 500 元 / ㎡，双层综合完工价格在 3 000 元 / ㎡左右，其中包含充气系统设备。

（以上价格仅为市场普通中端产品价格，材料价格会因不同项目、不同品牌以及订制等多方原因有较大浮动，仅供参考）

设计注意事项 | DESIGN KEY POINTS

近年来，由 ETFE 制成的膜材料替代传统的玻璃和其他高分子采光板用于大型建筑物的屋面或墙体，显示出无可比拟的优势。但受限于国内外少数几家公司的膜材生产能力和高难度的设计施工技术，价格较高，国内应用还相当有限，但是随着国内水立方等项目的成功，设计师愈加地熟悉和接受之后，应具有非常广阔的应用前景。

（施工及安装要点内容仅代表部分厂家做法，供示意参考，不作为通用施工标准及节点做法）

品牌推荐 | BRAND RECOMMENDATION

品牌详细信息，请参见附录品牌索引：G08。

（以上推荐仅为市场少数优秀品牌，供设计师参考学习。同一品牌实际可能涉及多种产品，更多详细内容可登录随书小程序）

现场安装施工

施工及安装要点 | CONSTRUCTION INTRO

ETFE 膜结构施工裁剪是重要工作，与织物类膜材相类似 。ETFE 膜材也是以卷材形式供应的（幅宽为 1.6m 左右），要根据所需的形状，将膜材裁剪、拼接成整体。合适的裁剪式样和正确的应变补偿，是避免膜面出现褶皱的保证。对于任意造型的复杂曲面，裁剪式样尤为重要。尽管 ETFE 膜材具有良好的柔韧性，但折叠会在膜面留下折痕，影响外观。加工成型后的 ETFE 膜材，需要放在特制的保护容器内保存和运输。

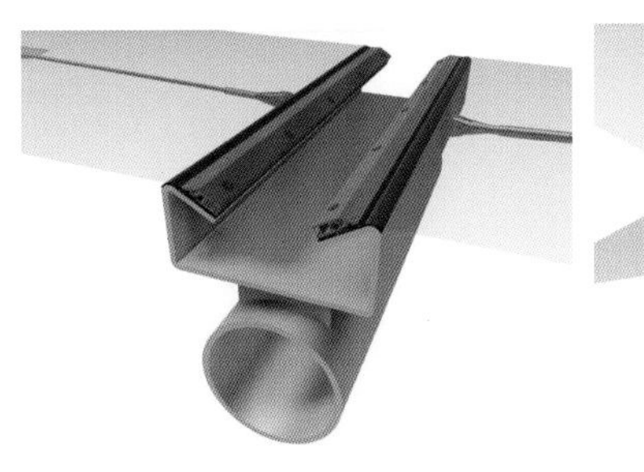

单层金属夹具固定节点

双层金属夹具固定节点

目前，大型 ETFE 薄膜建筑较为常见的是气枕结构形式，由双层或多层 ETFE 薄膜构成气枕，依靠特别配备的充气控制系统进行不间断地充气来维持形状。ETFE 薄膜建筑也可采用不需要充气系统的单层张拉形式，此时需要克服 ETFE 薄膜的徐变问题。气枕单元主要由特制铝合金固定夹具和自动充气系统组成。铝合金夹具是指固定 ETFE 气枕的组合装配系统，包括：夹具底座、夹具扣板、密封胶条、衬垫等连接件。

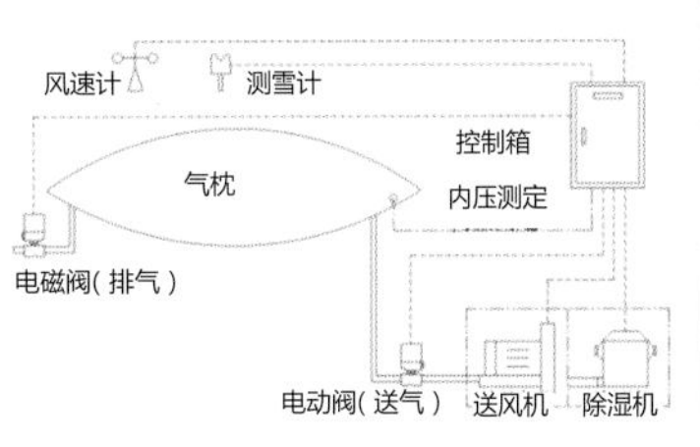

膜充气系统结构原理图

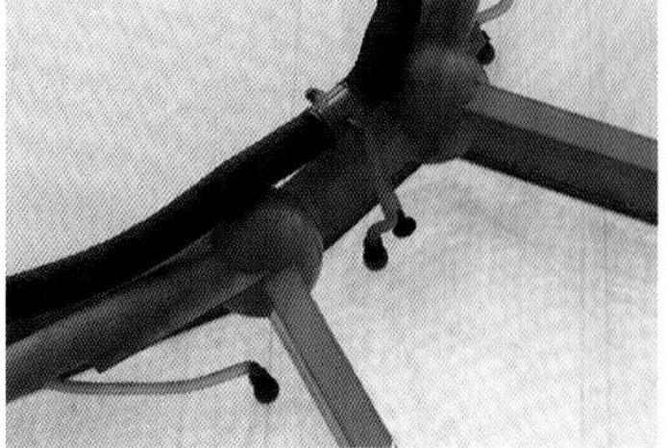

水立方充气膜局部

充气膜系统的施工概括起来主要包括以下步骤：

在设计阶段中决定需要的膜形状，用数字化系统生成数据输入裁剪平台完成膜的裁剪。按气枕分析阶段生成的信息安装充气阀。气阀安装完毕后，将所有膜沿气枕边缘定点焊接。合适的加热温度、压力和加热时间以及恰当的冷却程序是焊接质量的重要保障。

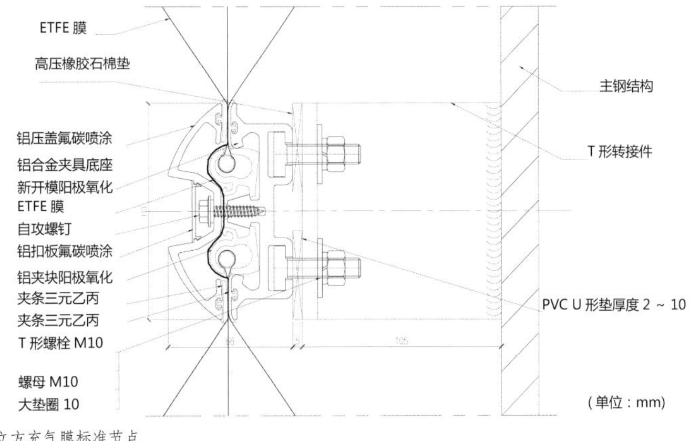

水立方充气膜标准节点

阿斯塔纳成吉思汗后裔帐篷娱乐中心

设计：Forster+Partners

材料概况：在室外面温度达 -40 ~ -30℃时，三层 ETFE 膜结构使“可汗之帐”内依然可以享受宜人的温度。

美国阿纳海姆区域交通联运中心 -ARTIC

设计：HOK+Parson Brinkerhoff

材料概况：ETFE 膜应用于交通枢纽中心，实现建筑结构与材料的完美融合。

国家游泳中心（水立方）

设计：PTW+ARUP

材料概况：充气膜结构在解决室内采光的同时很好地与水泡泡设计概念相吻合。

苏州圆融时代广场天幕

设计：HOK

材料概况：约 500m 长的 ETFE 充气膜结合 LED 电子屏创造出神奇的天幕效果。

K

生态

ECOLOGY

1992 年，国际学术界明确提出生态材料的定义：生态材料是指在原料采取、产品制造、使用或者再循环以及废料处理等环节中对地球环境负荷为最小和有利于人类健康的材料，亦称之为“环境调和材料”。生态建材要从材料的生产原料、生产过程、使用过程、使用工程和废料处理 5 个主要环节综合考虑它对生态平衡的利弊关系，除满足建筑材料的基本实用性外，还要能够维护人体健康、保护环境。其基本原则为：①建立建筑材料生命周期（LCA）的理论和方法，为生态建材的发展战略和建材工业的环境协调性的评价提供科学依据和方法。②以最低资源和能源消耗、最小环境污染为代价生产传统建筑材料，如用新型干法工艺技术生产高质量水泥材料。③发展大幅度减少建筑能耗的建材制品，如具有轻质、高强、防水、保温、隔热、隔音等优异功能的新型复合墙体和门窗材料。④开发具有高性能长寿命的建筑材料，大幅度降低建筑工程的材料消耗和提高服务寿命，如高性能的水泥混凝土、保温隔热、装饰装修材料等。⑤发展具有改善居室生态环境和保健功能的建筑材料，如抗菌、除臭、调温、调湿、屏蔽有害射线的多功能玻璃、陶瓷、涂料等。⑥开发工业废弃物再生资源化技术，利用工业废弃物如矿渣、粉煤灰、

硅灰、煤矸石、废弃聚苯乙烯泡沫塑料生产优异性能的建筑材料。⑦发展能治理工业污染、净化修复环境或能扩大人类生存空间的新型建筑材料，如用于开发海洋、地下、盐碱地、沼泽地的特种水泥等建筑材料。⑧扩大可用原料和燃料范围，减少对优质、稀少或正在枯竭的重要原材料的依赖。

自20世纪60年代，很多的建筑师就开始使用生态建材，尤其是欧美的一些发达国家，在生态材料的研制方面取得了显著的成效。生态建材主要包括天然建材、循环再生建材、低环境负荷建材、环境功能建材、多功能复合材料等。①天然建材包括天然矿物、木材、土材等。近年来木材在发达国家重新得到发展和应用，特别是经过特殊处理的胶合木，在保持了木材的传统 美观和设计强度的同时，还具有超强的耐火能力、绝缘性和尺寸稳定性能，可制作大跨度的直线或拱形构建，适用于建造各种不同类型的公共建筑，成为一种很有前途而且利于环保的新型建材。②循环再生建材是指可多次重复循环使用的建材。废弃物也可作为再生资源，即利用材料本身可循环再生。选择这样的材料，也是生态建筑设计的考虑因素。2004年在上海建成的生态示范楼中就使用了一种名为"再生骨料混凝土"的材料，即把炼矿废渣、建筑垃圾制成骨料，其再生混凝土新料用量只有普通混凝土的1/3，而强度却丝毫不逊色。③低环境负荷建材是指在其寿命周期的整个过程中具有低的环境负荷值，即对环境的负面影响相对最小。具有代表性的新型材料有：节能、节资源、环保型水泥、低水泥耗量的高性能绿色混凝土以及利用工业废弃物生产的高性能建筑材料，等等。④环境功能性建材是指该种建材在其使用过程中具有净化、治理、修复环境，不形成二次污染，具有易于回收或再生等特性和功能。目前正在研究开发中或已取得阶段性成果的这类材料主要有：光催化分解氮氧化物、除臭、杀菌的生态建材；抗菌、防霉的建筑卫生陶瓷和涂料；具有红外辐射保健功能的内墙涂料；可调湿度的建筑内墙板等。⑤利用可再生能源的多功能复合型材料：随着技术的日新月异，太阳能电池可与建筑材料和构件融为一体，形成一种崭新的建筑材料，如太阳能光电屋顶、太阳能电力墙及太阳光电玻璃等，它们可以获取更多的阳光，产生更多的能量又不会影响建筑的整体美观。

生态是现代建筑设计中的一个主题，中国的建筑师正在为将生态技术从纸面付诸到实际工程而努力。关注和研究生态建筑发展和应用，制定完善的生态节能评估体系，让生态建筑不再只是一个标牌，是我们共同的目标。

竹木 | Bamboo

材料简介 | INTRODUCTION

竹木是以竹为原材料，经刨皮，蒸煮，涂胶，热压等工序加工生成工业用竹胶板或装修用竹地板。现代技术改变了传统竹材的使用面貌，从加工到最薄的 0.3 mm 到各种厚度形态的竹板材。经现代科技处理的竹木材料，其使用寿命可达十年之久。是一种最能替代传统木材使用的新型生态环保材料，广泛运用于现代建筑墙面、吊顶、地坪、家具以及灯饰等日常生活用品中。

材料性能及特征 | PERFORMANCE & CHARACTER

面对全球环境资源保护，竹天生的优良性能是其成为生态环保材料的重要原因。在同等大小的情况下，竹材的抗压强度是一般木材的 2 倍，抗拉强度是一般木材的 8 ~ 10 倍，适用于多种户外环境的地坪、墙面装饰，其性能能如下：

（1）自然扩鞭繁殖，最快每天生长近 1m。无需施肥和农药，每年自然扩鞭面积可达 3%。4 ~ 6 年即可成才，砍伐后可迅速恢复。我国毛竹资源丰富，广泛分布于中部及东南一代，达 530 万 hm^2。

（2）植物钢筋：优良的物理性能，其具有抗拉抗压抗弯性能优异，被民间誉为植物钢筋。

（3）高固碳，低能耗：毛竹可进行光合作用，并把大气中的碳固化为生物能量，其固碳能力是杉木的 1.68 倍，松木的 2.33 倍，是有效的空气净化器。

（4）我国木资源紧张，需求量 4 亿 m^3，供应量为 8 000 万 m^3，竹材使用可大大缓解木资源需求。

（5）高强的耐磨型及耐磨性：其抗白蚁、防火阻燃、高硬度，是极佳的户外材料。优良的尺寸稳定性及高抗压强度、高密度，使其能轻松应对恶劣的户外湿热、干冷等特殊环境。

（6）由于此类材料起步较晚，因此成本偏高。在制作过程中，不会添加任何着色剂，因而其颜色单一，一般以棕色为主。

产品工艺及分类 | TECHNIC & CATEGORY

竹木根据不同的加工处理工艺，主要可以分为竹集成材和重组竹。

竹集成材是由竹材去青、去黄、碾压、炭化、上胶、干燥和压制等工艺生成，具有环保健康、防火阻燃、不易褪色、耐磨耐压、防腐防蛀的特点。它保留有竹材自然、清新的特性。竹集成材经过加工，被制作成刨切板、单多层板、弓字板等、重竹、方料、圆柱等产品，主要应用于建筑室内空间为主。室内用竹主要包括竹木地板， 吊顶及墙面用竹。经过高科技处理的竹木在防火、声学及装饰方面成熟稳定，可满足设计师的多样需求。

重组竹，也叫“重竹”，通过精细化疏解竹丝，再经干燥后浸胶等热处理后组合而成，可分室内重竹和户外重竹，两者工艺有所有不同。同时在重竹技术为基础，进一步发展起来户外高耐竹产品，室外性能表现更加优异。

同时基于设计师对于竹材的喜爱，促使众多方案采用原竹作为设计材料，原竹可部分承担结构功能。原竹准确的说法应该是圆竹，是针对以上工业竹产品的对应说法，是保留竹子原本形态的竹材利用方式。自古有“宁可食无肉，不可居无竹”的说法，圆竹建筑和木结构都是我们传统建筑材料中不可或缺的材料。圆竹材料在建筑室内装修中的有广泛应用。目前建筑的抗风、抗压、抗地震等新标准，促使人们对传统的圆竹结构进行再创新。通过对圆竹内部的再造，在不破坏圆竹外表的情况下，对圆竹进行了加固处理，结合传统的烘干加工及弯折等工艺，可以很好地使圆竹为设计所用。

竹木墙面板

整张竹地板

室外重竹墙板

室外重竹地板

圆竹建筑

圆竹建筑

常用参数 | COMMON PARAMETERS

竹材密度约为 0.789g/cm³；抗拉强度：1 000 ~ 4 000 kg/ cm²; 抗压强度： 250 ~ 1 000 kg/cm²; 弯曲强度：700 ~ 3 000 kg/ cm²; 弹性系数：10 万 ~ 30 万 kg/ cm³； 厚度膨胀率 <0.8%；甲醛含量：<0.1ppm;

竹木用于墙板和地板以及吊顶，墙板厚度 8mm 和 12mm, 地板厚度 18 和 30mm。

（以上数据为市场部分厂家产品参数，不同厂家各有差别，仅供参考）

价格区间 | PRICE RANGE

250 ~ 500 元 /m²

整体来说室外竹木产品比室内的贵，因为室外厚度及耐候性要求更高。地坪比墙面更贵，因为地面厚度更厚。以室外 18mm 厚重竹地坪为例，价格在 350 ~ 450 元 / ㎡左右。12mm 厚室内墙板，价格在 200 ~ 350 元 / ㎡。室内全竹地板为 200 ~ 300 元 / ㎡。

（以上价格仅为市场普通中端产品价格，材料价格会因不同项目、不同品牌以及订制等多方原因有较大浮动，仅供参考）

设计注意事项 | DESIGN KEY POINTS

户外重竹板是能长期在户外使用的，具有强耐腐、防霉、很好的尺寸稳定性的、使用科技手段进行重组的高端户外材料。竹材由纤维、半纤维等组成，内里含有大量淀粉、蛋白质、糖性等物质。 所以，竹材未经特殊处理是不能用在户外的。高耐必须经过物理手段，将竹材内壁细胞进行改变，才能用在户外不霉变，不腐烂。

（施工及安装要点内容仅代表部分厂家做法，供示意参考，不作为通用施工标准及节点做法）

品牌推荐 | BRAND RECOMMENDATION

品牌详细信息，请参见附录品牌索引：K01、K02。

（以上推荐仅为市场少数优秀品牌，供设计师参考学习。同一品牌实际可能涉及多种产品，更多详细内容可登录随书小程序）

施工及安装要点 | CONSTRUCTION INTRO

竹木墙板和地板安装类似，多采用直接固定和卡夹安装方式。

（1）安装前必须先将要安装的户外重竹地板的地坪用水泥固化，并修光面，以防止地坪长期积水。在地板铺设前，可先拆封让地板适用当地的气候 12 h 左右，然后再进行铺装。

（2）户外重竹地板铺装前，应先打好龙骨架，龙骨架的材料必须是防腐木料或钢制件，龙骨架的间隔尺寸以 350mmx350mm 为宜，高度至少要离地 200mm 以上。

（3）地板安装时，每片地板与地板之间必须预留 5 ~ 8mm 的间隙，地板与龙骨架之间用穿孔不锈钢螺钉固定，安装时地板切头端面及所钻孔螺钉孔均要及时用户外油刷两次以上封口，以免水分进入而变形。

（4）户外重竹地板铺装好以后，为了美观，高度方向允许四周用防腐木封密，但四周必须预留通风口。

（5）户外重竹地板铺装好以后，在使用过程中，严禁用水冲洗，可以用湿抹布拖把清洁，也应避免利器磕碰、划伤等。

（6）为了延长户外重竹地板的使用寿命及美观，要求每季度刷户外油一次。

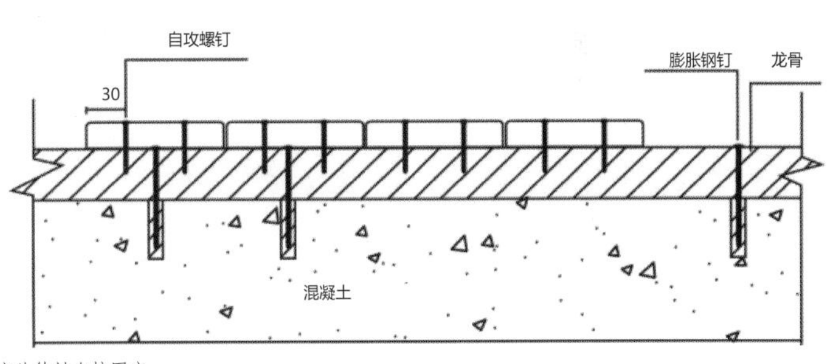

户外竹材直接固定

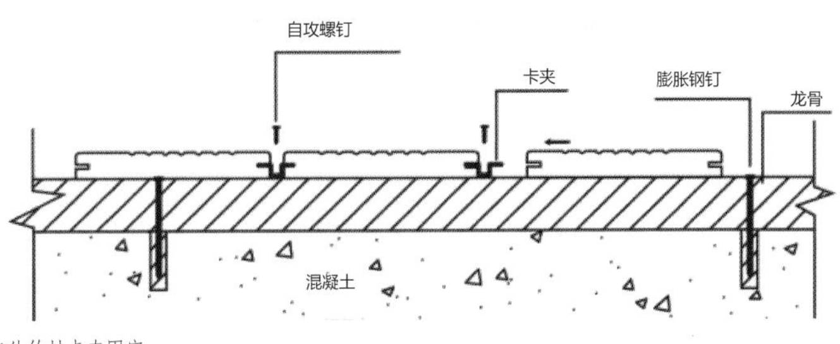

户外竹材卡夹固定

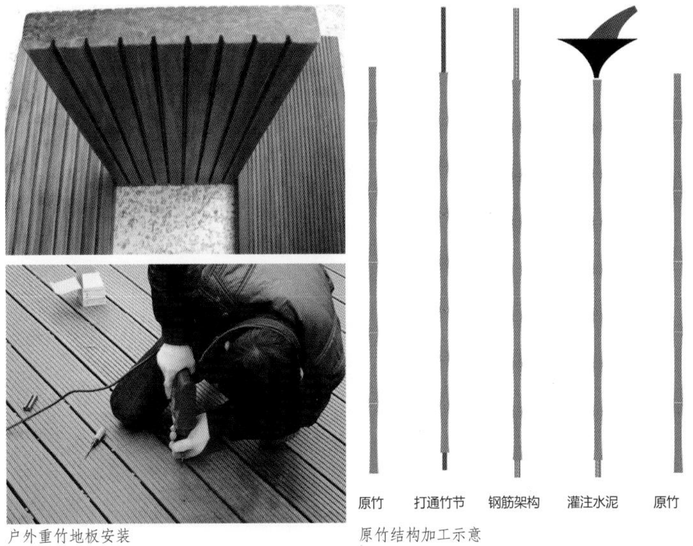

户外重竹地板安装

原竹结构加工示意

河内竹之翼

设计：VTN Architects

材料概况：越南丰富的竹资源和传统的竹工艺将竹材性能发挥到极致。

西班牙马德里国际机场第四航站楼

设计：Antonio Lamela +Rihard Rogers

材料概况：23 万m²的竹材防火天花板，是全球最大的竹应用工程。

富阳公望美术馆

设计：王澍

材料概况：竹材应用于室内外装饰，特殊的颜色及质感与混凝土主体形成显明对比。

深圳万科第五园

设计：王戈

材料概况：竹材承载了人们对中国传统文化内涵的理解。

绿植 | Green Plants

材料简介 | INTRODUCTION

随着人们对生态绿色的重视，越来越多地将绿色植物应用于建筑室内外装饰，主要包括绿植墙面和屋顶绿化两种形式。垂直绿化是利用植物的根系对生长环境的超强自适应能力，使自然界中栖息于大自然环境上的植物永久地生长于垂直的建筑墙面。绿植屋面是在屋面防水层上覆土或铺设锯末、蛭石等松散材料，并种植植物，起到隔热作用的屋面。绿植墙面屋面都对增加城市绿地坪积，改善日趋恶化的人类生存环境空间，开拓人类绿化空间，改善人民的居住条件，以及对美化城市环境，改善生态效应有着极其重要的积极意义。

材料性能及特征 | PERFORMANCE & CHARACTER

人们根据不同的环境要求，设计出了造型各异，高低错落，环境和谐的墙体和屋顶造型，经过精心设计及培植，再配置以适合植物生长的灯具，使绿植墙与屋面能持续生长且更显美观。绿植墙屋面还能保护建筑物墙面、顶部，延长墙面、屋顶建材使用寿命，减低城市排水负荷等。其具体性能特征如下：

（1）净化空气：绿植墙屋面具有改善空气质量的显著效果。不仅是植物叶片，植物的根和所有依赖于植物的微生物都具有净化空气的作用，在基质的表面，污染物微粒从空气中被分离出来并慢慢被分解和矿化，最终成为植物的肥料。

（2） 低碳节能：绿植墙屋面能阻隔大量光热辐射，夏季可使建筑内部温度降低 7 ~ 15 ℃ ，冬季则可使室内保持恒温。此外植物和基质能消耗大量的二氧化碳，还能吸收如甲醛、苯、二甲苯、二氧化硫等千余种空气污染物，有效遏制热岛效应。

（3） 美化城市：绿植墙屋面能将大自然风景引入繁杂的城市，是人造结构与自然风光完美的结合体。具有增加人们视觉愉悦、美化城市的价值。

（4） 隔离噪音：植物和基质对声音均具有较强的吸收功能，绿植墙屋面具有噪声缓冲的功效，同时也极大地减少大厦的声反射。

（5） 生态修复：绿植墙是帮助恢复栖息地的一种方法。通过精心选择和种植漂亮的本地植物，一面植物墙或是植物屋顶就会吸引鸟类和美丽的蝴蝶。同时绿植墙以恢复各地域原始植物群落为己任，多数使用来源于深山的野生植物品种，以挽救破坏严重的生态环境，再现完整的植物群落。

产品工艺及分类 | TECHNIC & CATEGORY

根据墙面绿化的不同方式，绿植墙可分为 6 种不同类型：

（1）模块式安装：利用模块化构件种植植物实现墙面绿化，可以按模块中的植物和植物图案预先栽培养护数月后进行安装，寿命较长，适用于大面积的高难度的墙面绿化，特别对墙面景观营造效果最好。

（2）铺贴式：在墙面直接铺贴植物生长基质或模块，系统总厚度薄，只有 10 ~ 15cm， 具有防水阻根功能，有利于维护建筑物表皮，延长其寿命，易施工。

（3）攀爬或垂吊式：在墙面种植攀爬或垂吊的藤本植物，如种植爬山虎、络石、常春藤、扶芳藤、绿萝等。这类绿化形式简便易行、造价较低、透光透气性好。

（4）摆花式：在不锈钢、钢筋混凝土或其他材料等做成的垂面架中装置盆花实现垂面绿化，这种墙面绿化方式与模块化相似，一种“缩微”模块，装置装配方便。

（5）布袋式：首先在做好防水处置的墙面上直接铺设软性植物生长载体，比方毛毡、椰丝纤维、无纺布等，然后在这些载体上缝制装填有植物生长及基材的布袋，最后在布袋内种植植物实现墙面绿化。

（6）板槽式：在墙面上按一定的距离装置 V 型板槽，板槽内填装轻质的种植基质，再在基质上种植各种植物。

根据屋面绿化的不同方式，绿植屋面可分为 3 种不同类型：

（1）草坪式：采用抗逆性强的草本植被平铺栽植于屋顶绿化结构层上， 重量轻，适用范围广，养护投入少。此型可用于那些屋顶承重差，面积小的住房。

（2）组合式：允许使用少部分低矮灌木和更多种类的植被，能够形成高低错落的景观。

（3）花园式：可以使用更多的造景形式，包括景观小品、建筑和水体，在植被种类上也进一步丰富，允许栽种较为高大的乔木类。

模块式 铺贴式
攀爬式 摆花式
布袋式 板槽式
草坪式 组合式

常用参数 | COMMON PARAMETERS

绿植墙面高度在 2m 以上，可种植：爬蔓月季、扶芳藤、铁线莲、常春藤、牵牛、茑萝、菜豆、弥猴桃等；高度在 5m 左右，可种植：杠柳、葫芦、紫藤、丝瓜、瓜篓、金银花、木香等；高度在 5m 以上，可种植：中国地锦、美国地锦、美国凌霄、山葡萄等。

绿植屋面覆土厚 100cm 可植小乔木；厚 70cm 可植大灌木；若覆土 50cm 厚，可以栽种低矮的小灌木，如蔷薇科、牡丹、金银藤、夹竹桃、小石榴树等；若覆土厚 30cm, 宜选择冬枯夏荣的一年生草本植物 ,如草花、蔬菜等。

（以上数据为市场部分厂家产品参数，不同厂家各有差别，仅供参考）

价格区间 | PRICE RANGE

600 ~ 2 500 元 /m²

绿植墙屋面的价格，是根据植物的不同、种植的方式不同、品牌的不同，价格也是有区别的。市场中档品牌价格在 500 ~ 1 500 元 / ㎡左右，较好的品牌在 1 500 ~ 2 500 元 / ㎡。绿植系统通常配备相应灌溉系统，同时需要一定的维护。

（以上价格仅为市场普通中端产品价格，材料价格会因不同项目、不同品牌以及订制等多方原因有较大浮动，仅供参考）

设计注意事项 | DESIGN KEY POINTS

绿植系统需符合建筑结构荷载要求，如若设计超过建筑的设计荷载，将会导致屋顶结构或墙面随时处于危险的状态。因此我们设计时要考虑设计内容的重量区间，种植土的厚度，最大能种植多大规格的植物，等等。结构系统依附于建筑结构，必须做到防水阻根。结构系统安装必须解决高空坠落等隐患，达到抗风要求 。整体系统排水需要与建筑表面排水系统相结合，避免在地坪和墙面看到浇水痕迹，影响环境美观和清洁卫生。室内植物墙，则可选配供植物进行光合作用的照明系统。

（施工及安装要点内容仅代表部分厂家做法，供示意参考，不作为通用施工标准及节点做法）

品牌推荐 | BRAND RECOMMENDATION

品牌详细信息，请参见附录品牌索引：G03 。

（以上推荐仅为市场少数优秀品牌，供设计师参考学习。同一品牌实际可能涉及多种产品，更多详细内容可登录随书小程序）

绿植与建筑墙面创意结合

施工及安装要点 | CONSTRUCTION INTRO

1. 植物墙的做法较多，本处以布袋式墙为例介绍：

（1）现场测量，钢骨架施工：根据需求 ,确定施工方案，具有重量轻、面宽大、承重大、施工方便、受影响因素小、抗震、抗风、环保可回收、节能等优点。

（2） 刷漆涂料，张贴植物袋：刷胶漆，以便固定置物袋。等乳胶实干后，再辅以封边条或角铁加固，使植物袋和墙体牢牢固定在一起，最后将植物种植在各个培土袋里，创造性地解决了立体绿化施工中的植栽难题。

（3）灌溉系统：由水泵、程序控制器、施肥器、过滤器、UV 灭菌器、电子阀、抗阻塞微灌溉滴管等组成。设备及控制终端占用空间 1.5m³，可安置在建筑屋内，或在植物墙附近建造控制井、控制房（选配）。小于 50 ㎡ 的墙面，则可配置微型水泵，精简设备，控制器可直接安置在房间内。整个灌溉系统由电脑程序自动控制，根据植物生长的不同阶段，不同的气候条件自动循环，供给植物生长所需的水分和养分。

（4） 植物分拨及上墙：将吸水树脂吸足水并使贮水层充满水，扎住袋口后置于树、草等植物根部，即可获得连续、缓慢、自动地供水、保湿，以利植物存活。最后把分拨好的植物袋挂在墙上。

（5） 安装自控装置：灌溉水中添加了特殊营养液及无毒杀菌杀虫剂，以保证植物的正常生长；浇溉和施肥都是由微灌溉系统自动控制，微灌溉系统和循环系统能使水得到最优化的使用。

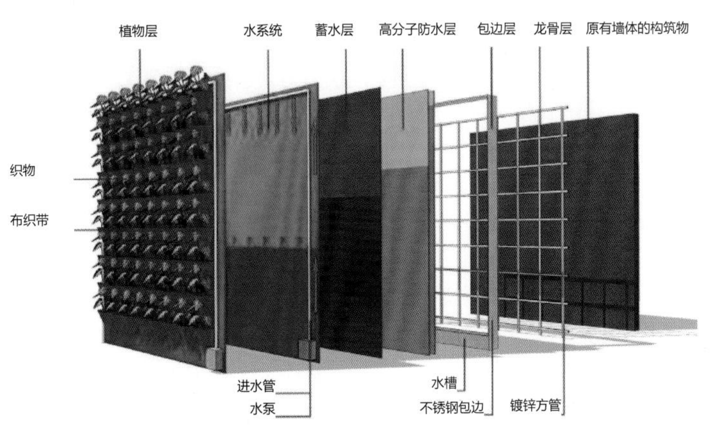

布袋式种植系统墙面绿化示意图

2. 屋面绿化构造：

针对重型屋顶花园，防水种植屋面防水采取双层防水系统，第一层为普通防水层，可有效解决渗漏水的问题；第二层为种植用抗根防水层，该防水层具有化学阻根的作用，可有效地解决植物根系刺穿防水层的问题。

针对轻型屋顶花园，因种植系统整体自重轻，可采取具有物理阻根性能的高分子防水卷材，解决防水与植物根系穿刺的问题。

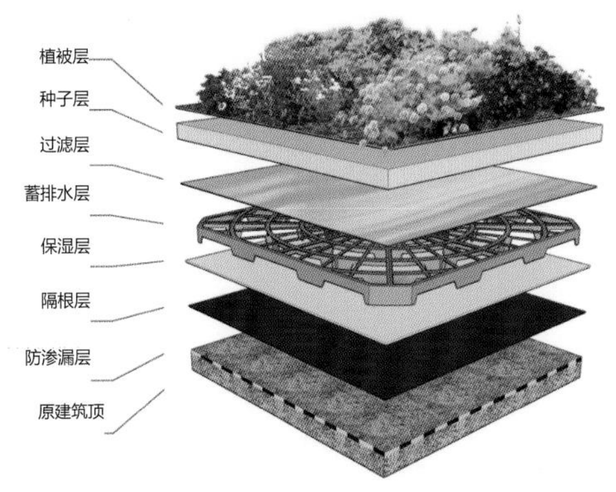

绿植屋面结构示意图

One Central Park 垂直绿化公寓

设计：Ateliers Jean Nouvel & Patrick Blanc

材料概况：250 多种澳洲植物和花卉种植和攀爬在大楼上，从底层到最顶层，让大楼成为这个新世纪的绿色之树。

新加坡艺术高中

设计：WOHA

材料概况：整体的攀爬式垂直绿化让整个建筑变成绿色的森林。

上海自然博物馆

设计：Perkins+Will

材料概况：绿植墙屋面通过与场地的融合，代表了人类与自然的和谐。

上海江湾体育场站综合客运交通枢纽改造

设计：上海联创

材料概况：沪上最大面积的垂直绿化墙面，将立体车库化身绿色森林。

夯土 | Rammed Earth

材料简介 | INTRODUCTION

夯土包含了两方面的内涵，一方面材料是土，另一方面操作方式是夯。夯土的施工技术特点是夯筑，是利用夯锤将土料在模板内击实成型，提高材料物理性能的一种手段。所以夯土既是一种建筑材料，也是一种施工技术。是一块泥土中的空隙经过夯的动作之后变得更结实，使土材质成为较为结实的建材。在古代，用作建筑的土大致可分为两种：自然状态的土称为“生土”，而经过加固处理的土被称为“夯土”，其密度较生土大。中国古代建筑材料以木为主角，土为辅助，石、砖、瓦为配角。夯土在古代是城墙、宫室常用的建材。中国最早在龙山文化已能掌握夯土的技术。

材料性能及特征 | PERFORMANCE & CHARACTER

夯筑这一操作方式在建造墙体时，必须借助模板提供形式的限定和侧向的受力支撑，此时的夯土也属于版筑的建造方式。夯土的抗压性能良好，但是抗拉、抗弯和抗剪性能差。除了地基处理，如今这一技术主要用于墙体的建造，包括了城墙、围墙等构筑物的墙体和建筑的墙体。准确来说，夯土墙应称为版筑夯土墙。其性能特征如下：

（1）外观大方复古有质感，形式肌理多样可订制，现如今，城市中的人往往会有种故乡的缺失感，冰冷的钢筋混凝土少了家乡的温度，如若将夯土墙融入现代生活，复古的形式带入的不仅是传统艺术的优雅，更是对乡情的怀念。

（2）夯土墙建造就地取材，避免开山采石、采煤烧砖，并且土料可循环再利用，是最环保节能的建筑墙体。

（3）夯土的结构特性形成了墙体抗震性能好、降噪、冬暖夏凉等特点，对于生活在现代都市习惯了使用空调的人们，夯土建筑无疑是远离空调、接触自然的有效途径。

（4）夯土可作为室内艺术墙面，将夯土元素融入室内装饰墙体，能创造一个充满艺术感的居家、办公、休闲环境。

产品工艺及分类 | TECHNIC & CATEGORY

传统的生土夯土墙能展现世界各地生土特有色彩，在机械或手工的夯实过程中形成的独特夯土机理，因独有古朴的风格而备受建筑师的青睐，曾经是世界最主要的建材，后因混凝土的产生而衰落。近年来，现代夯土墙随着归自然和节能环保的风潮在欧美澳等区域又重新流行，成为重塑各地的传统文化的符号。

现代夯土添加相应比例的细砂和石子，使土料混合物形成与混凝土相类似的骨料构成（以原土中的黏粒取代水泥成分，形成黏粒、细砂，石子的骨料配比构成），同时加入一定的纤维材料提高抗拉性能。另外通过含水率的控制和机械的强力夯击，使得干燥之后夯筑体的力学、耐水、防蛀、防潮等耐久性能得到极大提升。随着夯击力度的加大，抗压强度最高甚至可以达到常规黏土砖墙的强度。

现代夯土墙可分为纯生土夯土墙和混合夯土墙两种。纯生土夯土是以完全的生土为基材采用现代机械和模板技术夯筑而成的夯土墙。混合夯土是在生土中添加水泥、石灰和各种助剂的混合土，采用机械和模板技术夯筑而成的夯土墙。纯生土夯土墙，会受限于符合要求的生土大规模取土困难，夯土承重能力较低，墙体高度宽度比低，墙体耐水及墙体表面走砂等问题，在现代的建筑领域大规模地推广比较困难。比较适合乡村等低层建筑使用。 而混合土墙由于添加的水泥等提升了夯土的强度，改善了夯土的性能，比较适合城市使用。

传统夯土民居土楼

现代夯土村民活动中心

现代夯土景观建筑

常用参数 | COMMON PARAMETERS

夯实黏土（墙）密度 1 800Kg/m³；导热系数 0.93W/（m · K）；比热容：1.01kJ/(kg · K)；蓄热系数 11.03W/(㎡·K)；

360mm 夯土墙热阻 0.39；蓄热系数：11.03；热惰性指标：4.66；热稳定性系数：4.15。

（以上数据为市场部分厂家产品参数，不同厂家各有差别，仅供参考）

价格区间 | PRICE RANGE

价格根据不同项目报价

夯土结构的建造不具有典型性，熟练掌握建造的手工艺人已经较为稀少，所以难以按照普通材料的价格估量。

（以上价格仅为市场普通中端产品价格，材料价格会因不同项目、不同品牌以及订制等多方原因有较大浮动，仅供参考）

设计注意事项 | DESIGN KEY POINTS

现代建筑的发展和要求已经越来越高，传统的手工建造有其特殊适用环境和优势，但也存在众多不足。其稳定性、热工性都是限制其大量使用的原因。国内外都致力于提高该种技术的普遍适应性。

出于设计师对传统工艺和文化的热衷，市场上也存在少量仿夯土建造的现代工法和产品，可以大大提高夯土效果的适用范围和可靠性，值得设计师关注。

（施工及安装要点内容仅代表部分厂家做法，供示意参考，不作为通用施工标准及节点做法）

品牌推荐 | BRAND RECOMMENDATION

市场厂家较少，故不做推荐。

施工及安装要点 | CONSTRUCTION INTRO

建造一个夯土墙需要将含有正确配比的混合物（沙，碎石以及黏土，有时需要添加稳定剂）压缩进一个拥有外部支撑的模板或者模具，来制成砖块或者整栋墙。古时候，类似石灰和动物血液的添加物被作为稳定剂。在现代建筑工程中则采用石灰、水泥或沥青乳化剂。

整栋墙的建设从一个临时的模板开始。模板通常由木材或胶合板制成，作为决定每段墙体尺寸和形状的模具。模板必须坚实并作好支撑，墙体两面的模板也必须固定在一起，以防止巨大压缩压力所造成的膨胀和变形。

潮湿材料被倒至 10 ~ 625mm 的深度然后被压缩到其原来一半的高度。材料必须一批一批地持续挤压，逐渐建造到模具的顶端。古时候，夯实工作是由工人用长长的夯实杆手工完成的，十分费时费力。现代工程建设则采用高效率的气动夯实机来完成。

一旦墙体完成，模具就可以立即拆除。特别是针对需要制作的表面纹理（比如钢丝刷纹）的墙体，这样的措施十分必要。因为 1h 以后，墙体就会变得过硬而难以操作。夯土墙施工最好在温暖的天气里完成，这样墙体可以干燥牢固。再者，夯土的抗压强度将会随着这一恢复的过程逐渐增强。墙体干燥需要一些时间，大概需要 2 年来完成这一恢复过程。暴露的墙体应该密封起来防止水对其的破坏。

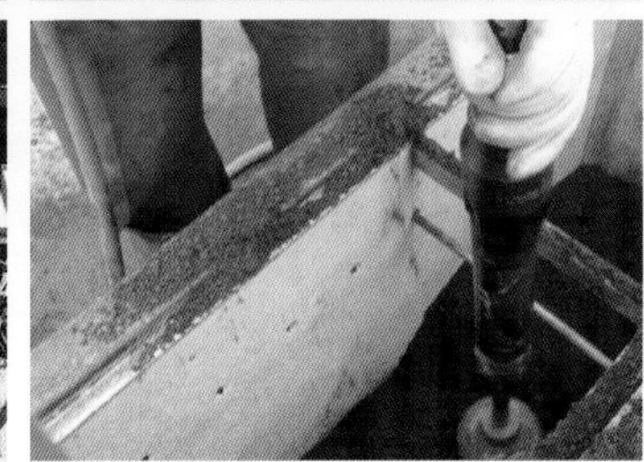

传统功法夯土的现代建造施工

除了传统功法的生土夯土，现在市场上存在着一些仿夯土效果功法，比如“混凝土式夯土”。其可以在任何的墙体的基础上采用加注装饰夯土砂浆和混凝土的方式，得到类似夯土的效果。主要借鉴了成熟的混凝土浇筑技术和模板技术，结合在饰面砂浆基础上改良的彩色夯混凝土，并采用模板及分层浇筑工艺，可以做到非常逼真的夯土效果。同时配合混凝土保护剂，可以解决原始夯土墙强度低、不抗震、不耐水、不防水等问题。

夯土建筑室内

现代仿夯土建造

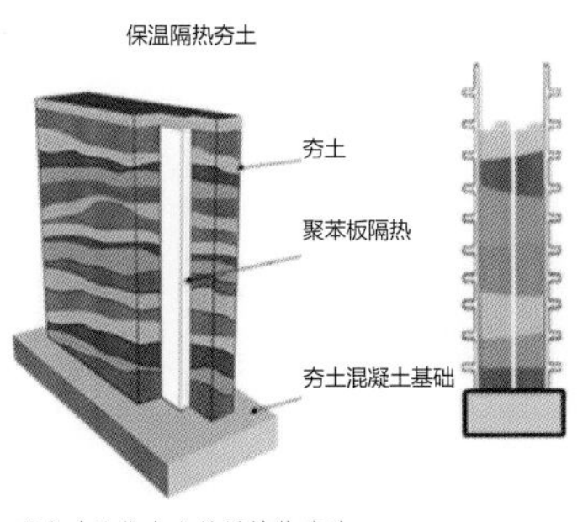

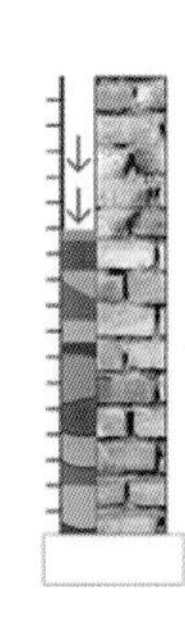

现代功法仿夯土效果墙体建造

南澳大利亚 The Great Wall of WA

设计：Luigi Rosselli Architects

材料概况：夯土墙采用含铁丰富的砂质黏土混合附近河流中的碎石以及本地水源建成，用覆土建筑与夯土方式相结合。

曼谷都市森林公园

设计：Landscape Architects of Bangkok

材料概况：来自景观团队的设计让外部空间变成了夯土打造的一序列展览空间的延伸。

甘肃省庆阳市毛寺村生态实验小学

设计：吴恩融 穆钧

材料概况：以黄土高原窑洞技术为基础的乡土建造体现了绿色人文科技的理念。

黄河口生态旅游区游客服务中心

设计：李麟学

材料概况：墙体由独特研制配比的夯土材料夯制而成，成为融合了被动式绿色技术与当代建筑艺术的典范。

品牌索引 | Brand Index

A 01 阿克苏诺贝尔

推荐：★★★★★

阿克苏诺贝尔是全球领先的工业企业，总部设于荷兰阿姆斯特丹，核心业务包括装饰漆、高性能涂料业务和专业化学品业务，全球拥有47,000名员工，业务广布80多个国家。旗下拥有多乐士(Dulux)、新劲(Sikkens)、国际(International)、Interpon和依卡(Eka)等著名品牌，是全球领先的油漆和涂料企业。

A 02 宣伟

推荐：★★★★★

成立于1866年的美国宣伟(Sherwin-Williams)公司是世界知名涂料公司之一，目前在全球30多个国家拥有3万名员工和3 400多家自营专卖店。创办至今，每一项创新，都源自宣伟强大的技术研发实力和对环境保护的坚定承诺，率先推动油漆无铅化，积极推广绿色水性涂料的市场应用。

A 03 亚士漆

推荐：★★★★

全球领先的全面涂装解决方案提供商。自1998年在中国投产以来，亚士漆中国坚定地立足于涂料行业，并涉足涂料行业中的多个领域以及与涂料行业相关的领域，坚守“行业专业化，领域多元化”的集团化运作模式。到2006年已构建起可持续发展的、快速而高效的全面涂装解决方案的竞争优势。

A 04 嘉宝莉

推荐：★★★★★

嘉宝莉化工集团股份有限公司，广东省著名商标，广东省名牌产品，行业标准起草单位，在木器涂料及建筑涂料等民用涂料领域优势突出，是知名涂料及涂装方案提供商。先后进行50项国家或行业标准的起草、拥有68多个国家发明专利，拥有“国家认可实验室”“化工博士后工作站”“博士后创新实践基地”等荣誉。

A 05 申得欧

推荐：★★★★

德国Sto集团，专业从事建筑材料、外墙外保温体系的生产和销售。经过长期发展，已成为建材行业具有相当知名度的跨国公司之一。早在20世纪60年代，Sto集团就推出了外墙外保温体系。50多年的工程实践、为全球提供5亿多平方米的外墙外保温系统和涂料产品，奠定了Sto在行业内的技术先进者的地位。

A 06 铃鹿

推荐：★★★★

铃鹿品牌始创于1945年，作为法国派丽集团旗下外墙饰面方案专业品牌，集外墙涂料产品研发、生产、销售、服务于一体，提供不同产品体系的完整解决方案。核心产品包括真石漆、多彩印象石、质感涂料以及造型砂浆。经过70年的发展，现已发展成为真石漆领域领导品牌。

A 07 富思特

推荐：★★★★

富思特新材料科技发展股份有限公司始创于1995年，是集建筑涂料、保温、地坪、保温装饰板的研发、生产、销售和施工为一体的大型现代化企业，中国建筑工程领域涂料保温一体化解决方案的专业供应商。20年来，凭借“精准、精专、精进”的理念，产品研发与生产综合实力全行业领先。

A 08SKK

推荐：★★★★

SKK是日本SK化研株式会社旗下的涂料名牌，总部位于日本大阪。自从1955年成立以来在亚洲各地区设立了多个SKK的当地子公司，营业所及工厂。品牌包括内外墙建筑涂料、地板漆、屋顶用涂料、钢结构防火涂料、乳胶漆、基面调整材、特殊涂材、意匠性涂材等各种产品。以满足客户为己任，以贡献社会为最大使命。

A 09 三棵树

推荐：★★★★

三棵树涂料股份有限公司，深信基业长青之道在于道法自然。十多年来，三棵树坚毅执着，快速发展，成为中国涂料发展最快的企业，跃居为健康漆领导品牌。三棵树一贯注重环境友好型和节能低碳产品的研制，研发中心设有博士后科研工作站、院士专家工作站和国家级企业技术中心三大研发平台，承担多项国家科研课题。

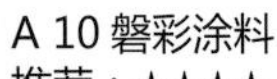

A 10 磐彩涂料

推荐：★★★★

上海磐彩涂料科技有限公司，致力于用高科技研发而成的改性树脂及稳定性好的、非染料制成的涂料，产品具有耐酸雨、耐高温、漆面光滑等特点。服务开始于工程项目的初步设计阶段，通过向建筑师提供色卡、样板、详细的技术资料和有针对性的咨询，给予他们支持，以达到建筑设计最理想的效果。

A 11 威士伯

推荐：★★★★★

创建于1806年（中国清代嘉庆年第11年）的威士伯，是纽约证券交易所的上市公司。世界知名前五大涂料品牌和涂料制造公司之一。威士伯建筑工程涂料不断推进反射隔热涂料的研究和技术创新，并成功推出绿能全效墙面漆系统，为提升建筑外立面的反射隔热性能、降低建筑能耗起到了极大的促进作用。

A 12 西蒙灰泥

推荐：★★★

西蒙(SIMON)，STUCCO厚层涂料的先行者！致力于STUCCO墙体材料、3D厚层饰面砂浆、清水混凝土STUCCO饰面系统、西班牙灰泥STUCCO、ECO生态环保内外墙涂料等建筑材料的研发、制造、销售和服务。为广大客户同仁提供ECO生态理念的绿色、节能、环保、低碳的新型装饰建筑材料。

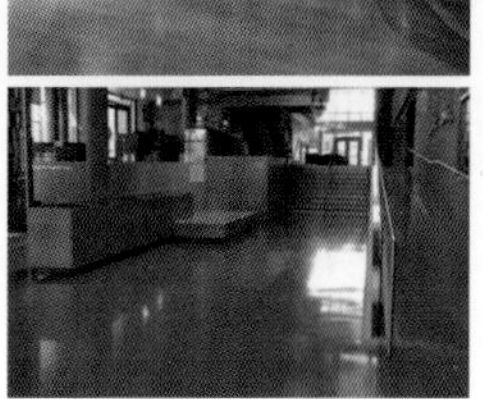

B 01 安斯福妙乐
推荐：★★★★★
无锡华灿是美国安斯福妙乐混凝土密封固化剂的中国区代表。其是一种无色、无味、无毒的液体密封剂，通过有效渗透（5 ~ 8mm），与混凝土中的化学成分发生深刻化学反应，使其成分固化成一坚固实体。硬度随时间增长而增加，是原先地坪的 2 ~ 3 倍，永远无需打蜡，为用户节约大量的维护费用。

B 02 菲凡士
推荐：★★★★★
美国菲凡士（KETCH）总部位于美国加尼福利亚州，是致力于研究、发展及生产各种全面的地坪及提供工程服务的企业。在多年发展历史中，菲凡士一直扮演着领导者和创新者的角色，于 2008 年负责编写了中国地坪国家标准《地坪涂装材料》GB/T22374-2008。公司是一家以研发、生产非一般品质的产品公司。

B 03 纳路特
推荐：★★★★
深圳市纳路特科技有限公司是一家民营高科技企业，研发、生产各种高技术含量的化学建材产品，全球首创 0.6 纳米超纳米技术，主要产品有锂基聚碳硅混凝土固化剂、彩色聚碳硅混凝土固化剂、耐水洗防静电地板蜡、导电高分子材料、纳米二氧化硅等，填补国内空白，质量达到国际先进水平。

B 04 典跃
推荐：★★★★
典跃企业始于 2003 年，集研发、生产、设计、销售、施工于一体的新材料、新能源高科技企业。公司总部位于中国的经济金融中心上海，成为全国地坪行业发展势头强劲的企业，产品研发、施工质量、技术创新成为国内地坪行业参照的标准。

B 05 马可尼
推荐：★★★★
马可尼化学建材（香港）有限公司是一家高端商业整体地坪系统的供应商，将创新绿色生活主张融汇于节能、环保的新型建筑材料；30 年的化学科技经验，整合聚氨酯合成技术，环氧接枝技术和新型无机改性聚合物技术，研发出为满足现代人居环境的地坪产品，以"创意生活空间"为公司使命，提供全面专业的整体解决方案。

B 06 菲耐特
推荐：★★★★
菲耐特整体地坪是一种美观、独特的整体地坪系统，它由高分子材料及天然石料、水晶颗粒、贝壳、玻璃等装饰骨料组成。菲耐特整体地坪采取现场整体成型施工工艺，具有大面积整体无缝，自由图案设计，个性色彩搭配以及耐久性等特性，适用于购物中心、艺博场馆、候机楼及酒店会所等公共空间。

B 07 亚地斯
推荐：★★★★★
创立于 1949 年的亚地斯是在建筑化工领域最成功的国际企业之一。1953 年由 ARDEX 研究、开发的自流平水泥，为建筑行业开创了地坪材料的又一个新纪元；1975 年发明的"早凝快干"技术，超快速地坪安装系统，仅需 1h 可全部完成地板覆盖工程。亚地斯是领先的建材产品，彰显卓尔不凡的品位。

B 08 麦克斯特
推荐：★★★★★
麦克斯特建材集团是全球领先地位的新型建材研发先驱。集团隶属德国海德堡水泥集团，总部设在瑞典，至今已有 100 年以上的历史。全球一共有 117 个工厂和办事处。平均每年的净销售额在人民币 120 亿元以上。麦克斯特通过北欧 M1 环保认证，是全球最环保的专业建材制造商之一。

B 09 北京大古
推荐：★★★★
北京大古，是整体地坪工程集成商，是装饰混凝土创意空间的服务商；是"建筑装修无尘设备及环保材料可持续发展"的推广平台。是建筑产品工艺研发、技术培训、材料销售、设备推广、项目管理、战略组群的运营平台。公司是瑞典 HTC 机器人自动研磨设备中国区推广商。

C 01 中铁德诚
推荐：★★★★
北京中铁德成喷砖技术开发有限公司成立于 1999 年，是一家致力于建筑设计、咨询、营造、装饰工程承包和建筑维护系统的产品和服务提供商，尤其在清水混凝土工程领域，中铁德成公司是国内最早进行清水混凝土保护涂装工程实践并取得巨大成就的企业，是国内清水混凝土保护及涂装工程领域的市场知名品牌。

C 02 益汇达
推荐：★★★★
益汇达清水混凝土团队拥有重庆市益汇达建筑工程有限责任公司、北京益汇达清水装饰工程有限公司，是清水混凝土一体化服务的专业清水混凝土施工团队。益汇达清水混凝土团队有十多年的清水混凝土专业施工经验以及丰富的团队管理能力，是国内为数不多的清水混凝土施工优秀团队之一。

C 03 中建美砼
推荐：★★★★
北京中建美砼技术有限公司是一家清水混凝土工程整体解决的专业机构，致力于打造全国最全面最专业最权威的清水混凝土公司。经营产品：清水混凝土挂板（美砼板、PC 板）；现浇清水混凝土（墙面、地坪等）；清水混凝土艺术构件；美砼加清水混凝土保护涂装修复系统；净霾涂层。

品牌索引 | Brand Index

C 04 蓝宝股份
推荐：★★★★
成立于 1993 年，是一家集科研、开发、销售为一体的专业化清水混凝土技术服务企业。蓝宝股份一直执著于清水混凝土现代化的应用，开创清水混凝土全体系的技术、产品生产、批量化及清水混凝土在未来装配式建筑应用的技术研究。其拥有众多清水混凝土专业技术，使公司的整体产品线更加全面。

C 05 欧泽塔
推荐：★★★★★
西班牙欧泽塔集团自 100 多年前，一直致力于水泥产品的研发，并于 1999 年生产出第一块预制混凝土挂板，工厂配备最新技术的生产线，自动化率达到 95%。今天的欧泽塔已经成功的将建筑系统、科技与工业生产相结合，可以提供一套涵盖设计、生产、安装指导等各个环节的完整的服务体系，并为建筑设计提供无限可能。

C 06 榆构
推荐：★★★★
北京榆构有限公司前身为北京市丰台区榆树庄构件厂，成立于 1980 年。BYPCE 设有预制混凝土工程技术研究中心，该中心长期致力于预制混凝土工程的设计研发和技术咨询工作，先后开发了一系列拥有自主知识产权的高科技产品，并成功应用在国家体育场清水混凝土看台和武汉琴台文化艺术中心清水混凝土挂板等项目。

C 07 德国赉利
推荐：★★★★★
德国 RECKLI 是装饰混凝土领域的世界领导者，素面灰墙混凝土时代的结束是 RECKLI 不断创新引领的结果。RECKLI 的 49 年发展进程代表着人类自由创造装饰混凝土的历史。RECKLI 始终致力于设计和产品特性的最高要求，与全球范围的建筑师密切合作、不断创新，工程应用业绩遍及全球。

C 08 Swisspearl
推荐：★★★★★
多年来，Swisspearl 开发的天然材料制成的创新和可持续发展的产品在建筑、室内和园林中广泛应用。Swisspearl 在瑞士已经成为瑞士建筑文化的重要组成部分。Swisspearlworks 在世界各地超过 60 个合作伙伴遍布 50 多个国家，确保以最优良的服务于客户。

C 09 埃特尼特
推荐：★★★★★
广州埃特尼特建筑系统有限公司隶属于比利时埃泰集团，成立于 1984 年，是中国最早的纤维水泥板生产厂家。其高密度系列外墙产品以通体一色、自然质感等特性，受到国内外众多建筑师青睐。埃特尼特（Eternit）品牌创立于 1905 年，至今已有超过 110 年历史，是纤维水泥板生产与应用的世界先驱和全球领导品牌。

C 10 新元素
推荐：★★★★
广东新元素板业有限公司创建于 2003 年，拥有三条源自欧洲的流浆法工艺，高度机械化的生产线，是国家高新科技企业。公司的商标“新元素”为广东省著名商标和中国驰名商标。是目前国内唯一在同一企业全能进行低、中、高密度产品的生产。是执行 100% 无石棉不采用海泡石、水镁石、玻璃纤维的环保承诺企业。

C 11 倍立达
推荐：★★★★★
南京倍立达新材料系统工程股份有限公司作为中国 GRC 行业最具规模和影响力的企业之一，是专业从事 GRC 建筑装饰材料研发、设计、生产及安装的大型综合性企业。2007 年承接的澳门威尼斯人酒店工程和 2009 年承接的天津港国际邮轮母港客运中心，均获得中国建筑应用创新大奖，受到全球建筑界的高度赞誉。

C 12 宝贵石艺
推荐：★★★★
公司创建于 1993 年，是国内专门从事再造石装饰制品研究设计制作的民营高新技术企业。公司拥有专利、商标、版权三位一体的自主知识产权。1987 年以来先后为中国历史博物馆、钓鱼台国宾馆、国家大剧院、首都机场 T3 航站楼、拉萨火车站等几百项重点工程提供了再造石雕塑和装饰混凝土轻型挂板。

C 13 天星岗石
推荐：★★★★
天星岗石在建筑行业深耕多年，不断探索改进出各类产品科学成熟的量产方案。天星产品中约 93% 的原材料是从天然石材余料中提取，利用独家研发的技术和设备，经过科学解构后重新合理调配而成，质感及各项性能指标均达到或接近天然石材。目前公司技术及产品均引领行业，深受绿城、绿地、宝龙等知名房企好评。

C 14 瑾和
推荐：★★★
南京瑾和混凝土制品有限公司是一家专业的混凝土制品生产厂商，主要产品有透光混凝土，清水混凝土，混凝土家具。瑾和通过不断地摸索与实验，于 2016 年成功实现了透光混凝土的批量生产，成为国内为数不多的能够量产的企业。其品质与国外相差无几，价格却大幅下降，为透光混凝土在国内的推广普及做出了贡献。

C 15 拉法基
推荐：★★★★★
拉法基集团于 1833 年成立于法国，在水泥、石膏板、骨料与混凝土分支均居世界领先地位。截止到 2007 年底，年销售额达 176 亿欧元，净利润达 19 亿欧元，在超过 80 个国家拥有 90 000 名员工。拉法基是建材领域唯一一家入选 2008 年“全球 100 名最具可持续发展的企业”，为世界 500 强企业。

D 01 维纳博艮

推荐：★★★★★

维纳博艮 Wienerberger 集团总部位于奥地利维也纳市，成立于 1819 年。1869 年在维也纳股票交易所上市至今，是目前全世界最大的陶土制品专业集团，陶土制品产销量稳居世界第一。Porotherm 陶土砌块，产销量稳居世界第一；Terca 陶土清水砖，欧洲排名第一，美国并列第一。

D 02 路本

推荐：★★★★★

路本是德国最大的私营企业。该公司所出产的陶瓷具有灵活性、创造性和敏锐的现代建筑需求洞察力，并且全身心投入开发更具有特色的劈开砖和承重砖。路本集团拥有 14 家工厂，其中 7 家在德国，3 家在波兰，4 家在美国。在这些作品中，大量的高品质砖、屋面砖、高弹性地砖、铺面砖和内墙保温砖行销全球。

D 03 中山榕

推荐：★★★

2003 年中山榕陶瓷有限公司通过 ISO90001 认证，同时斥资引进世界一流的意大利陶瓷生产线，开始研发生产“中山榕”牌劈开砖。2010 年，再斥巨资，在江西九江建立中盛陶瓷有限公司，开发“中山榕”牌陶板，采用德国最先进的真空设备成型，再经意大利窑精心煅烧而成，为建材幕墙中的上佳之品。

D 04 乐普

推荐：★★★★

乐普艺术陶瓷有限公司，地处福建省南安市官桥镇塘上工业园。公司占地 350 多亩，总投资 1.2 亿元，现拥有三条国内最先进的劈开砖生产线和国际先进水平的全自动温控隧道窑，年产劈开砖 450 万平方米，是全国最大的集研发、生产、营销一体化的劈开砖专业性企业，并已成为国内最具竞争力的黏土劈开砖生产经营基地。

D 05 瑞高

推荐：★★★★

瑞高企业创立于 1998 年，2006 年，瑞高引入亚洲第一条陶板生产线，改写了中国陶板从无到有的历史，并在同年完成了瑞高在国内第一个陶板项目。2011 年，瑞高为陶板产品注册 RTC 品牌，开创了独到的陶板订制化理念，开创了建筑材料研发生产企业为建筑师订制细化设计的崭新服务模式。

D 06 新嘉理

推荐：★★★★

江苏新嘉理由新嘉理陶瓷（香港）有限公司和无锡市众享股权投资企业（有限合伙）共同发起设立。公司位于苏、浙、皖三省交界地带的江苏省宜兴市，是一家专业生产、开发、销售高档陶板幕墙、立方陶和外墙劈开砖的现代化新三板挂牌企业。年产陶板 150 万平方米、立方陶 100 万平方米、劈开砖 100 万平方米。

D 07 TOB

推荐：★★★★

TOB 是国际领先的自主知识产权陶板品牌，也是中华人民共和国“十一五”科技支撑项目之一，属福建华泰集团股份有限公司旗下。福建华泰集团实力雄厚，拥有包括 TOB 在内的多家建材业子公司，多次承担国家、省级科研项目，目前已获得数十项国家发明专利和实用新型专利。是中国乃至全球最大的陶板生产基地。

D 08 福美

推荐：★★★★★

广东福美软瓷有限公司，软瓷生态材料的发明者，国家软瓷材料行业标准制定者，公司的理想是为全球提供更多环境友好型，利于社会可持续发展的产品。福美股份制准上市企业，在中国获得了国家创新基金的支持，承担着国家火炬计划重点项目，拥有欧盟、美国及中国 20 余项发明专利。

D 09 泰升集团

推荐：★★★★

泰升公司已通过 ISO9001 质量管理体系、ISO14001 环境管理体系、OHSAS18001 职业健康安全管理体系认证。公司与中国建筑标准设计研究院共同主编“柔性仿石饰面材料”的行业标准”，并于 2016 年 8 月成功发行《柔性饰面材料（二）—TYSIN 软质仿石（砖）墙面装饰系统》参考图集。

D 10 德赛斯

推荐：★★★★★

香港德赛斯科技建材有限公司是西班牙 THESIZE 公司在大中华地区的唯一总代理。德赛斯岩板具有颠覆性的高物理性能和产品优势，最大尺寸为 3 600mm×1 200mm、3 200mmx1 500mm)、最薄（厚度仅 3mm)、最轻（重量 7kg/m^2)；一体式全方位空间应用，可广泛适用于室内墙面、建筑外墙及厨房台面卫浴等。

D 11 LA'BOBO

推荐：★★★★★

广西新高盛薄型建陶有限公司是一家拥有自主品牌和核心技术，专注于陶瓷薄型化、建筑轻量化事业。专心于陶瓷薄型化技术创新、装备研发和产品设计、规模化生产与营销服务的高新技术企业。所生产的产品是一种能广泛应用于建筑内外墙体、地面以及家居中的革命性瓷质薄板材料。

D 12 蒙娜丽莎

推荐：★★★★

蒙娜丽莎品牌诞生于 1999 年，作为国内较早品牌化的建陶品牌之一，是极具个性与艺术特色的高端建陶品牌典范。蒙娜丽莎集团素以技术创新闻名业内。1999 年，投资 1 500 万元成立了企业研发中心，2004 年被认定为“广东省建筑陶瓷工程技术研究开发中心”，2005 被年认定为“广东省企业技术中心”。

品牌索引 | Brand Index

E 01 环球

推荐：★★★★★

环球石材集团创立于 1986 年，经过 30 多年的发展，成为立足中高端工程市场，产品远销世界各地的知名石材企业。行业中少数引进并获得 ISO9001 质量体系和 ISO14001 环境体系认证的企业，多次承接国家的专业研究课题，参与起草和制定了《天然大理石建筑板材》等国家、行业标准 33 项。

E 02 康利

推荐：★★★★★

康利石材集团创建于 1989 年，总部位于中国深圳。注册资本近 10 亿元，总投资 50 亿元。历经 20 多年快速稳健的发展，现已成为集石材产业、现代物流业、进出口贸易、房地产、金融业等为一体的全产业链、多元化大型国际化企业集团。与全球 60 多个国家建立了进出口贸易关系，服务网络遍及全球各地。

E 03 英良

推荐：★★★★★

英良石材集团是一家高质及高速发展起来的大型综合性石材企业，业务涉及矿山开采、荒料销售、板材及异型加工、工程装饰等诸多领域。公司目前拥有泉州英良石材（全球营销中心）、南安达泰石材（工程加工中心）、北京英良石材（工程加工中心）、上海英良石材（大板直销仓库）及青岛英良石材（工程加工中心）。

E 04 万里石

推荐：★★★★★

万里石集团是集矿山开发、产品加工和进出口贸易为一体的中国石材行业最大的民营企业之一，公司总部位于福建省厦门市。公司拥有 7 座石材矿山，年产不同用途的花岗石、大理石荒料 3 万 m^3；在福建、山东投资了专门从事进口世界各地荒料的原材料供应公司。

E 05 高时

推荐：★★★★★

高时源于 1994 年，励精图治 20 载，成长为全球一体化石材解决方案的最佳服务商与专业化顶级石材的最佳供应商。高时是世界知名的超大型石材综合企业，以打造具有一流文化底蕴与"人居环境"为追求，通过绿色环保的矿山开采技术、引领时代的产品研发团队和标准化的生产系统。

E 06 溪石

推荐：★★★★★

在 20 多年的锐意进取中，溪石集团开创了诸多行业第一：石材行业获得"中国驰名商标"的企业；设立"全国石材标准化技术委员会管理规范和应用技术及规范分技术委员会办公室"的企业；开创石材行业技术创新先河的行业首家国家"高新技术企业"。公司也是"石材与装饰"一体化的首践者。

F 01 耀皮玻璃

推荐：★★★★★

上海耀皮玻璃集团股份有限公司成立于 1983 年，是当时国内最大的中英合资企业，是中国玻璃制造行业最早的上市公司之一，30 多年来一直是国内高品质玻璃的代表。主要产品有镀膜、中空、夹层、钢化、彩釉等各种安全、环保、节能系列加工玻璃，被广泛应用于上海中心大厦、上海环球金融中心、上海世博中心等建筑中。

F 02 南玻

推荐：★★★★★

南玻集团总部位于深圳蛇口，五大生产基地分别位于国内经济最活跃的东部长三角、南部珠三角、西部成渝地区、北部京津地区以及中部的湖北片区，是中国玻璃行业和太阳能行业最具竞争力和影响力的大型企业集团。南玻集团致力于节能和可再生能源事业，致力于光伏组件等可再生能源产品及超薄电子玻璃等的生产。

F 03 金晶

推荐：★★★★★

金晶（集团）有限公司，始创于 1904 年，超白玻璃产品的开拓者，平板玻璃行业标准的制定单位。金晶超白玻璃于 2008 年大批量进入国家体育场（鸟巢）、水立方等奥运场馆，之后又被广泛应用于 2010 年世博会景观——"阳光谷"及中国馆等多国的场馆建设中。

F 04 Dip-Tech

推荐：★★★★★

Dip-Tech 是世界上唯一的玻璃陶瓷数码打印技术提供商，总部位于以色列，自 2005 年起致力于玻璃数码打印技术的研发和创新。Dip-Tech 技术目前覆盖全球约 200 多个国家，超过 80% 的室外装饰玻璃项目使用该技术！Dip-Tech 帮助设计师表达艺术见解的同时，满足功能化的需求和可持续性建筑目标！

F 05 云南家华

推荐：★★★★

云南家华新型墙体玻璃有限公司（原昆明创安 U 形玻璃有限公司、昆明云华玻璃厂）独家引进德国先进的 U 形玻璃生产技术和设备，建成了我国第一条 U 形玻璃生产线，填补了我国建筑无玻璃型材历史的空白。作为新型墙体材料，U 形玻璃极大地丰富了建筑设计师的创意表达手法，极好地展现了新型墙体的特有魅力。

F 06 慕利亚

推荐：★★★★

慕利亚集团（Mulia Group）成立于 1986 年，是美国匹兹堡康宁公司亚洲唯一战略合作伙伴，也是印度尼西亚知名的上市公司。业务涉及多个行业领域，其中以玻璃和瓷砖制造业、地产业、酒店业最具盛名，是世界级的建筑玻璃和瓷砖生产商。慕利亚玻璃砖集美国技术、德国设备之大成，产品具有无可比拟的保温隔热性能。

G 01 亨特

推荐：★★★★★

荷兰亨特集团是一家上市的全球控股集团，1919 年创立于德国杜塞尔多夫，集团旗下的世界著名品牌有乐思龙、钛科丝、NBK、3form 和乐思富等。90 多年来，作为行业的领导者，亨特集团以出色的产品、技术和服务让全世界的建筑师、投资商和承包商不断受益。全球各地数以千计的项目凝聚着亨特的贡献。

G 02 雅丽泰

推荐：★★★★

江西雅丽泰建材股份有限公司隶属于泓泰集团，是一家按上市公司要求规范运营的现代股份制企业，是《铝塑复合板国家标准》第一起草单位。公司以“雅丽泰”“ALUTILE”两大主导品牌面向建筑产品领域，集科研、开发、制造、销售、加工与服务为一体，致力成为全球性建筑装饰、节能等相关产品应用、开发之一流企业。

G 03 雅保丽固

推荐：★★★★★

雅保丽固是日本三菱旗下的材料品牌，是铝和金属复合材料制造的全球领导者。其优质产品激发了新的美学和新的设计可能性几十年。雅保丽固对质量、可持续性和客户关怀的承诺是无与伦比的，有超过 40 年的业务经验。其分销和支持能力遍及全世界，铸造了一个又一个世界性标志建筑。

G 04 阿鲁克邦

推荐：★★★★★

ALUCOBOND® 作为铝复合板的发明者，自 20 世纪 90 年代初进入中国市场以来，已经广泛为建筑市场所接受，成为建筑设计师、终端用户以及建筑施工安装企业等众多客户的主要合作伙伴。思瑞安复合材料是全球复合材料领导厂商，总部位于瑞士，隶属于瑞士 Schweiter Technologies 集团。

G 05 GKD

推荐：★★★★

GKD 公司是一家成立于 1925 年德国企业，专业生产各种金属网。在法国著名建筑师，多米克．佩罗先生的引领下成为世界第一家把金属网应用于建筑装饰领域的公司。从法国国家图书馆到中国国家大剧院 GKD 金属建筑装饰网在该领域已有 10 多年经验了。作为金属装饰网领域的龙头企业。

G 06 帷森

推荐：★★★★

帷森（厦门）建材工业有限公司系维森（香港）建材科技有限公司全资子公司，主营产品包含蜂窝板、三明治板、建筑遮阳、克洛格板等。技术团队自主研发出 22 项国际国内专利，并为国内外众多大型项目，如天津滨海机场、成都大魔方演艺中心、南京青奥会议中心、阿卜杜勒阿齐兹国王世界文化中心提供一体化解决方案。

G 07 奥鲁比斯

推荐：★★★★★

奥鲁比斯集团 (Aurubis) 是全球著名的铜冶炼，加工、生产企业。公司前身是建立于 1866 年的北德金属公司，在数次合并重组后，于 2009 年正式改名为奥鲁比斯集团 (Aurubis)。奥鲁比斯集团是德国上市公司，目前公司为全球第二大的电解铜生产商，全球最大的铜杆生产商，全球最大的铜板带生产商。

G 08 同名新材料

推荐：★★★

公司与世界知名的韩国企业共同开发的彩印钢板，是替代石材、木材等纯天然材料的全新环保产品，也是传统的覆膜、转印金属板材的升级换代产品。产品具有逼真的肌理、丰富的色彩、耐腐蚀、安全环保等优良性能。公司经过几年的努力相继研发出集成建筑、外墙保温装饰复合板、内墙装饰复合板、家居用品四大系列。

G 09 开尔新材料

推荐：★★★★

浙江开尔新材料股份有限公司是一家在国内上市的专业致力于新型功能性珐琅（搪瓷）材料的研发、设计、制造、推广、销售和安装的高新技术企业，是《建筑装饰用搪瓷钢板》行业标准第一起草单位、装饰搪瓷钢板国家火炬计划实施基地，连续三年获轻工搪瓷行业全国十强企业称号，荣获浙江省名牌产品称号。

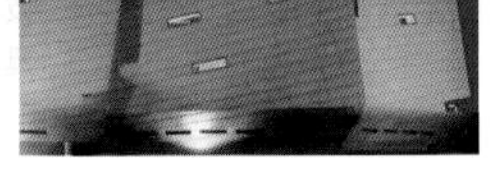

G 10 KME

推荐：★★★★★

KME 集团是全球最大的半成品铜及铜合金产品（不包括铜线）制造商，占有 30% 的欧洲市场和 7% 的全球市场份额。根植于欧洲几个国家的工业历史基础，当今的 KME 集团是一个具有国际规模的行业领导者。总部设在佛罗伦萨的 KME 集团成立于 1886 年，于 1897 年在米兰证交所上市，

G 11 莱茵辛克

推荐：★★★★★

莱茵辛克的母公司格里洛集团 (Grillo-Werke AG) 是专业从事锌产品制造的集团，已有 160 年的历史。莱茵辛克在钛锌屋面与幕墙开发方面是业界的先锋，以连续滚轧生产线引领卓越并积累了四十年的声望。莱茵辛克以对建筑设计师和工艺师从项目概念到完成的特别支持而享誉世界。

G 12 VEROZINC

推荐：★★★★

秘鲁是世界锌精矿主要生产国之一，世界第二大锌出口国。VEROZINC 作为全球主要的钛锌板生产原材料商，98% 以上的产品专供出口，客户遍布全球 50 多个国家和地区。从 1989 年起，VEROZINC 开始销售轧制建筑用锌产品——“VEROZINC 钛锌板”，主要投向欧洲、亚洲、北美及南美市场。

品牌索引 | Brand Index

H 01 越秀木

推荐：★★★★★

越秀木是越井木材工业株式会社在中国注册的品牌，是一家具有 120 余年悠久历史的综合性木材企业集团。总公司位于大阪市，主要生产以木材的防腐防蚁、难燃、深层炭化及尺寸安定等技术为核心的高耐久木制品。在研发高耐久、环保型室内外木制品同时，还从事植树造林及生物发电等环保事业，为创造良好环境贡献力量。

H 02 LUNAWOOD

推荐：★★★★★

Lunawood 公司是来自芬兰的一家木材炭化改性方面的创新型企业，已成为国际炭化木市场的领军企业。公司年生产能力达到 10.5 万立方米，大部分产品销往海外。Lunawood 炭化木是一种运用蒸汽和热气对木材进行碳化处理的产品，具有天然、环保、稳定、抗腐蚀、无毒的特性，易于安装使用，广泛用于室内外建筑景观。

H 03 美新塑木

推荐：★★★★

惠东美新塑木型材制品有限公司，塑木材料行业标准起草单位。专注于塑木材料的生产研发和销售的大型企业。NewTechWood 作为户外型材的领军品牌，从 2004 年在中国设立生产基地以来，依托世界级的先进研发能力，全球首创表面处理工艺，通过独特的复合共挤一次成型挤出技术，成为行业的标杆。

H 04 Prodema

推荐：★★★★★

西班牙 Prodema 集团成立于 1903 年，是全球做户外用纯天然木皮饰面板历史最悠久的工厂之一。普若德天然木面板是欧洲天然木材品质的代名词。公司研发了全球最先进的木材处理工艺，确保产品在外观、质量、饰面范围、耐久性等方面的品质，创造了木材在世界建筑和装饰范围内原始的和前卫的应用。

H 05 克姆伍德

推荐：★★★★★

来自于美国的 Compactwood（克姆伍德）是木制建筑材料领域领先的创新者与引导者。从 1995 年最初建立的建筑咨询服务机构发展成 2006 年国际间重要的木制建筑材料的制造商和贸易商，产品远销 70 多个国家和地区，服务全球，领先世界！克姆伍德天然木皮饰面板可适用于外墙、内墙、家具以及地坪的装饰与应用。

H 06 昆仑绿建木结构

推荐：★★★★

苏州昆仑绿建木结构科技股份有限公司是一家致力于现代木结构绿色低碳节能建筑研发、设计、制造、建设，并提供低碳节能建筑整体系统相关服务的国家火炬计划重点高新技术企业。是国内较早涉足木结构建筑的专业公司，为客户提供个性化木结构建筑的整体解决方案。

H 07 皇家

推荐：★★★★

苏州皇家整体住宅系统股份有限公司成立于 2001 年，是一家集研发、设计、制造、建设于一体，提供低碳节能建筑整体集成方案的供应商。公司已拥有 113 项专利，其中发明专利 3 项，实用新型专利 17 项，外观设计专利 93 项。公司参与了《木结构工程施工技术规范》《木结构工程施工质量验收规范》等国家标准的编制。

I 01 耐卡

推荐：★★★★★

德国耐卡是德国本土最大的屋面瓦制造公司。集团拥有 6 家专业的屋面瓦制造厂。1858 年耐卡的前身生产陶土砖。1870 年成立了谢贝克陶土瓦工厂。1926 年正式改名为耐卡陶土屋面公司。1935 年建成“欧洲最大的隧道窑”。1960 年建成欧洲最大的重性陶土窑。1995 年建成世界上最好的 NIBRA 陶土瓦生产工厂。

I 02 曼宁家

推荐：★★★★★

Braas Monier 集团是全球领先的坡屋面建材供应商，业务遍及全球 35 个国家。基于数十年的经验，公司为客户提供包括屋面、烟囱以及民用能源系统在内的丰富产品线。Braas Monier 集团凭借一流的创新能力，实现屋面在可持续发展方面所有的潜能。2015 年，欧洲市场占有率位列第一。

I 03 拉菲

推荐：★★★★★

拉斐来自德国著名的卫航集团，该集团拥有双立人刀具等著名品牌。德国卫航集团是世界 500 强企业之一，也是德国五个首富家族企业之一。拉斐公司位于 1793 年，拥有 200 多年石材开采加工经验，出口国家众多，年销售额达到 9 000 多万欧元。拉斐古堡石板是卫航集团真正的奢侈品，全球众多知名建筑均采用拉斐石板。

I 04 Kalzip

推荐：★★★★★

霍高文建筑系统有限公司是世界上第六大钢铁生产商 Tata 钢铁的子公司。Tata 钢铁集团遍布 6 大洲 80 多个国家，员工总计 81 000 人。专业为屋面和墙面设计、生产、提供高品质直立锁边屋面系统和墙面系统等。在过去的 40 多年里，超过 8 000 万 m^2 的 Kalzip 被应用于世界各地众多极具特色、世界知名的获奖项目中。

I 05 广懋

推荐：★★★★

广懋材料科技股份有限公司为建筑外墙与结构包覆系统整合的专业公司，具有多年维护、设计研发与施工之经验，对设计施作新形式的金属帷幕墙、玻璃帷幕、屋顶系统与其他外墙包覆系统皆驾轻就熟。公司借由成熟的外墙系统理念及配套，确实达到业主所期望的质量、价格、工期及安卫等目标，如期完成客户所托付之项目。

J 01 沙伯基础

推荐：★★★★★

沙伯基础创新塑料正式成立于2007年9月，是沙特基础工业公司（SABIC）完成对GE塑料集团的收购后组成的一个新业务部门。作为全球500强的SABIC和沙伯基础创新塑料是全球塑料树脂供应商，其产品广泛应用于汽车、医疗保健、消费电子产品、运输、成品包装、建筑、电信和光学介质等领域。

J 02 汇丽 - 塔格

推荐：★★★★

上海汇丽 - 塔格板材有限公司成立于1996年，是国内最早的聚碳酸酯板材生产厂家。作为国内聚碳酸酯板材行业的领头者，是国内聚碳酸酯板材行业标准JG/T 116-2012《聚碳酸酯中空板》和JG/T347-2012《聚碳酸酯实心板》的发起和参编单位。2015年率先将德国Rodeca墙板系统引进中国。

J 03 科思创

推荐：★★★★

2015年9月，具有150多年历史的先锋企业宣布了一家充满愿景的新公司的诞生，拜耳材料科技正式更名为科思创（Covestro），成为一家独立运作的公司。科思创是全球最大的聚合物生产商之一，业务范围主要集中在高科技聚合物材料制造及日常生活多领域创新解决方案的提供。

J 04 杜肯

推荐：★★★★★

杜肯（duraskin）是德国Verseidag-Indutex GmbH公司的膜材产品商标。杜肯膜材年销售金额达到7 000万欧元。其公司是目前世界上唯一一家既生产PVC类膜材又生产PTFE类膜材的企业。杜肯PVC类膜材最大宽幅可达到5m，PTFE膜材最大宽幅达到4.7m，均是世界上最宽的膜材。

J 05 法拉利膜材

推荐：★★★★★

法国工业集团Serge Ferrari是柔性复合材料行业的领先者。Serge Ferrari集团开发的全套方案，可满足未来的重要挑战：可持续建造、能源控制、资源的保护与循环。Serge Ferrari集团凭借位于欧洲的工业生产基地（法国、瑞士、意大利等），掌握整条生产链上各个行业的技术。

J 06 圣戈班

推荐：★★★★★

圣戈班集团是世界工业集团百强之一，2017年财富全球500强名列第225位，建材百强名列世界首位。法国圣戈班以生产、加工并销售高技术材料产品为主，如玻璃、陶瓷、塑料及球墨铸铁管等。圣戈班将同时开发未来新材料。圣戈班集团是其所在行业的欧洲及世界领先者。

J 07 中兴化成

推荐：★★★★

中兴纤维（株）设立于1963年，后与美国Dodge Fibers公司开展技术合作，更名为日本Dodge Fibers（株）。1964年长崎县松浦市工厂建成，正式开始生产氟树脂产品。1982年完成首个永久性建筑用氟树脂膜材的施工项目导入TQC活动。1991年建成作为玻璃纤维布（氟树脂含浸玻璃布）专用生产点的松浦第2家工厂。

J 08 旭硝子

推荐：★★★★★

旭硝子作为日本两家主要生产有机氟化物的公司之一，在已实现了各种氟化学品研究开发及生产的基础上，1974年开始深入地进行生产氯碱用的全氟离子交换膜的开发工作。1981年9月与杜邦公司交换离子膜专利许可证，同年高性能F1emion DX膜实现工业生产，标志着旭硝子公司全氟离子交换膜取得了极大的成功。

J 09 海勃

推荐：★★★★

上海海勃膜结构有限公司成立于2001年，是一家集设计、制作与施工于一体的膜结构专业公司，公司始终坚持国际化路线，国内最早系统引进国外先进膜结构技术，同时具有工程设计资质、膜结构施工资质和钢结构施工资质，技术实力雄厚，在全国膜结构公司中首屈一指。

K 01 永裕竹业

推荐：★★★★★

永裕竹业始创于2000年，总部位于"中国竹乡"——浙江省安吉县竹产业科技园区，是一家专业研发、生产与销售竹制品的现代化企业。主要产品有竹地板、竹家具、竹装饰材料及竹户外地板、材料，是中国竹产业中规模最大、技术设备最先进、生产能力最强的企业之一。2016年销售收入达4.3亿元。

K 02 大庄

推荐：★★★★★

大庄品牌创建于1993年，是中国最早从事毛竹资源研究、开发和利用的高新技术品牌。为全球40多个国家和地区提供竹整体应用解决方案。把竹材的用途及功能从简单的室内运用发展为防火用竹材、防腐户外竹材及高强度力学材料。并成功使用在无锡大剧院、山东大剧院、深圳万科总部大楼与西班牙马德里国际机场。

K 03 润城生态

推荐：★★★★

润城生态总部位于深圳，是一家专业从事生态环境建设服务的创新型生态科技企业，在广州、昆明、上海设有分支机构。涉及领域覆盖绿色建筑和海绵城市，包括建筑立体绿化、建筑雨水管理、绿地雨水管理、透水铺装等，提供从研发、设计、施工、管理到后期运营全程解决方案。

专家 / 顾问 | Experts / Consultants

无锡华灿·恩富特企业机构

杨华：无锡华灿·恩富特企业机构董事长。2002年国内首次引入美国安斯福妙乐混凝土密封固化剂，开创混凝土密封固化行业标准。其先后参编国家工程行业标准 GB5007《建筑地坪设计规范》、国家建筑标准图集 12J304《楼地坪建筑构造》，主编 13CJ39《混凝土密封固化楼地坪》图集。无锡华灿·恩富特为中国建材联合会地坪行业分会副理事长单位、绿色建筑协会常务理事单位、中国建筑装饰协会会员单位，产品入选中国绿色建材目录，是沃尔玛、麦德龙、东风汽车等知名工商企业的指定地坪材料品牌供应商兼施工商。

NANJING OMEGA ZETA

欧泽塔（南京）新型建材有限公司

徐里亚：欧泽塔（南京）新型建材有限公司技术经理。同济大学建筑学硕士，从事幕墙及建筑工程的设计和管理十年，经验丰富，作品突出，现持有国家一级建造师资格证、高级工程师证，中国混凝土与水泥制品协会装饰混凝土分会成员。长期从事混凝土产品及建筑工业化领域的研究工作，并参与编纂 QB/TY01-2015《建筑装饰预应力混凝土轻型挂板幕墙工程施工及验收规程》、欧泽塔（南京）新型建材有限公司企业标准 Q/320115 OZTJC 01-2016 及《建筑装饰用预应力混凝土轻型挂板应用技术图集》。

瑞高 建筑立面表现专家 RINCON

瑞高（浙江）建筑系统有限公司

张千里：浙江瑞高绿建科技有限公司董事长、瑞高（浙江）建筑系统有限公司董事长、瑞高品牌创始人、国内资深投资人、资深创业浙商、“南太湖精英计划”创业团队带头人及“建筑时装”概念创始人，目前同时担任中国建筑陶瓷协会陶瓷板分会副会长、中国工程建设标准化协会建筑与市政工程产品分会理事。曾多次参与多项国家标准和行业标准的制定，并在建筑相关领域获得18 项专利。

WINSOM 帷森

帷森（厦门）建材工业有限公司

位占杭：帷森（厦门）建材工业有限公司副总经理、技术总监，从事建筑构件行业近 25 年，在幕墙及建筑构件领域获得了国内外 20 多项实用专利，并在实际项目中得到应用；被推选为厦门新材料产业技术创新联盟副理事长；作为专家组成员参与国家标准《建筑产品 III 型环境声明》；受聘为集美大学机械与能源学院机械设计制造及其自动化专业的咨询委员会委员。产品入选中国绿色建筑选用产品导向目录；自主研发出 21 项国家专利产品；公司获 ISO 管理体系认证、SGS（瑞士通标）国际认证。

MARCONY®
Creating Essentials

马可尼化学建材（香港）有限公司

武守永：凯恩投资控股集团董事长，马可尼化学建材（香港）有限公司执行总裁，毕业于北京航空航天大学无机复合材料专业，工商管理硕士（MBA），先后就职于中航企业集团，德国 Schlenk,Degussa AG。1997 年创立凯恩公司，2004 年成立投资集团。凯恩集团专注于工业化学和建筑领域，产业涉及聚氨酯合成、高分子接枝、功能性助剂、手机涂料、建筑化学建材。深圳马可尼公司是国内领先的整体地坪企业，专注于产品开发、设计、工程与服务，马可尼以“创意生活空间”为公司使命，致力于成为整体地坪行业的领导品牌。

Prodema
NATURAL WOOD BEAUTY

鑫瑞宸科技（北京）有限公司

李丹：鑫瑞宸科技（北京）有限公司的创始人兼 CEO，从事建筑幕墙用高压热固化木纤维板（树脂板）行业十余年，2012 年引入西班牙 Prodema 品牌进入中国，并在国家体育场鸟巢、唐山大剧院项目上使用。致力于为中国建筑设计师提供温暖、新颖、优雅、绿色、环保的高端建筑材料。2017 年响应国家号召，顺应时代发展潮流，推出 XRC 装配式新型墙材系统，坚持标准化设计、工厂化生产、装配化施工、一体化装修、信息化管理、智能化应用，充分发挥先进技术的引领作用，促进幕墙用高压热固化木纤维板产业的转型升级。

北京广懋金通材料科技有限公司

高道雄：北京广懋金通材料科技有限公司技术部经理，从事金属维护行业 12 年，对金属屋面的构造、防水处理有自己独特的见解，专门处理金属屋面各类疑难杂症；毕业于中国地质大学（北京）土木工程专业；先后担任《压型铝板屋面及墙面建筑构造图集》《建筑金属维护结构手册系列》书籍的校对和修正，并参与了一些大型国内外项目建设深化设计与维修改造，如台北大巨蛋、国家网球馆新馆、阿尔及利亚移动 ATM 报告厅、海拉尔体育馆等。对特殊造型建筑的金属维护体系及大型项目施工、深化设计、造价咨询等方面有丰富的经验。

Huili®

上海汇丽 - 塔格板材有限公司

吴正宇：上海汇丽 - 塔格板材有限公司总经理，国内聚碳酸酯板行业标准的发起人，先后参编国家工业行业标准 JG/T 116-2012《聚碳酸酯 PC 中空板》和JG/T347-2012《聚碳酸酯 PC 实心板》。2015 年在国内首次引入德国 RODECA PC 板墙面系统。上海汇丽 - 塔格板材有限公司为标识广告协会副理事单位，上海温室协会理事单位，绿色建筑行业理事单位，中国体育场馆协会会员单位。上海汇丽连续 20 年成为上海市名牌产品，汇丽产品先后应用于众多国内大型工程市政项目，是行业内的知名品牌。

蓝宝股份

北京市蓝宝新技术股份有限公司

江小平：北京市蓝宝新技术股份有限公司董事长，1986-1996 年任教于北京科技大学,1992 年创办北京市蓝宝新技术股份有限公司，这是一家集科研、开发、销售为一体的专业化清水混凝土技术服务企业。蓝宝股份一直执着于清水混凝土现代化的应用，开创清水混凝土全体系的技术、产品生产、批量化及清水混凝土在未来装配式建筑应用的技术研究。蓝宝股份与众多的科研单位共同合作，通过自主研发结合国内的市场需求，精心钻研，使企业在清水混凝土这个细分领域之中拥有众多专业技术。

PTC 中建美砼

北京中建美砼技术有限公司

郭海涛:15 年行业从业经验，2004 年通过北京市最高人民检察院项目开始了清水混凝土职业生涯。曾先后前往美国、日本、欧洲等国家学习施工工法及产品工艺，与国内多家建筑设计院进行沟通交流，了解建筑师理念，逐渐掌握现浇清水混凝土施工工艺技法，并成功将清水 / 彩色混凝土挂板应用发挥到极致，从产品的工艺到研发，品牌的创建到管理，先后研发室内外仿清水混凝土挂板"美砼板"和美砼清水混凝土保护剂。致力于用清水混凝土赋予建筑生命，给生活增添色彩。

Eternit

广州埃特尼特建筑系统有限公司

龚勇勤：广州埃特尼特建筑系统有限公司商务总监，多次远赴欧洲、南美等地学习纤维水泥板产品的应用技术和经验，领导研发了埃特尼特通风雨幕外墙系统以及多款引领行业发展潮流的外墙产品，并作为编制组成员参与国家建筑标准设计图集 13J 103-7《人造板材幕墙》的编制，是中国纤维水泥板外墙行业的先锋人物。广州埃特尼特隶属于比利时埃泰集团，是中国最早的纤维水泥板生产厂家，品牌自 1905 年创立至今已有超过 110 年悠久历史，是纤维水泥板生产与应用技术的世界先驱。

杜基 dukiee 光幕照明系統

杜基新材料科技（苏州）有限公司

梁林：杜基新材料科技（苏州）有限公司 CEO。毕业于安徽大学，从业新材料与光学膜材开发与应用设计 12 年，已经获得 5 份国家技术专利。其中《隧道实景模拟照明系统》获得发明专利，首次将光幕照明引入隧道，解决影响隧道安全行驶的黑洞效应，有效提高隧道交通安全性；公司主导并参与面光源照明的特殊领域应用与标准制定。杜基新材料科技有限公司承担建筑膜类结构开发、生产及设计，杜基不仅仅提供材料，更注重产品设计与应用开发，售后服务等，为客户提供最佳产品及服务！

KOSHI WOODS 越秀木

越井木材工业株式会社

邱祚春：越井木材工业株式会社中国市场开拓部部长。毕业于南京林业大学，在京都大学留学后就职于越井木材工业株式会社，致力于室内外高耐久木制品的研发、主导公司 ISO 体系制订。曾先后在日本总公司多个事业部门及美国、马来西亚子公司担任部门主管，2010 年出任中国市场开拓部部长，负责开发包括中国大陆、港澳台等亚太市场。越井木材工业株式会社是一家具有 120 余年悠久历史的综合性木材企业集团公司，主要生产以木材的防腐防蚁、难燃、深层炭化及尺寸安定等技术为核心的高耐久木制品。

RECKLI® DESIGN YOUR CONCRETE

德国 RECKLI 艺术混凝土

钟小平：德国 RECKLI 艺术混凝土技术系统北京办事处技术总监，从事艺术混凝土领域技术及创作多年。德国 RECKLI 公司已经成立 49 年，它是全球混凝土弹性造型模具、混凝土剂、保护剂等领域的领导者。公司可以通过装饰造型模板给混凝土表面作出不同的纹理和肌理，另外可以使用着色技术来赋予它不同的颜色。RECKLI 生产装饰造型模板的原料和模板的主要工厂在德国，考虑到灵活性和运输方面的情况，RECKLI 还在迪拜、澳大利亚、美国、印度、北京和上海设立了分支生产机构。RECKLI 全球的合作伙伴遍及 43 个国家和地区。

耐 卡 NELSKAMP

德国耐卡陶土屋面公司

田朝阳：德国 top 500 强企业之一德国耐卡陶土屋面公司中国区经理，近 20 年的建筑屋面行业从业经验，在中国大陆领先翻译了众多国际屋面行业标准规范，熟悉欧盟的陶土产品规范。与众多资深建筑师有很好的沟通，始终坚持严谨、诚信的专业态度。德国耐卡陶土屋面公司是德国本土最大的屋面瓦制造公司，集团拥有 6 家专业的屋面瓦制造厂。公司秉承德国严谨的技术态度和传统，采用最先进的生产技术，品质高于 DIN（德国标准）、EN(欧盟标准)，通过 ISO9001 标准，获环保证书。

WHOLETOPS® 华途仕 *金属建材专家*

广东华途仕建材实业有限公司

徐国辉：广东华途仕集团技术顾问，耐德锌建材发展有限公司技术总监、中国幕墙协会会员。先后参与完成各类金属板材类专利 30 余项，参与设计项目中，获鲁班奖 3 个、质优工程奖 6 个。致力于金属制品板材研究十几年，对板块拼接、连接方式形成独到观点，提出蜂窝屋面板的大胆创新，使得国内乃至国际上开始由单薄板屋面系统向单元式、集成式系统发生转变。擅长金属屋面 / 金属墙面系统技术研究，尤其在异型结构的疑难点处理方面。国内首次提出金属屋面 / 墙面系统的理论体系架构，为行业发展起到重要的推动作用。

专家寄语 | Experts' Words

此前与主编方对地坪材料的相关内容进行了探讨，并受邀为此书撰写寄语，我深感荣幸。时光荏苒，我从事地坪行业至今已 18 年，这期间，积累了自身经验与技术的同时，也经历了市场中各类地坪材料的更迭。

地坪承受着建筑物底层的荷载，保护结构层，且需满足一定的装饰要求，它是一栋建筑不可或缺、极为重要的一部分。虽然混凝土具有较好的硬度，但混凝土本身有很多孔隙，且混凝土含水、有碱性，因此自身的耐磨抗压性相对比较弱且缺乏美观，达不到各类场所对地坪各方面性能的要求。地坪材料的出现，弥补了混凝土地坪的各种缺憾。地坪设计要与建筑周围的其他元素相得益彰，并且还需兼具美观、耐磨、抗压、易清洁、耐用等性能特点。工业地坪需长期承受重型车辆及叉车等的工作负荷；商业地坪则需洁净美观、易于维护等。时代的飞速发展，使人们对地坪也提出更高的要求，选择合适的地坪材料显得尤为重要。

相对于国外工业发达国家，我国地坪行业起步较晚。起步初期，我国大量引入国外地坪产品，后来国内开始自主研发、推广、直到普及。如磨石因材料装饰性强，起初在国外广为推行，目前中国北上广地区部分项目也开始应用。从最初的追求实用，后又开始追求美观、艺术、工艺，绿色理念也已成为时代发展的主题，日渐深入人心，越发备受推崇，地坪材料不断朝新的方向发展，升级换代，种类及施工技术层出不穷。业主和设计师在多样化的地坪材料面前有了众多选择，然而必须了解地坪材料的各个参数，对各种材料有清晰明确的认识，才能事半功倍，有效选取到理想的地坪材料。

本书收集了目前国际上已经取得较好实际应用的磨石系统，包括水泥基磨石系统、环氧磨石系统及其他一些地坪材料及施工工艺，以图文并茂的形式，供业主及设计师对各类地坪材料直观选择。每种地坪材料的页面都包含材料简介、材料性能、产品工艺分类、常用参数、价格区间、施工节点、设计的注意事项以及一些经典的项目案例，可以让业主和设计师从各个维度去比较，有一个明确清晰的参数去进行参考，对各类地坪材料的性能特点一目了然，这样能够更加快速有效地按照自己的需求，节约了查阅资料与咨询的时间，能够更简便地去选择地坪材料。

编者在编写此书的过程中，征求了各地坪材料供应商的意见与建议，获得了各地坪材料供应商的强力支持及指导，使此书具有一定权威性和专业性。市面上类似这种较系统的出版物不多。此书直白明了，在阅读过程中很容易抓住读者的兴趣，不会索然无味，可充当业主和设计师面临地坪材料选择的“咨询助理”，甚至初次接触地坪材料的人士都能够迅速抓住重点，提纲挈领，对常见地坪材料能够有概括的认识与了解。

很感谢编者的初衷及各位同行，共同对地坪行业的支持与推动。此书站在业主及设计师的角度考虑得很全面，如果正在踌躇不知该如何选择地坪材料，或者想得到各类地坪材料的直观比较，又或是想迅速对各类地坪材料有概括性的了解，此书不失为一个很好的选择，必定能够广为传阅。

——杨华
无锡华灿化工有限公司董事长

纵观人类建筑材料发展史，人类建筑材料最早多为木材、岩石、竹和黏土等天然材料，通过人力配合简单工具来实现各类建筑功能， 其性能单一，建造过程费时费力，效率低下。

随着人类文明进步、生产技能的提高和生产工具的不断改善，在公元前 7 世纪周朝时期出现了石灰，用大蛤的外壳烧制而成，具有良好的吸湿防潮性能和胶凝性能。到秦汉时期，结合大块石材本身坚硬耐用耐水的特性，形成了砖石结构，替代原始简单材料而成为常用的建筑材料。发展至汉代，石灰的应用已较为普遍，采用石灰砌筑的砖石结构已能建造多层楼阁。在公元 5 世纪的南北朝时期，又出现了新的建筑材料“三合土”，进而发展到石灰掺有机物的胶凝材料，而这与同时期欧洲国家采用的“罗马砂浆”具有异曲同工之妙。直至明朝，石灰胶凝材料已发展到较高水平，其应用尤以中国的万里长城最为著名。

至此，砖石结构已成为低矮建筑采用最多的结构形式，作为人类历史上最为古老的结构体系，相较其他建筑结构，在人类建筑历史中很长时间里占据最重要的地位。时至今日，国内外仍留存着大量的砖石结构砌筑物，伴随悠久历史依然发挥着作用。

然而中国古代建筑胶凝材料发展至此阶段后未有更好发展，而在欧洲建筑史上，从 18 世纪的欧洲发生人类历史上第一次工业革命开始，建筑胶凝材料的发展也发生了飞速变化。在“罗马砂浆”的基础上，1756 年发现水硬性石灰；1796 年发明“罗马水泥”以及类似的天然水泥；1822 年出现“英国水泥”；至 1824 年英国政府发布第一个“波特兰水泥”专利。伴随工业化进程不断加快，波兰特水泥抗拉强度低的特性突显，法国工程师克瓦汉首先提出在这种水泥中引入钢筋的设想，利用钢筋抗拉强度高和水泥硬度高的特点并加入沙石，于 1861 年成功建造了一座水坝，取名为“混凝土”水坝。从此混凝土作为新型建筑材料，具备工程所需要的强度和耐久性，且原料易得、低造价、低能耗，而被广泛使用。

混凝土的出现，是建筑史上的一次革命，其具有的可塑性优势，赋予了现代建筑结构及形态更多的可能性，使得建筑师们爱不释手，突破“拘束”不断创造。可以说，混凝土技术的普及推动了现代主义的来临。

如今的混凝土作为一种更为复杂的建筑材料，在实现建筑结构的同时，还顺应人类生活与社会环境的需求，能通过不同质量的水泥和外加剂的配合，适当改变其力学性能、耐久性能、经济性能等，能更好地适用现代建筑。

混凝土先天具有朴实无华、自然沉稳的外观韵味，与生俱来的厚重与清雅，是其他现代材料无法效仿和媲美的。其本身所拥有的酷、刚硬度、温暖感、冷漠感，不仅对人的感官及精神产生影响，而且可表达出人、物、环境的情感和美。加之具有的随意流动性、可塑性、易成形性，使其具有无限的可能。混凝土能部分地替代石材、钢材、木材、塑料和其他材料，并可与各种材料结合，渗透到我们生活的方方面面，这是一个极具前景和挑战性的新领域。

——江小平

北京市蓝宝新技术股份有限公司董事长

有历史就有传奇。大约在 1 万年以前，人类最早的一项创造就是烧制陶器皿。这项发明遍布全球每一处史前文化的发源地，而这最初的文明，也一直伴随着人类的进化而演化到现在，以一种现代的方式演绎在建筑上。

陶板的历史可以追溯到 100 多年前美国的伍尔沃斯大厦 ，一幢典型的新哥特式建筑，始建于 1910 年，完工于 1913 年，在 1930 年之前一直是纽约最高的摩天大楼。美国于 1927 年制定了陶板产品在建筑上应用的相关标准。在 20 世纪 80 年代，欧洲一些企业在传统陶瓷材料的基础上，结合现代陶瓷的技术和建筑构造，根据建筑师的需求，深度开发陶板在新建筑中的应用，让建筑变得更加时尚。20 世纪末，中国在引进德国 AGROB BUCHTAL 陶板之后，国外其他品牌的陶板也陆续开始在国内使用。陶板材料的使用，标志着幕墙产业在节能材料利用上又迈上了一个新的台阶。陶板幕墙的各项优势逐渐表现出来，得到了全世界建筑设计师的青睐。2006 年，浙江的瑞高集团作为中国第一家陶板制造企业开始进入国人的视野，当年 10 月，央视 4 套为此作了专门报道，瑞高书写了中国陶板从无到有的历史。在北京东四环华翰国际的高端住宅项目上，瑞高陶板在和欧洲众多家陶板企业竞争中一举中标，这也标志着国人的陶板开始在市场得到认可。在随后几年中，国内其他陶板企业也相继投产，中国的陶板产业目前已经形成相当规模，产品也逐渐成熟，款式更趋多样化，也逐渐走向世界。

陶板作为一种新型的幕墙装饰材料，在中国使用已经超过 10 年的历史，因其优良的性能与质感能够赋予建筑物庄重而强烈的艺术美感，能使传统原料与现代建筑巧妙而完美地有机结合，因而深受越来越多的建筑师喜爱。陶板具有良好的耐候性，颜色日久弥新，给建筑幕墙带来了持久的生命力。在陶板企业和行业专家的共同努力下，我国相继出台了陶板产品的行业标准、国家标准和陶板幕墙的施工规范及标准图集，推动了陶板在建筑上的使用。陶板的颜色是通过天然陶土原料本身的氧化物来还原陶土的自然本色，自然且经久耐用。这种新型材料以陶板幕墙的表现方式被大量使用，已经成为高端建筑外墙的主要用材。近几年来，随着国家大力推进装配式建筑，陶板也开始作为一种全新的饰面材料，开始结合“反打”工艺应用于装配式外墙，其陶板的挤出工艺可以成型燕尾槽口，与混凝土紧密结合，可以彻底解决混凝土和陶板结合可能出现的安全问题。

陶板在我国的应用已有相当长的时间，随着陶板幕墙和装配式建筑的发展和人们对其加深理解，陶板必将以它优良的质地、独特的建筑表现力、优越的性能在我国更加广泛地应用。

陶板是世界建筑史上的一项革命性发明，是传统材料在现代建筑上的应用，它将传统材料与现代建筑符号有机结合，更新了建筑语言。陶土材料蕴含着几千年古老中国的文化传统，将传统材料以现代的建筑语言表达出来。当然，真正能够唤起人们历史情怀的，不仅仅是简单样式上的模仿，而是材料的历史文化意义，它能激发人们对传统文化的共鸣，因此建筑师更愿意去运用传统材料来表达今天的文化，同时也是对建筑的出处的一种暗示。目前国内、外幕墙饰面的选材已经由以前的单一追求现代化、科技含量的势头，逐渐转向追求人文艺术气息、天然环保、以人为本的趋势。陶板所特有的人文气息、自然的色彩和环保的材料优势，更是适应了幕墙材料人性化目标。陶板材料具有独特的艺术气息，质感淳朴耐看，是打造城市建筑新形象的理想材料。

——张千里

浙江瑞高集团董事长

专家寄语 | Experts' Words

屋面作为建筑的第五立面，是建筑中重要的一部分。从中国古代屋面丰富的形式，就可以看到传统社会等级制度下的建筑的三六九品，而屋面瓦的色彩也有着严格等级制度。普通百姓只能通过屋面上的饰件来表达自己对美好生活的向往。与中国类似，欧洲也有着丰富的屋面文化。黏土瓦的鼻祖就是中国，远涉重洋后，在欧洲和日本都形成了特有的形式，显然，都是受到了当地文化的影响。除了陶土瓦，中国古代的部分地区也流行石板瓦。就地取材的石板瓦在欧洲最为瞩目，无论是法国的丽芙古堡，英国的议政大厦，都镌刻着曾经的繁荣与荣耀。而金属屋面系统，是欧洲特有的建筑语言，从民国时代逐渐传到中国，如外滩和平饭店的铜屋顶等。法国巴黎的钛锌屋面，德国柏林的铜屋面是城市的名片。对于盛产木材的加拿大而言，木瓦也颇为流行。沥青瓦屋面在美国也成为一种建筑语言。二战后 50 年代的水泥瓦盛行又给建筑界提供了丰富廉价的选择。毋庸置疑，屋面瓦是每个社会传统与革新的产品。在历史的长河里，中国的粉墙黛瓦成为国画里写意的淡雅意境。英国印象派画家威廉·特纳的作品里勾勒的都是陶土小平瓦的乡村油画，正应了林语堂先生的一句“世界大同的理想生活，就是住在英国的乡村 ”，而西班牙的筒式陶瓦便是欧洲地中海国家传统建筑的符号之一，白墙红瓦的摩尔建筑诉说了伊斯兰文化对基督徒们的血腥征服。

进入 21 世纪，产业的进步与恶劣天气的挑战都促使屋面产品的类型愈加纷繁和精致。如欧洲陶瓦的互锁结构设计愈加精细，对于屋面坡度适用范围也有了新的突破。依照中国的生产标准，陶瓦适合的屋面坡度为 23.5°以上，这点与欧美和日本很多的产品标准接近，但是，德国公司又首先推出了 10°屋面的陶瓦系列。水泥瓦曾经由于突破了陶瓦色彩的局限以廉价成为欧美的流行产品之一。德国推出的净化空气的水泥瓦在 2010 年上海世博会德国馆的惊艳亮相，让人们对于水泥瓦有了更多认识。代表新能源的太阳能屋面体系也如火如荼地在欧美大行其道。金属屋面的材质创新也适合更多大体量和曲线丰富的建筑作品。

大量优质的屋面材料， 为建筑师的品质追求提供了充分的保证；而市场上劣等的屋面材料，也成为建筑师的梦魇。建筑师是引导大众审美能力的特殊群体。老上海有多少优秀历史建筑都拥有高品位的屋面材料 ,如宋子文故居的德国进口陶瓦 ,荣毅仁故居的英国进口陶瓦 ,圣三一教堂的英国天然石板 ,等等。

材质和形式，没有高低贵贱之分，谁能说建在海边的稻草屋面就没有浪漫的风情万种呢？所以了解每种屋面材料的文化内涵和建筑本身要表达语境的吻和度才是关键的思考。当今中西文化的交融前所未有地通畅，新中式风格的建筑不再只是小青瓦一种选择，到处兴建的法式古典主义风格建筑是否继承了法式屋面文化的根本，金属矮立边系统的不同金属材质如何选择等诸如此类的疑惑都应是建筑师思考的问题。

对于建筑师而言，如何让屋面有更好的表现成为普遍的需求。在这本书里简单地为大家普及一些基本的屋面产品，意图起到抛砖引玉的作用，帮助读者们对屋面的鉴赏能力从了解材料开始。

——田朝阳
德国耐卡陶土屋面公司中国区经理

膜结构是 20 世纪中期发展起来的一种新型建筑结构形式，是由高强薄膜材料和刚性或柔性构件通过一定方式使其内部产生预张应力，并能承受一定的外荷载作用，而形成的空间覆盖结构。膜结构的起源可以追溯到公元前 7 000 年前，人类搭建的帐篷结构就是膜结构最原始的建筑形态，两者拥有许多共同的形态特征，即都是采用直线或网状结构与大面积的织物布料的结合体。膜结构最早的理论起源于 20 世纪 50 年代美国的著名建筑师富勒（R.B.Fuller）提出的张拉整体体系，这种结构的刚度由受拉和受压单元之间的平衡预应力提供，符合自然规律的特点，最大限度地利用了材料和截面特性，以尽量少的材料建造超大跨度的建筑，这一结构形式至今仍作为膜结构的主要形式之一。此外，还有一位普利兹克奖获得者——德国著名建筑师费雷 • 奥托 （Ferre Otto）， 他一生致力于轻型建筑结构的研究，其代表作有蒙特利尔博览会西德展厅、慕尼黑奥林匹克公园、沙特阿拉伯利雅得外交俱乐部等，堪称膜结构建筑的鼻祖。

作为建筑结构中最新发展起来的一种形式，膜结构以其独有的优美曲面造型，简洁、明快、刚与柔、力与美的完美组合呈现给人以耳目一新的感觉，在国外广泛应用于体育建筑、博览建筑、商业中心、交通设施等大跨度公共建筑上，同时给建筑师提供了更大的想象空间和创造空间，成为建筑师最为青睐的建筑形式之一。

现代膜结构体系是随着膜材的发展而逐渐发展起来的，是由新材料引领新建筑形式的一场革命。CECS 158-2015《膜结构技术规范》将膜材划分为 P 类、G 类和 E 类膜材，分别对应的是 PVC 膜材、PTFE 膜材和 ETFE 膜材。P 类膜材，指在聚酯纤维织物基材表面涂覆聚合物连续层并附加面层的涂层织物，通常基层为 PVC 涂层，为了增强材料的耐久性和自洁性，一般会在基层上附加 PVDF、PVF 或 TiO_2 涂层，常见品牌有法国的法拉利（Ferrari）和德国杜肯（Duraskin）；G 类膜材，指在玻璃纤维织物基材表面涂覆聚合物连续层的涂层织物，通常为 PTFE 涂层，常见品牌有美国圣戈班（Sheerfill）、德国杜肯和日本中兴化成（Chukoh）；E 类膜材，指由乙烯和四氟乙烯共聚物制成的 ETFE 薄膜，常见品牌有日本旭硝子（AGC）、德国 Nowofol 等。建筑师应根据建筑外观、功能、使用年限、所处环境、承受荷载以及建筑防火要求等，选择不同类别的膜材。膜结构的选型一般根据建筑造型需要和支撑条件来确定，常见的结构形式有：整体张拉式、骨架支承式、索系支承式、空气支承式及可折叠 / 移动式等。整体张拉式通常由膜、膜内索、结构索、桅杆、锚固点、柱等构件组成，通过刚性构件提供支承点，张拉膜面而形成体系，通常为负高斯曲率的曲面；骨架支承式通常由钢构件或其他刚性结构作为承重骨架，在骨架上布置设计要求张紧的膜材；索系支承式膜结构由空间索系作为主要承重构件，在索系上布置设计要求张紧的膜材；空气支承式是指有封闭的充气空间，维持内压的充气装置，借助内压保持膜材张力并形成设计要求的曲面，常见有气承式、气肋式和气枕式；可折叠 / 移动式，通过传动系统控制刚性构件或锚固点的位移，使得膜面收放自如，并形成设计要求张紧的膜材。

对于建筑师来说，除了选材和选型之外，最关键还有对膜结构细部设计和功能性评估的能力。细部设计包括节点设计和膜面裁剪线布置，是影响建筑外观的主要因素。节点设计中，应考虑施加预张力的方式、可靠的水密性及消除局部应力集中等问题；膜面裁剪线布置，直接影响到膜体外观，应综合考虑裁剪线布置的美观性，膜材的利用率及受力方向的一致性。从符合建筑的功能性角度考虑，还应重点考虑防火设计、声学设计、采光遮阳设计和保温隔热设计等相关措施。

膜结构建筑作为一种新型的建筑形式，可以创造出传统建筑体系无法实现的建筑设计方案。由于膜材质量轻、强度高，可以广泛应用于大跨度结构；由于膜材的柔软性、雕塑性强，让建筑师更能表达建筑立意和发挥创意想象；由于其大变形结构的特点，膜结构同时也是最安全的建筑形式之一，非常适用于地震多发地区；膜材同样也是一种节能环保材料，其材料经过拆分回炉后可以制成次生品；由于采用膜结构可大量节省钢材、缩短工期、方便维护维修，从而能大幅降低建造成本和后期维护成本。膜结构建筑应用广泛，可以用在屋面、立面、内装、室外遮阳及其他特殊用途，是 21 世纪最有发展前景的建筑形式之一！

——严于胜
上海海勃膜结构公司副总经理

木材在建筑中的使用可以追溯到数千年以前。事实上，木材是人类使用的第一种建筑材料。人们使用木材最直接的方式是用原木当梁柱，或者把原木水平堆砌成墙。从那时起，建筑中木材的使用在建筑结构和覆层应用方面就停止了进步。历史上，某些技术性的里程碑比如屋顶桁架技术都是值得关注的。今天，技术革新让这种传统建材焕发出与众不同的生命力。胶合木、CLT、集成材、防腐木材让木头的稳定性、强度、耐火性都达到了新的高度。木材这一与人类最亲近的材料天生具有一种令人难以抵挡的魅力。自然的香气、温暖的质感、复杂的纹路这些只有木材才拥有的特质让建筑师在创作时都愿意让木材成为建筑的重要组成部分。每一片木材都是一棵树木的延伸，它虽然不会呼吸，但仍然能够帮助调节湿气；它虽然不会生长，但每一条木纤维都存储着从大气中吸取的二氧化碳；它虽然不会说话，但是千言万语都自然流露润物无声。这就是木材，天然可再生、设计可持续。

——储斌豪
加拿大木业协会中国市场开发总监

特别感谢 | Acknowledgement

正如本书前言所说，这本书的修订经历了 6 个月的时间，起草经历了大约 1 年时间，而从主观关注到有这样的想法至少经历了 3 年的时间。这些时间中阅读了众多国内外资料和相关书籍，学习了各种新的材料名词，更是接触了来自世界各地大量的不同材料的品牌，有了对材料结合市场的更深入的认识。最后在得到众多设计师朋友的鼓舞和实际帮助下才笃定地完成了这本书的编撰工作。

首先需要说明的是，材料是个极其庞大而又丰富的范畴和科学，每一种材料，其中的原理及工艺不是一两句话就能阐释清楚的，所以本书可以作为设计师、材料相关人士、在校设计学生等人群的一本入门普及读物，专业上的精进还需要大家更多地自行补充拓展。同时更是受限于水平和时间，书中不免有疏漏和不当，也敬请相关专业人士指正。我们把这本书称之为 1.0 版本，它既是基础版，也代表着我们会不断地修改升级这本新书。因为材料的更新本身就是以日新月异的速度在发展，我们的书也会以一种不断迭代升级的产品形式不断进化。

其次，在这个过程中，最让我感慨的是，在我接触的众多材料朋友和品牌当中，他们很多是某种材料品类的开创者或者行业标准的制定者，或者是引入国内的先行者。他们都对材料有着深刻认识，同时体现出很高的专业素养，且他们都有一个共同点，那就是对设计工作的极其敬重。他们不仅把设计师视为最重要的工作伙伴，更是希望与设计师一起，创造出高质量的建筑精品，这种对专业的执着令人尊敬。

最后，让我们最为惊喜的是，在这本新书出版之前，我们进行了小范围的预售。通过公众号的简单公告，却迎来了远超我们想象的购买人群。我们的后台更是一度出现中断，导致客服无法一一回复。第一天即卖出超过 1000 本，平均一度达到每分钟卖出一本的惊人速度。这些都是我们始料未及的。设计师的热情和对我们的信任让我们心中的担忧稍许落地，也再次真切地感受到行业空白和痛点需求的强烈！

所以，在我们看来，这既是一本集合了众多专业人士共同努力成果之书，我们称之为“众编之书”，也是一本高度“结合设计，结合市场”的创新之书，同时更是承载了众多人期盼和填补行业需求空白的一本行业之书！我们希望通过不断努力能将这本书做得越来越好，让更多的人、更多的设计师朋友从中受益，这也是我们继续努力的目标！

我要再次感谢在这个过程中，为我们提供了广泛技术帮助的相关材料朋友，其中包括：SKK 程若友，普若德李丹，克姆伍德周志航，灰空间石洁，马可尼胡晓海，耐卡田朝阳，海勃沈珏茹，杜基膜材梁林，中山榕沈魏魏，中建美砼郭海涛，沙伯基础邢荣，倍立达饶俊，富美家薛建峰，埃特尼特颜亚萍，法拉力织物唐凌申，大庄竹木田小芳，耐得锌吴修琴，SKK 黄德龙，无锡华灿杨华，路本砖潘常恺，莱利钟小平，欧泽塔陈玺光，亚帝斯陈玉洁，加拿大木业储斌豪，海龙张文军，奥雅丽固熊四姣，弗斯特侯远昕，北科耐候张旭，文化石王庆生，上海科焱丁晓忠，汇利王宇，阿鲁克邦周立华，帷森钟珍艳，益汇达朱同然，云南家华何智刚，苏州绿锺陈晨，嘉宝莉张碧利，越秀木李红岩，德赛斯黄明雄，拉法基仵毓斐，优美科杨俊操，聚峰刘伟良，后象杨海超，隆硕金属张莉等朋友，人数众多不能一一提及，如有遗漏在此一并表示感谢！

同时更要感谢，在这个过程中发挥重要作用的工作伙伴：舒祯，袁意，林之昊，以及同济大学出版社的吕炜女士及胡毅老师，以及我的最重要的工作搭档朱小斌先生，他们对新书的编撰和审核都发挥了重要作用，表示衷心感谢！

最后还要感谢关心我工作的家人及朋友，尤其我新生的宝贝，这是我能送给你的最好的礼物！

——2017.08.

本书中主要资料及图片来源于相应厂商提供，对其内容真实性负责。部分案例图片来源于设计公司和部分网站及相关摄影师作品，在此一并表示感谢！以下另附摄影师名录（排名不分先后）。另外如有部分图片有所遗漏，欢迎作者联系我们，我们会第一时间妥善解决。联系电话：15900586506，电子邮箱：cailiaozaixian@163.com。

姚力：苏州市金日摄影广告有限公司，任艺术总监；姚力视觉工作室，任艺术总监、首席摄影师。
联系方式：http://www.yaolistudio.net
夏至：建筑不是一个孤立的个体，而是能够通过与环境和人物之间的交互关系，展现生活与建筑本身的社会理念、传达当代建筑的视觉意义与内涵。
联系方式：xiazhiimage@163.com
苏圣亮：在长久以来关于建筑的学习与旅行中习，惯以相机来系统地记录各种场所与建筑营造的空间意境与行为感知。
联系方式：howardchan@outlook.com
陈颢：上海陈颢摄影工作室，公司具体地址位于上海市徐汇区田林路 200 号 C 幢三层 307 室。
联系方式：18602171949
侯博文：南京都市建筑摄影有限公司创始人、首席摄影师。如何让观者通过照片去建立对一座建筑的认识成为侯博文深究的问题。
联系方式：http://www.sfap.com.cn
邵峰： 感知设计，感悟建筑；一横一竖，一知一悟。
联系方式：auph@qq.com
施峥：天顶建筑摄影事务所摄影总监。
联系方式：www.aogvision.com
贾方：贾方建筑摄影工作室摄影总监；中国摄影家协会商业摄影师专业委员会会员；美国 PPA 职业摄影师协会会员；北京电影学院摄影专业硕士；南京艺术学院摄影系教师。
方方田：设计房子的拍照达人。
联系方式：fangta.lofter.com

资料参考网站：
http://www.archdaily.com
http://www.gooood.hk
http://www.designboom.cn
http://www.ikuku.cn
http://www.archcollege.com
http://www.ideamsg.com
http://news.dichan.sina.com.cn
http://www.cbtia.com
http://www.bmlink.com
涂料序言部分引用山西三维集团股份有限公司郭小晶、李娟、任川部分文章。
混凝土序言部分引用中国建筑材料联合会信息和经济运行部副主任、中国建材数量经济监理学会秘书长周鸿锦部分内容。
陶瓷序言部分引用中国报告网发布的《2017-2022 年中国建筑陶瓷行业发展现状及十三五投资定位分析报告》。
塑料序言部分内容引用自环球塑化资讯《塑料在中国建筑业中的应用现状及发展前景》。
生态序言部分引用自看看网。

媒体合作 | Media Cooperation

“材料在线”是国内首个设计师创立的互联网材料知识新媒体平台，致力于帮助设计师解决室内外装饰材料问题，助力设计师呈现更好作品。目前材料在线发展迅速， 汇集国内外众多优秀顶尖材料品牌，组建国内首个“最强材料顾问团”。每周三晚开展“设计师看，材料商说“主题分享直播，累计 60 余期，场均参与人次达 5 000 余人，得到设计师朋友和材料商朋友的广泛认可与支持！

dop 设计，起源于高端知名设计项目的专业深化设计。自成立以来业绩倍增快速发展，现已发展成为国内最好的深化设计公司之一。完成的项目遍及国内一线城市，在圈内享有极高的信誉及口碑。同时，dop 设计注重知识研发，针对过往优秀项目进行梳理总结 ,制订出一系列设计体系标准，并通过公众号持续分享给广大年轻设计师。dop 是材料在线最重要的室内合作伙伴，共同为行业的发展贡献力量！

材料在线公众号：助力设计师呈现更好作品

dop 设计公众号：室内深化设计学习第一选择

设计师找材料就上“小材宝”

即将上线，扫一扫就能用哦！

“小材宝”是材料在线考虑设计师实际工作需求，同时配合本书打造的小程序。无需下载，扫描二维码即可使用。本书电子版及最新内容更新均在此同步收录。“小材宝”收录更多国内外优秀材料品牌及最新案例，方便设计师查阅及联系咨询，更可直接发布材料需求。材料在线诚邀国内外优秀材料品牌合作，让您的品牌成为更多设计师的选择！

上海材赋信息科技有限公司

合作电话：15900586506

电子邮箱：cailiaozaixian@163.com

上海市静安区灵石路 658 号大宁财智中心 11 楼